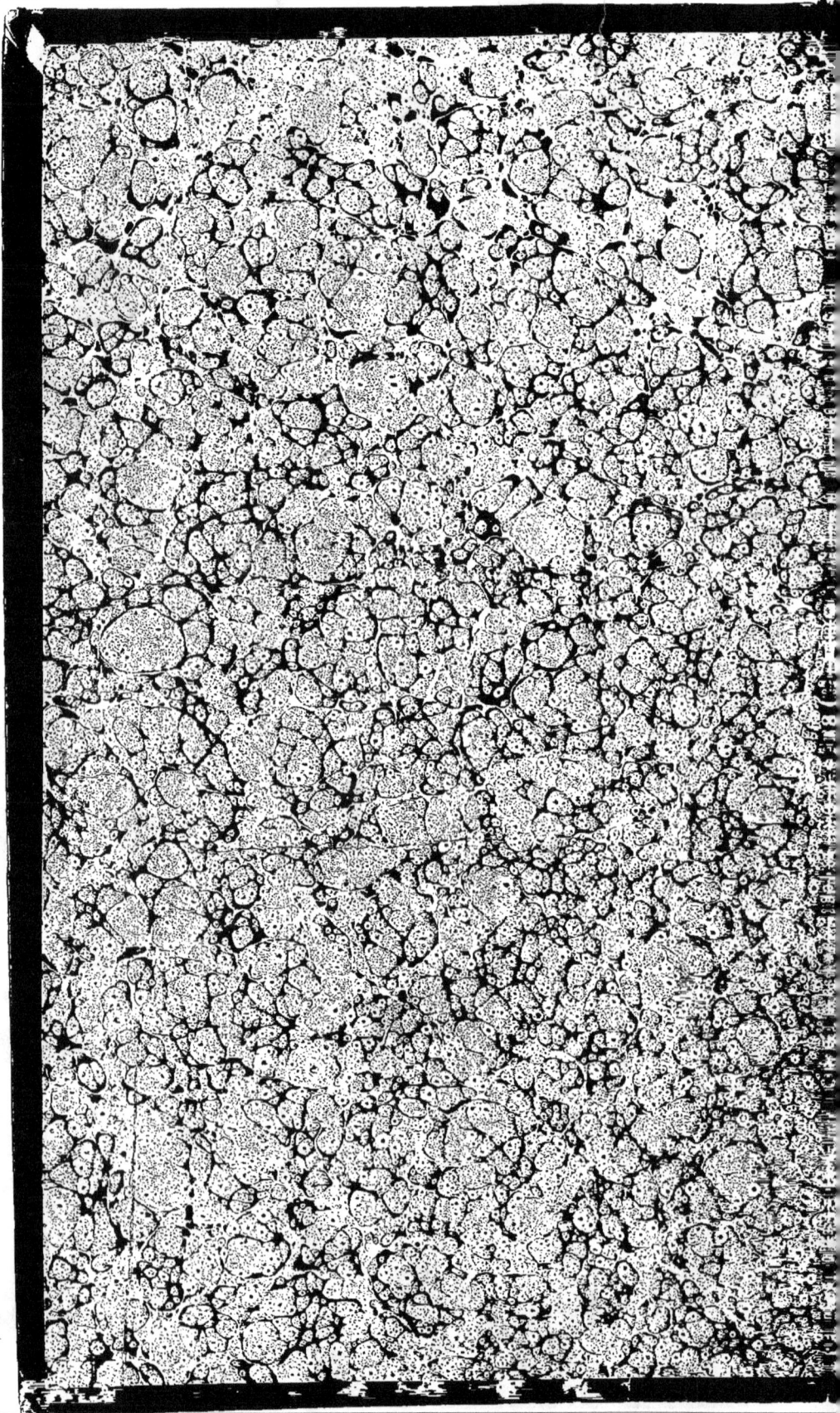

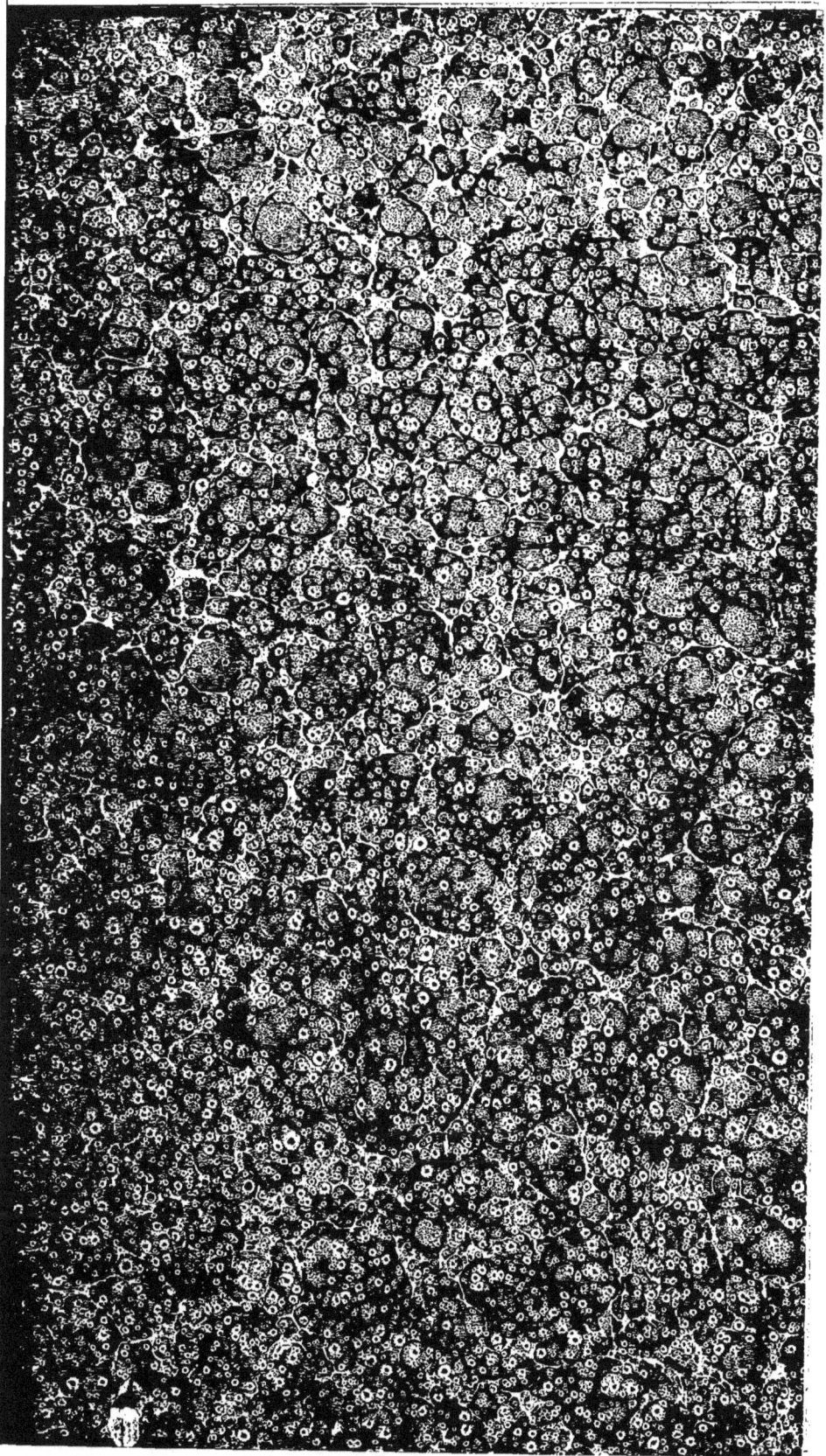

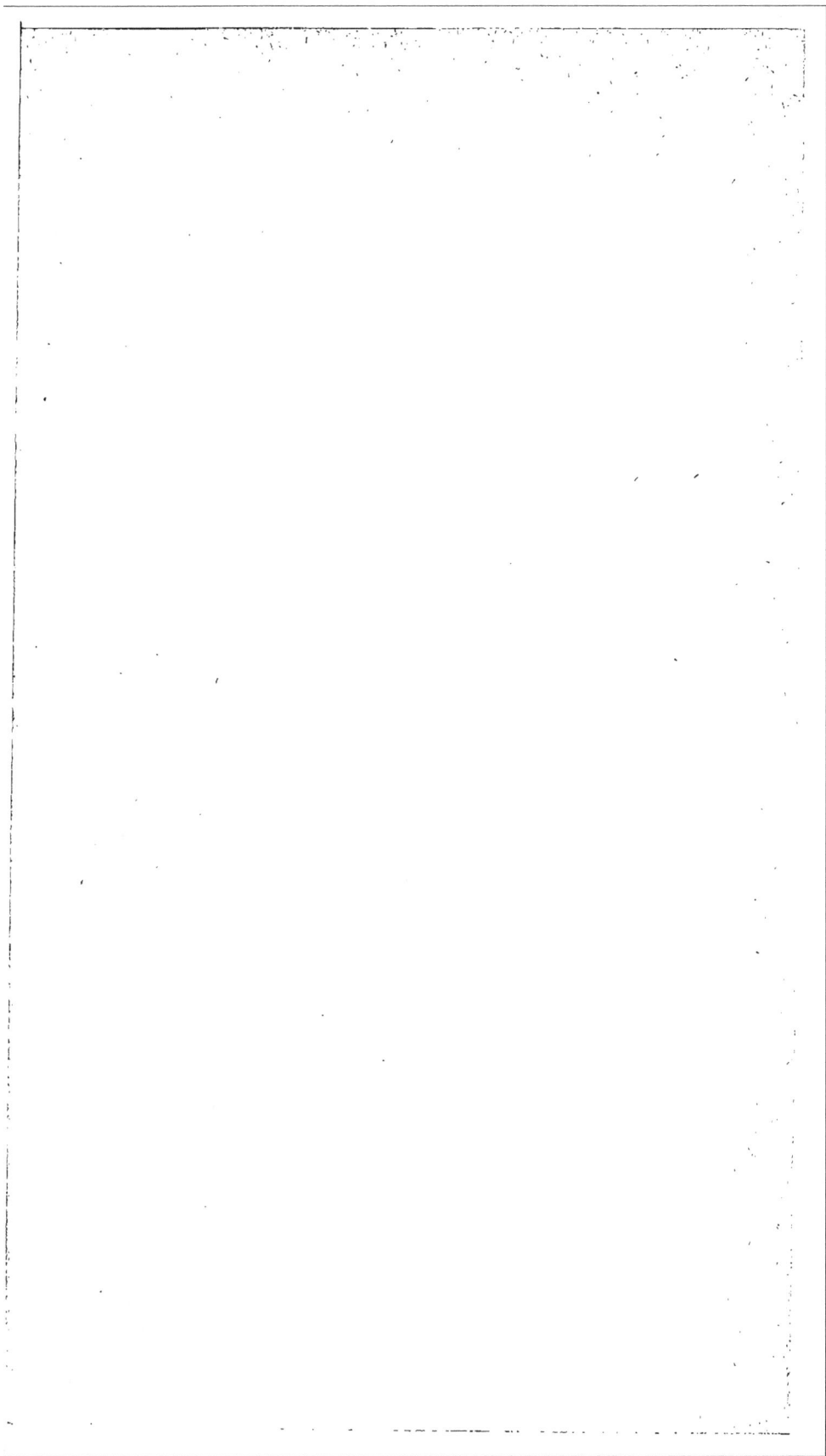

S

959

LA FRANCE

CHEVALINE.

LA FRANCE

CHEVALINE

2ᵉ Partie. — Études hippologiques.

Par Eug. GAYOT,

CHEVALIER DE LA LÉGION D'HONNEUR, MEMBRE DE PLUSIEURS
SOCIÉTÉS SCIENTIFIQUES.

TOME QUATRIÈME.

PARIS,

IMPRIMERIE ET LIBRAIRIE D'AGRICULTURE ET D'HORTICULTURE
DE Mᵐᵉ Vᵉ BOUCHARD-HUZARD,
RUE DE L'ÉPERON, 5,
et au bureau du Journal des haras,
PLACE DE LA MADELEINE, 8.

1853

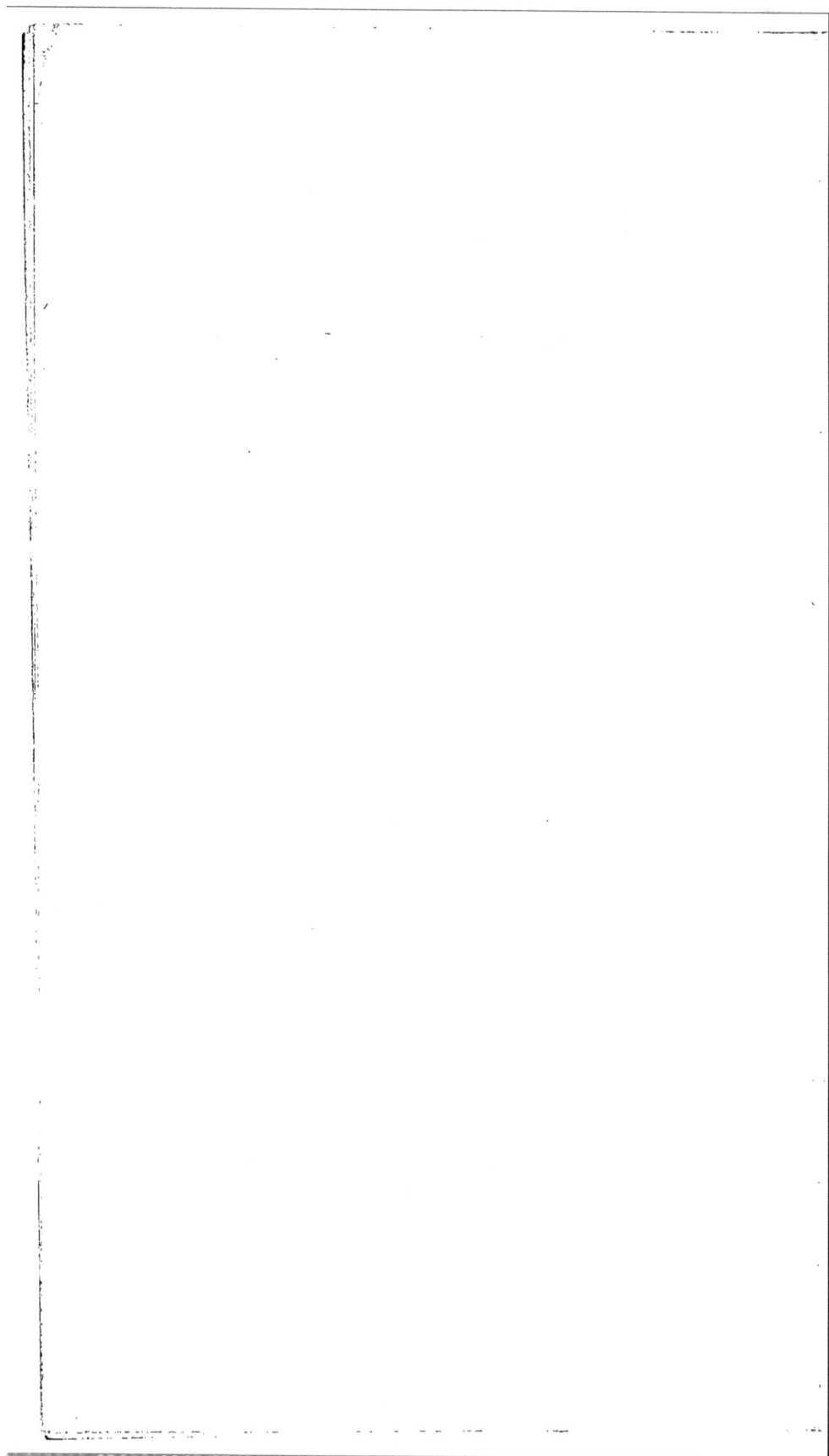

TABLE DES MATIÈRES.

DES RACES CHEVALINES DE LA FRANCE ANCIENNE ET NOUVELLE. (*Suite.*)

DES FACULTÉS PROLIFIQUES ET DE LA DIRECTION
A LEUR DONNER.

LA FRANCE CHEVALINE.

Deuxième Partie.

ÉTUDES HIPPOLOGIQUES.

DES RACES CHEVALINES DE LA FRANCE ANCIENNE ET NOUVELLE. (*Suite.*)

XIII.

Circonscriptions des dépôts d'étalons de Lamballe et de Langonnet. — Difficultés d'un recensement exact. — Statistique comparée. — Population chevaline dans le passé. — Établissement des haras provinciaux. — Imperfections de l'ancien cheval breton. — Du système de reproduction adopté en 1770. — Ses résultats. — Proposition de créer, dans un haras d'État, les éléments d'amélioration réclamés alors. — Ressources en étalons en 1789. — Origine du cheval breton, d'après M. Éléouet. — Statistique de la reproduction officielle;—Son insuffisance.—Des mesures concertées pour en remplir les vides. — Action des haras sur les variétés de trait bretonnes, avant et après 1830.— De 1846 à 1852. — Ce que demandait le pays. — Examen des doctrines émises. — Caractère du cheval de trait et nécessité de le transformer. — Variétés propres à l'attelage rapide; — moyens de les améliorer.— Type défectueux. — Race bidette et ses variétés. — Importation et exportation. — Nécessité d'anoblir le cheval breton.

Il serait très-difficile de séparer l'histoire chevaline de ces deux établissements, dont les circonscriptions embrassent le territoire du Finistère, des Côtes-du-Nord, du Morbihan et d'Ille-et-Vilaine , c'est-à-dire toute l'ancienne Bretagne , moins le Nantois proprement dit, moins la partie du département de la Loire-Inférieure, située à la droite du fleuve qui lui a donné son nom.

Nous voici dans un pays à chevaux, s'il y en a : nous nous séparons complétement du mulet ; on ne le connaît pas ou on ne le connaît plus en Bretagne.

Mais la population chevaline est immense, et le commerce la prend à tous les âges. Il en résulte un mouvement si considérable, qu'on a peine à compter les existences, et que la statistique, quoi qu'on fasse, ne peut jamais accuser qu'une vérité relative. Ici, plus qu'ailleurs, il faut se contenter de chiffres très-approximatifs. La saison de l'année, le jour du mois choisis pour le dénombrement dans une commune, un canton, un arrondissement, influent singulièrement sur les chiffres recueillis. Ceux-ci peuvent être moindres ou considérables selon qu'on vient avant ou après une foire importante, avant ou après l'époque des naissances, et les différences, peu sensibles dans tous les départements du midi, par exemple, peuvent atteindre, sur ce point, des nombres très-élevés, en raison des habitudes et de l'activité commerciales. C'est dans cet ordre d'idées et de faits qu'il faut rechercher les causes de variation du chiffre de la population, comparée à elle-même, aux diverses époques de recensements officiels, généraux ou partiels.

Cette explication était nécessaire à l'intelligence des chiffres qui vont suivre. On aurait pu croire entachés d'erreurs les résultats de la statistique ; il n'en est rien. Les différences qu'elle présente prouvent, au contraire, qu'elle s'est attachée de bonne foi à accuser les faits sans préoccupation aucune. C'est au raisonnement à trouver leurs causes et à les commenter.

Les quatre départements bretons possédaient,

En 1829, — 254,684 têtes de chevaux de tout âge.
En 1840, — 300,400   —   —
En 1842, — 279,881   —   —
En 1850, — 296,575   —   —

De 1829 à 1840, en douze ans, la population a-t-elle pu s'accroître de plus de 45,000 têtes? — Peut-être; car cet accroissement répondrait au développement immense des différentes branches des services publics qui utilisaient les forces du cheval breton. Le recensement de 1842 s'est-il effectué à une époque défavorable au nombre en Bretagne, et celui de 1840, au contraire, s'est-il opéré dans des circonstances toutes différentes? Nul aujourd'hui ne pourrait répondre avec connaissance de cause à ce point d'interrogation. Enfin, si faible que soit la diminution du chiffre relevé en 1850, comparativement à celui qui a été constaté en 1840, faut-il voir dans ce fait un accident ou une tendance à l'abaissement du nombre de la population? La question est embarrassante; on ne pourrait la résoudre qu'en renouvelant, à cinq ans d'intervalle, les opérations du recensement. On verrait alors si l'appropriation des races légères à des travaux plus nombreux et plus rudes concordant avec la suppression d'une grande quantité de relais n'exerce pas une sérieuse influence sur la production et l'élève des fortes races, bien plus recherchées, bien plus occupées avant l'établissement des chemins de fer qu'elles ne le sont dès à présent et dès avant le complet achèvement des nouvelles voies de communication. Il y aurait là une menace, ou tout au moins un avertissement dont il faudrait savoir tenir compte, afin de prévenir des pertes irréparables. — Nous reviendrons sur cette thèse.

L'importance numérique d'une race est chose très-essentielle à reconnaître, quand on s'occupe de son passé, quand on recherche les conditions physiologiques de son existence. Le nombre, en effet, implique soit la possibilité, soit l'impossibilité où la race se trouve de se suffire à elle-même, ou d'emprunter à d'autres ses moyens de reproduction, abstraction faite de toute idée d'amélioration, bien entendu.

A ce point de vue, il n'est pas douteux que la population chevaline de la Bretagne, si elle avait été homogène, si elle n'avait formé qu'une seule et même race, n'ait été apte à se reproduire en dedans; mais elle est variée comme le sol même sur lequel elle vit, et ses différentes divisions la partagent déjà en trois classes très-distinctes, savoir : — chevaux de trait, — espèce carrossière, — chevaux de selle.

Quelle a été autrefois, quelle est aujourd'hui, quelle sera demain la situation respective de ces trois variétés de la production chevaline d'une même contrée ?

Voilà, certes, une question bien intéressante à élucider; mais elle est aussi difficile à résoudre d'une manière satisfaisante qu'elle a été simple à poser.

Pour peu qu'on réfléchisse à l'industrie du cheval en Bretagne, à l'importance numérique des variétés sur lesquelles elle s'exerce, à l'intérêt agricole et commercial dont celles-ci ont été et sont encore le pivot, on s'étonne à bon droit que cette province soit si peu connue, ait été si incomplétement étudiée, qu'il n'existe sur la nature et la valeur de ses richesses aucune notion exacte, aucuns matériaux qu'on puisse employer avec confiance pour ébaucher une histoire vraie.

A défaut de renseignements précis, il y a nécessité de se livrer à des conjectures pour établir le point de départ de la population actuelle et comparer le présent au passé.

Et d'abord, aucune race ancienne dont le nom soit resté, cela veut-il dire — absence de race? Nous sommes tenté de le croire et de le poser en fait.

En 1639, un seigneur, Querbeal Calloet, ce nom sent fort le breton, proposait l'établissement de vastes haras en Bretagne et en France; il ne parle pas d'une seule race bretonne.

En 1665, la France hippique était particulièrement pauvre, et « le roy était résolu de distribuer des étalons propres au carrosse, sur les costes de la mer, depuis la frontière de Bretagne jusques sur la Garonne, où il se trouve des cavalles de taille nécessaires à cet effet. »

Dès lors, les pays d'états furent invités à concourir au but. La déclaration du roi, relative à la Bretagne, porte la date du 5 octobre 1667. Le 11 du même mois, les états chargèrent la commission des contraventions d'examiner *quel préjudice* la province pourrait recevoir de l'établissement des étalons, et ils firent, à la mesure, une opposition qui ne cessa qu'en 1685, dix-huit ans plus tard (1).

A cette époque seulement, des fonds furent votés « pour achat de chevaux, *afin de rétablir les haras de la province.* »

Il y avait donc eu des haras autrefois ; rien ne dit quelle nature de chevaux on y entretenait.

En 1716, les états demandent à être exonérés des dépenses supportées par la province pour achat d'étalons. Le roi refuse d'obtempérer à ce vœu. S. M. ordonne que l'administration des haras sera définitivement constituée en Bretagne.

A partir de 1726 seulement, les états de Bretagne donnent une attention toute particulière « à l'achat, à la distribution et à l'entretien d'étalons convenables à *chaque canton*, pour multiplier et perfectionner l'espèce des bons chevaux, tant pour l'avantage de l'agriculture et du commerce intérieur que pour le service des troupes du roi, en paix et en guerre. »

En 1754, il existait 137 étalons royaux et 225 étalons approuvés, en tout 362, et les états allouaient des fonds pour l'acquisition de 50 étalons nouveaux et de 250 juments, « *afin de changer la race des chevaux en Bretagne.* »

Les allocations pour achats d'étalons se sont ainsi continuées jusqu'en 1788 ; les sommes successivement votées forment un total de 2,419,500 francs.

On ne voit pas quelle était la race des chevaux qu'on se proposait de changer, on ne dit pas quelle espèce de juments

(1) Extrait des *Tenues des états de Bretagne.*

on devait importer ; mais on les disséminait sur toute l'étendue de la province, et l'on imposait aux détenteurs l'obligation de faire connaître toutes les naissances et d'élever tous les produits qui promettaient des reproducteurs d'élite à la province.

En 1770, le Boucher du Crosco, peu satisfait des résultats obtenus et désireux de voir prospérer l'espèce chevaline en Bretagne, proposait aux états « d'établir des haras fixes, comme étant le seul moyen certain, stable, de durée, et absolument nécessaire dans tous les pays, pour former des races d'un ordre supérieur. »

Après avoir jeté un coup d'œil sur l'administration des haras de la Bretagne, en avoir montré les vices, dénoncé les abus, l'auteur propose un plan propre à assurer à sa province un commerce « *qui n'y est qu'aperçu et précaire.* »

Plus technique dans son mémoire que ne l'ont été les délibérations prises par les états, le Boucher du Crosco fait mieux connaître la situation chevaline de la Bretagne au temps où nous nous reportons.

« Si l'on juge, dit-il, sans partialité la race des chevaux bretons, si l'on considère comment s'en fait le commerce, la nécessité des haras fixes se fera sentir encore avec bien plus de force et de conviction.

« Malgré les dépenses considérables faites jusqu'à présent, les chevaux bretons n'ont et ne méritent aucune réputation : ils sont sans distinction, mal tournés, disproportionnés dans leurs parties ; ils pèchent tous par les jambes et par la tête, celle-ci est trop grosse, et les jambes sont trop faibles, trop chargées de chair et de poil : la partie appelée *le bras*, surtout, est défectueuse, ils n'en ont jamais assez; les jarrets ne sont pas meilleurs, ils sont ronds et allongés.

« Les chevaux bretons jettent la gourme plus longtemps que les autres, sont plus sujets aux fluxions des yeux, aux eaux et à toutes les maladies qui indiquent une surabondance d'humeurs; ils sont vieux de bonne heure, et, s'ils coûtent peu de premier achat, ils deviennent très-chers eu égard au peu de durée de leurs services. — Quelques chevaux sortis du comté nantois, ou des haras de quelques seigneurs de basse Bretagne, ne font point une exception ; la race, en général, n'en est pas moins vicieuse, et il n'en est pas moins vrai que, lorsqu'on veut se procurer des chevaux de maître, de chasse, de carrosse, on est obligé de les tirer du dehors.

« Je me reprocherais ce portrait, si les chevaux bretons étaient moins connus, mais ils le sont dans toute la France : on en a pour preuve le petit nombre d'étrangers qui les tirent pour en faire commerce ; s'ils étaient meilleurs, ils seraient plus recherchés, et le commerce ne serait pas exclusif au normand.

« Leurs mauvaises qualités viennent de plusieurs causes qu'il est facile d'assigner.

« Il est certain que le climat influe beaucoup sur les chevaux ; il est également certain que les nôtres tiennent beaucoup des défauts des chevaux du Nord, et n'en présentent, pour ainsi dire, que l'espèce dégénérée. Le premier pas à faire en Bretagne était donc de croiser les races en opposant les climats ; on a fait tout le contraire. En général, on n'a fait venir que des chevaux danois, allemands, anglais, hollandais, et peut-être parmi ceux-ci beaucoup de flamands ; souvent même et encore cette année, on a fait acheter, en Bretagne, des chevaux nés dans le pays, et on les a répandus comme étalons : au lieu de changer la race, on a donc travaillé à la maintenir, en amenant des chevaux de climats semblables ou un peu plus froids, sujets aux mêmes défauts que la race bretonne, qu'on ne pouvait dénaturer que par des qualités, des perfections et des vices contraires. Voilà la première cause, et, tant qu'elle subsistera, l'on ne fera que des dépenses inutiles. »

Cet extrait du mémoire de le Boucher du Crosco nous fixe d'une manière très-précise sur la nature et le mérite de la population chevaline de la Bretagne en 1770. Les races n'y étaient pas brillantes ; elles n'étaient pas renommées. Les étalons importés du Nord n'avaient point assez de sang pour les améliorer, et l'on ne trouvait pas en elles-mêmes de sujets capables. La reproduction en dedans n'offrait pas de ressources; on sentait la nécessité du croisement, mais on voulait que celui-ci fût tenté au moyen de chevaux tirés de climats plus chauds et entretenus dans un établissement créé par l'État ou la province, car l'industrie privée était insuffisante et ignorante. « Il faut des haras fixes : ceux-ci sont absolument nécessaires dans tout pays pour former une race ; ils le sont doublement en Bretagne, où il faut faire connaître l'éducation des chevaux dont on n'a pas la première idée, et vaincre les préjugés qui s'opposeront aux changements que l'on désire.

« Un seul haras fixe, bien dirigé, suffit actuellement pour la province ; il doit être formé d'étalons étrangers des pays chauds, ou tout au moins de chevaux limousins et navarrins avec des juments anglaises et normandes. »

La Bretagne était donc pauvre à ce point, qu'il fallait, à l'aide d'éléments étrangers — mâles et femelles, — créer de toutes pièces les reproducteurs utiles à l'avancement de la population entière. Nous laissons en dehors les principes, le choix des races désignées comme pouvant donner le reproducteur qui manquait, et nous constatons le fait de la nécessité reconnue alors de produire, dans le pays même, l'étalon nécessaire au renouvellement de la population indigène.

Les idées de le Boucher du Crosco ont été suivies en partie à dater de 1771. On suppléa alors à l'insuffisance des chevaux de race barbe ou turque, par l'introduction d'étalons limousins ou navarrins appelés — chevaux fins ; on importa aussi non des juments normandes, mais des étalons de cette race désignés comme — carrossiers, et d'autres reproducteurs de races innommées et ainsi spécifiés — étoffés.

Jusqu'en 1757, il avait été entretenu quelques baudets : on les supprime alors, « attendu l'embarras qu'ils occasionnent et leur inutilité. »

En 1789, la province possédait 544 étalons. Nulle autre n'en comptait autant. « Après la Normandie, a dit Huzard père, la Bretagne était le pays le plus propre à la multiplication des chevaux ; elle lui fournissait annuellement une très-grande quantité de poulains et donnait des chevaux de carrosse, de trait et de cavalerie. Le cheval breton, ajoutait-il, n'est pas aussi beau que le cheval normand ; mais il est plus solide et résiste plus longtemps au travail. Les doubles bidets du Morbihan sont presque infatigables ; mais ils ne sont pas assez nombreux pour l'usage des postes. »

Et puis c'est tout. On a peine à croire qu'une province qui s'est imposé de tels sacrifices n'ait mérité qu'une mention aussi courte. N'était-elle pas assez connue ou bien n'était-elle pas autrement intéressante ? Le fait est que nulle part on ne trouve trace d'une existence brillante, d'une prospérité hors ligne. Ni l'une ni l'autre, à vrai dire, n'étaient en germe dans la nature et l'espèce des étalons importés. S'il faut en croire cette délibération, qui donne le moyen d'acheter au dehors 250 poulinières ; si l'on pèse le sentiment exprimé en 1770 par le Boucher du Crosco, on ne se fait pas une bien haute idée de la population chevaline indigène. Décidément, celle-ci n'était pas arrivée à une grande élévation sur l'échelle quand éclata la révolution, et lorsque les haras d'État furent supprimés. Elle arrivait, sans doute, à un genre d'utilité qu'elle n'avait pas eu autrefois ; mais nous ne voyons pas une fondation ancienne bien digne de nous arrêter. Le sang barbe se mêlait au sang des races du Nord ; des reproducteurs de nos races méridionales se sont entés là-dessus, et de même de nos races normandes. Voilà ce que nous voyons de plus clair en tout ceci.

Ni Buffon ni Bourgelat n'ont mentionné le cheval breton dans leurs ouvrages.

« On ne connaît pas, dit M. Éléouet, auteur d'une excellente statistique agricole de l'arrondissement de Morlaix,
on ne connaît pas l'époque à laquelle s'est faite l'introduction des races équines en Bretagne ; mais, quelle que soit
cette époque, toujours est-il que les formes extérieures, le
caractère et l'énergie de ces animaux ont dû naturellement
subir l'influence du climat, de la nourriture et du sol. Ceux
qui furent nourris et élevés sur ou au voisinage des montagnes d'Arées, où croît une herbe fine, courte, plus tonique
que substantielle, et où ils respirent un air pur, sont restés
sveltes et d'une taille moyenne ; ils ont les tendons et les
muscles bien dessinés, sans avoir les formes empâtées ; les
sabots petits et durs, la peau fine, les poils courts et soyeux,
même aux extrémités ; ils sont vifs et pleins d'ardeur, capables de soutenir longtemps une allure rapide. C'est le propre du double bidet breton. »

On sent là, tout de suite, l'influence des lieux élevés et
des nourritures plus fines que succulentes. On y ajoute bien
vite celle du sang arabe, dont les anciens auteurs et les hippologues modernes peuplent les différentes parties de la
France. Dans celle où nous sommes, c'est au commencement du xiiie siècle, en 1212, qu'on fait remonter l'introduction de la race primitive. « 9 étalons arabes, donnés au
comte Olivier de Rohan par le soudan d'Égypte, au retour
d'une croisade, furent placés dans la forêt de Kérénécant à
l'état sauvage. On leur adjoignit des juments du pays. Dans
cet état, ils s'y reproduisirent si bien et en si grand nombre, qu'en 1225, treize ans après, Olivier, comte de Rohan,
se vit forcé de donner à l'abbaye de Bon-Secours la moitié
des chevaux sauvages, etc. »

« Mais, reprend M. Éléouet, les animaux qui furent placés sur les bords de la mer, sur un terrain non pas maréca-
geux, car il deviendrait insalubre, mais seulement gras et
humide, où l'herbe est plus aqueuse que tonique, ont acquis de la taille ; leurs formes sont devenues massives et em-

pâtées, leur ventre a acquis de l'ampleur, les extrémités sont devenues courtes, les tendons mal dessinés, les sabots volumineux et mous, la peau épaisse, les poils longs, grossiers et crépus, surtout aux boulets ; la marche lourde et lente. Ce sont aussi les caractères de notre grosse espèce. »

Les 544 étalons royaux ou approuvés pouvaient servir de 15 à 16,000 juments. Là était le point important.

De notre temps, on est resté bien loin de ce chiffre. L'organisation de 1806 portait approximativement à 125 étalons le nombre des reproducteurs à fournir par l'État à l'ancienne province de Bretagne ; elle ne les a jamais eus. Voici les chiffres moyens, de cinq en cinq ans, à partir de 1831, pour les circonscriptions de Lamballe et de Langonnet :

Étalons, 76; juments saillies, 2,709; moyenne par tête, 36.

—	55	—	1,796	—	—	35
—	75	—	2,768	—	—	57
—	103	—	4,515	—	—	42

A cet effectif des établissements de l'État on peut ajouter une quarantaine d'étalons approuvés et autorisés chez les particuliers, ce qui élève le chiffre des poulinières saillies à 6,000 environ. Nous sommes loin de compte.

Le nombre des juments dans les quatre départements, d'après la statistique de 1850, est de près de 125,000. Si toutes étaient livrées à la reproduction du cheval, cela supposerait une force de 2,500 étalons. Était-ce donc chose si exorbitante que de chercher à tripler les ressources de l'effectif des deux dépôts de la Bretagne ? En présence d'une si grande pénurie de reproducteurs capables, il n'y a point à rechercher si la contrée est en possession de races éminentes. C'est tout simplement impossible. En aucun temps et dans aucune province en France, l'industrie privée n'a pu se pourvoir des éléments nécessaires à une bonne reproduction. Partout où l'État n'a pas fait sentir son influence, la population chevaline est restée médiocre ou commune, grossière ou sans valeur. Quand les besoins étaient au com-

mun et à la masse, l'agriculture faisait ses frais; depuis que
les services exigent plus, l'agriculture est aux abois et demande à l'État d'intervenir très-directement, plus puissamment et plus efficacement que par le passé. On répond mal
à ses vues, sans doute, en rapportant les mesures que nous
avions prises : elles étaient faites pour conduire en peu de
temps à la satisfaction d'une partie des besoins les plus pressés, sans aggraver les charges du trésor public. On nous l'a
imputé à crime. Mais nous sommes incorrigible et nous
mourrons dans l'impénitence finale. En effet, si nous étions
à même de recommencer, nous n'y manquerions pas; nous
y appliquerions tous nos efforts, nous y mettrions toutes les
forces d'une conviction bien assise, parce que nous avons
consciencieusement étudié la situation. Sur quoi repose la
conviction des adversaires? Ils nous vengeront, hélas! à ce
que l'on dit, du bien qu'ils nous ont empêché de réaliser
par celui qu'ils ne feront pas. Nous faisons des vœux bien
sincères pour qu'il en soit autrement; nous n'avons aucun
besoin de vengeance.

Nos comptes rendus avaient très-nettement exposé nos
projets sur la Bretagne. Nous lui aurions donné, avant peu,
250 à 300 étalons nationaux ou départementaux, le dixième
des entiers qu'elle emploie, chaque année, au renouvellement de sa population. Mais ceux-ci, tout en préparant les
voies aux transformations devenues nécessaires, auraient
élargi les bases de l'amélioration et produit successivement
tous les auxiliaires utiles, indispensables pour conduire à
bonne fin une œuvre aussi considérable. Aux résultats appréciables de ces 300 reproducteurs d'élite on aurait dû le
développement de l'industrie privée. Qu'on le sache bien,
toutefois, celle-ci ne peut s'étendre, grandir, prendre des
forces durables qu'à la faveur d'une intervention directe et
puissante de l'État. Ceux qui supposent le contraire n'y ont
jamais regardé; ceux qui professent une opinion opposée
n'ont même pas la ressource de se draper dans une igno-

rance superbe; ils ont des intérêts qui les passionnent et les aveuglent. Le gouvernement se trouvera mal de leurs conseils, et le pays souffrira longtemps de la malencontreuse application de leurs funestes doctrines. Jamais vérité n'a été mieux à sa place.

Il est bien pénible de voir abandonner à elle-même, vouer au découragement et à l'impuissance une province aussi riche d'avenir que celle-ci, quatre départements dont la bonne production suffirait, et au delà, au tiers de la consommation de toute la France. La Bretagne chevaline est si peu connue, que celui-là qui la traverse en économiste et en homme de cheval marche à la découverte d'un nouveau monde et prend feu pour lui. Une terre vierge en pleine activité, un fonds inépuisable, des éleveurs faciles et dévoués, tout est là en abondance. Sous le rapport hippique, nous y avions trouvé tout à la fois le point d'appui et le levier que demandait Archimède. Nous aurions fait de la Bretagne la première contrée chevaline de la France. Nous avons produit notre plan : il est aussi simple de conception qu'il eût été sûr et fertile en bons résultats. Nous en aurions modestement rempli les détails, mais nous aurions créé d'immenses richesses. Que d'autres le fassent ; nous y applaudirons, car nous travaillions pour autrui, et non pour nous.

Si on l'étend à toute la population de la Bretagne, l'action des haras n'a pas été considérable; les chiffres relevés plus haut le disent clairement. Mais ce n'est pas ainsi qu'il faut la considérer. Les résultats obtenus, peu appréciables si on les noie dans les flots d'une production immense, apparaissent, au contraire, et ressortent évidents si on les spécialise et si on les concentre sur les points où ils ont été poursuivis avec persévérance. On les sent et on les avoue volontiers, par exemple, dans le rayon desservi par les stations les plus importantes et le plus anciennement établies. Là, le bien est incontestable.

« On est forcé de convenir, dit M. Éléouet, que la race

équine bretonne s'est beaucoup améliorée dans l'arrondissement de Morlaix. C'est surtout depuis 1858 que cette amélioration s'est le plus fait sentir ; car c'est à dater de cette époque que l'administration des haras a mis plus de soin dans le choix des reproducteurs qu'elle nous fournit.....

« ..... En résultat, les formes massives et empâtées du cheval breton d'autrefois ont été remplacées par des formes plus arrondies, plus sveltes et plus gracieuses. Les croupes larges, anguleuses et avalées ont fait place à des croupes arrondies, sans être étroites ; leur inclinaison est moindre, et la queue est attachée plus haut. Le garrot est aussi plus élevé et les épaules plus inclinées.

« C'est surtout dans les membres que l'influence des étalons améliorateurs s'est fait sentir. On ne voit presque plus ces jambes grêles et à tendons faillis, qui étaient un des caractères du cheval breton ; les jambes sont plus fortes, les muscles bien dessinés, les tendons plus détachés, les aplombs mieux affermis, et les pieds moins plats et moins évasés. Un des caractères sur lequel les croisements n'ont exercé aucune ou que très-peu d'influence est la forme de la tête : celle-ci, quoique étant plus légère, est toujours carrée, à chanfrein droit ou légèrement camus.

« Nous devons donc le proclamer, nos races équines s'améliorent de jour en jour..... »

Ce que M. Éléouet a dit plus spécialement de la population chevaline de l'arrondissement de Morlaix est également applicable à toutes les parties de la Bretagne où l'administration a pu établir et fixer le concours des minces ressources dont elle a disposé.

Mais les besoins ont changé ; les exigences sont, maintenant, ou plus grandes ou tout autres que naguère, et voilà que les races communes ou négligées de la Bretagne font défaut aux besoins de la consommation actuelle. Cette dernière ne s'arrête pas, elle dévore les générations qui se succèdent ; mais, par intervalles, elle leur impose des modifications que la pratique doit se hâter d'adopter et de reproduire, sous peine de perdre sa clientèle.

Les chevaux de trait ont été les plus renommés parmi ceux qu'a nourris cette contrée ; leur multiplication a coïncidé avec l'immense développement qu'avaient pris, en France, le roulage et les messageries, l'activité passagère, éteinte aujourd'hui, du service des postes à l'usage des particuliers. De 1806 à 1835, l'administration des haras avait soutenu ce mouvement par l'entretien de reproducteurs capables de donner des pères et des mères au renouvellement et à la propagation des variétés de chevaux de trait recherchées pour de pareilles destinations. Le succès a été complet. Les étalons de l'État en ont donné une foule d'autres qui, entre les mains des particuliers, concouraient au résultat cherché. Le but était atteint. Cependant la révolution de 1830 avait fait surgir des hommes nouveaux. Ceux-ci répudièrent maladroitement et imprudemment le passé. Dès 1835, on réforma nombre d'étalons qui ne répondaient pas aux doctrines qu'on voulait faire prévaloir ; on ne les remplaça pas. On offrit alors aux éleveurs des étalons de croisement trop peu ancien, non confirmés dans leur pouvoir héréditaire. Tandis que les nouveaux venus *décousaient* l'espèce locale, on ne trouvait plus dans les rangs de celle-ci les étalons qu'elle produisait précédemment, grâce à ceux de l'État. Le mal a été double ; on a fait employer des étalons qui ne convenaient pas encore, et l'on a cessé de fournir les reproducteurs qui donnaient à l'industrie privée les moyens de conservation des races locales.

A la suppression des haras, dit M. Éléouet, la Bretagne, privée d'étalons améliorateurs, fut réduite à se servir des seuls reproducteurs que les malheurs du temps permirent d'employer. Ils étaient sans valeur. Après le rétablissement des haras, la province put reprendre les croisements qui avaient été brusquement interrompus. Les étalons successivement fournis par l'administration ont tout d'abord été

choisis dans les races bretonne, cauchoise, danoise, mecklenbourgeoise, normande-cotentine, et très-peu dans la race
anglaise.

Ces commencements rappellent bien la situation en 1789.

« Plus tard, on a abandonné la race cauchoise, et elle a
été remplacée par la race percheronne. Les races danoise et
mecklenbourgeoise ont également été abandonnées, et l'on
a augmenté le nombre des reproducteurs de race cotentine.

« Plus tard encore, en 1835, on a, pour ainsi dire, renoncé à la race cotentine, pour n'entretenir que des étalons de pur sang, de trois quarts et de demi-sang, et très-
peu de la race percheronne.

« A cette époque donc, l'administration des haras crut
devoir exclure de ses établissements les étalons de trait, et
n'y conserver que des carrossiers et des chevaux de selle.

« Mais on ne change pas ainsi du tout au tout les habitudes d'un pays, sans qu'il s'élève de nombreuses plaintes
de la part des personnes qui sont ou qui se croient lésées
dans leurs intérêts.

« La race de trait léger avait fait la fortune agricole de la
contrée. Vouloir lui imposer l'abandon du certain pour l'incertain, et cela sans préparation aucune, c'était, selon nous,
suivre la mauvaise voie et s'écarter du but que l'on se proposait d'atteindre. »

Il y avait du bien-fondé dans ces plaintes et ces réclamations. La transition était trop brusque sous le double rapport de la science et des habitudes commerciales, lesquelles
tiennent si fréquemment dans leur dépendance l'art de faire
naître et d'élever les animaux. De nouveaux besoins se faisaient jour, on les pressentait sûrement; mais les anciens
n'étaient pas encore éteints : la lutte s'établit donc entre le
présent et l'avenir avec des forces tellement inégales cependant, que la tentative de croisement par l'étalon de
sang n'avait aucune chance de percer et de l'emporter.

En 1846, nous avons tout à la fois reconnu et l'impossibilité de submerger la population actuelle dans les quelques
gouttes de sang versées au milieu des flots abondants de
l'indigénat, et la faute, précédemment commise, de laisser
à elles-mêmes, d'abandonner à toutes sortes de mauvaises
influences des variétés si considérables par le nombre et si
bien placées pour occuper un rang distingué dans la satisfaction des immenses besoins d'une consommation toujours
grandissant.

Dès lors, nous avons modifié la composition de l'effectif
des dépôts de Lamballe et de Langonnet, et résolu d'agir
plus efficacement sur les points les plus avancés de chacune
de ces circonscriptions.

Nous voulions offrir aux éleveurs — des étalons capables
d'entretenir la race locale tout en l'améliorant, — des étalons de croisement propres à pousser aux transformations
que le temps et les circonstances ont rendues nécessaires.
Nous voulions faire naître et élever dans la contrée même
les reproducteurs primaires de la race, et y introduire les
étalons supérieurs, les régénérateurs ou les modificateurs de
l'espèce. Nous nous étions mis en marche avec d'autant plus
d'ardeur que le temps pressait davantage, que sur ce point
important l'administration des haras n'était nullement à la
hauteur des exigences. Nous étions sûr de réussir, car nous
allions au courant des besoins; nos idées étaient acceptées;
on venait à nous et l'on nous prêtait main-forte ; nous n'a-
vions plus à combattre. Maître du terrain, nous avions pour
nous l'air et l'espace; nous étions à l'œuvre, nous montions
vers le but; on nous a renversé. Nos plans restent. C'est
l'avenir qui est compromis, du moins nous le croyons. Il
est donc intéressant de bien constater la situation au moment où nous cessons d'agir.

De 75, le nombre des étalons avait été porté à 103. Nous
restons dans la limite de la moyenne des cinq années de
1846 à 1850; autrement, nous dirions 128, chiffre de l'ef-

fectif de 1852, à l'ouverture de la monte. Le nombre des juments saillies s'est élevé de 2,768 à 4,315; nous aurions triplé ce nombre. Enfin la moyenne des saillies, arrêtée à 37 pour chaque étalon, était déjà à 42, pour arriver bientôt à 60.

Voilà les faits. Voyons maintenant ce qu'on désirait dans le pays et quelle est, dans ses principales variétés, la population chevaline actuelle dans les deux circonscriptions de Lamballe et de Langonnet.

En 1846, au moment où le gouvernement nous confiait, où il abandonnait à nos idées et à notre expérience la direction du service des haras, M. Bouvier-Destouches, que nous ne connaissions pas, avec qui nous n'avions jamais eu aucune relation, publiait, dans un journal d'agriculture aussi modeste qu'utile, *le Cultivateur breton*, un article intitulé « Un dernier mot sur les moyens de parvenir à l'amélioration des chevaux dans les Côtes-du-Nord. »

Ce dernier mot paraissait avoir été déposé là à notre adresse. Nous l'avons accueilli comme un bon avis, retenu comme un texte digne d'attention et de méditations. Il ne disait pas tout ce qu'il voulait dire; mais son insuffisance même nous a servi, car nous avons trouvé, par la réflexion et l'examen, plus qu'il ne contenait. En l'exprimant avec force, nous en avons fait sortir les mesures administratives desquelles nous attendions une prospérité sans égale.

Pour n'avoir pas su apprécier le mérite des races bretonnes, on n'a pas su les conserver; on les a abandonnées ou bien on a fait effort pour les altérer. Cependant elles contiennent le germe précieux de ces races puissantes, fortes et légères à la fois, qui donneront le cheval d'attelage léger, ces variétés utiles qu'on demande et recherche de toutes parts, ces moteurs énergiques et rapides, qui sont la plus haute expression des besoins de l'époque.

C'est en ces termes que nous avons traduit la pensée de M. Bouvier-Destouches, et nous nous étions mis très-sérieusement en quête des moyens les plus propres à la réaliser au profit de l'agriculture bretonne et dans l'intérêt de la satisfaction des besoins généraux du pays ; car les moyens proposés n'étaient point praticables : ils étaient exhumés d'études faites, en 1812, par M. de Lieven, directeur du dépôt d'étalons de Langonnet. Voici les passages extraits, par M. Bouvier-Destouches lui-même, du travail de M. de Lieven ; en les rapportant, nous constatons l'état de la population chevaline à l'époque.

« Les chevaux bretons se divisent en trois espèces très-« distinctes, qui conservent cependant un style originel, « un type primitif :

« 1° Les chevaux de trait, depuis Lannion jusqu'à Lam-« balle et Plancoët ;

« 2° Les carrossiers et chevaux de grosse cavalerie, près « de Saint-Brieuc et Lamballe ;

« 3° Les bidets de Rostrenen, Corlay et Callac.

« Le cheval de trait, du côté de Lannion et Tréguier, est « celui qui paraît s'être le moins éloigné de son type pri-« mitif ; il est gris pommelé, de 8 à 9 pouces, a l'oreille « petite et bien placée, les orbites saillantes, l'œil moyen, « mais vif et sain, les joues larges et grasses, les naseaux « bien ouverts, la tête presque carrée et un peu grosse, sans « cependant être désagréable ; son encolure est plus rele-« vée que du côté de Saint-Brieuc ; ses épaules sont grasses, « et pourtant ses mouvements sont sûrs et libres. Court et « ramassé, sa côte est bien arrondie. Comme tous ceux de « sa race, il a la croupe avalée, les jarrets étroits, droits et « mal évidés. Quoique bien fournis, ses avant-bras sont « trop longs, ses tendons sont faillis, ses canons sont trop « minces ; mais son aplomb antérieur est parfait. Les dé-« fauts qu'on lui reproche dans les organes du mouvement « n'empêchent pas qu'il fait de force ce que les autres font « de légèreté.

« Les chevaux du côté de Paimpol et Pontrieux sont éga-

« lement gris , mais plus petits de taille que ceux de Lan-
« nion. Forts et bien rassemblés, ils se distinguent par une
« encolure rouée.

« Castrés à l'âge de trente mois, ces chevaux monte-
« raient bien des dragons à celui de quatre ans, et feraient
« d'excellents chevaux d'artillerie légère.

« Les chevaux de trait qui se rencontrent dans les envi-
« rons de Saint-Brieuc et de Lamballe présentent les mêmes
« caractères que ceux de Lannion, c'est-à-dire joues char-
« nues, croupe avalée, longs avant-bras et jarrets droits.
« Leur encolure est naturellement courte. Ceux de ces can-
« tons qui ont le moins dégénéré de la race primitive sont
« rouan vineux.

« Les carrossiers et les chevaux de grosse cavalerie qui
« se voient encore dans plusieurs communes du départe-
« ment des Côtes-du-Nord proviennent d'étalons danois trop
« éloignés du type primitif. On en trouve de 5 pieds, et
« ceux-ci sont les plus décousus ; ils ont l'oreille longue,
« grasse et souvent écartée ; leurs yeux sont petits et man-
« quent de vivacité. Ils ont de grosses joues, quoique leur
« tête soit effilée comme celle des chevaux du Nord ; une
« encolure bien sortie, un garrot décharné et très-saillant ;
« leurs épaules sont excellentes et leurs mouvements très-
« beaux. Presque tous ont l'avant-bras trop long et coulé,
« les tendons faillis et les canons trop minces. Ils ont le
« corps rond et sont assez bien corsés. Leur colonne verté-
« brale est droite, leur croupe courte, sans être avalée ;
« leurs jarrets sont trop droits ; leurs extrémités posté-
« rieures, quoiqu'elles manquent d'étoffe, sont dans un bon
« aplomb.

« La taille des bidets, dans les Côtes-du-Nord, est de 6 à
« 7 pouces. Ceux-ci sont alezans ou gris de souris ; leurs
« joues charnues, leur croupe avalée, leurs longs avant-
« bras et leurs jarrets droits appartiennent à la race com-
« mune, mais leur tête est mieux attachée que dans l'espèce

« de Briec; leur encolure est plus mince et plus droite ;
« leur garrot est moins charnu et plus saillant; leur croupe
« n'a pas autant de rondeur, mais ils sont moins chargés
« d'épaules; leurs jarrets, quoique clos, sont mieux évidés ;
« leurs jambes, plus sèches, exemptes de tares et sans
« poil, sont d'un aplomb et d'une sûreté admirables. »

« M. de Lieven, — continue M. B. Destouches — indiquait, pour améliorer la race de ces bidets, les chevaux de
6 à 8 pouces du midi de la France, même du Limousin et
d'Auvergne, pourvu qu'ils fussent sains et exempts de tares,
ronds, bien gigottés, près de terre, membrus, d'un bon
aplomb, libres et vigoureux dans leurs articulations.

« Pour les chevaux de trait, il trouvait que les cauchois,
avec les qualités ci-dessus énoncées, convenaient de préférence aux picards. Depuis 1812, l'étalon percheron a paru
mieux convenir aux juments bretonnes, ses produits ayant
eu une valeur commerciale constante; le croisement avec
l'arabe a paru mieux entendu pour les bidettes.

« Les carrossiers, suivant les indications de M. de Lieven,
devaient être choisis près de terre, bien gigottés, ronds,
membrus et dans un bon aplomb. Le directeur, au reste,
proposait des étalons anglais ou des croisés d'anglais; les
accouplements devaient être pris dans la même espèce, pour
qu'il se rencontrât une parfaite harmonie dans leurs productions.

« Le système qu'on tend à faire prévaloir depuis plus de
dix ans est de régénérer l'espèce chevaline par le pur sang;
d'allier l'étalon anglais non-seulement à la race carrossière,
mais à la jument de trait bretonne, quoique celle-ci ne lui
ressemble ni par la taille ni par les formes. Avec ce système,
tous nos chevaux seraient à transformer en chevaux anglais
ou arabes, deux types tranchés d'une utilité incontestable,
mais dont les croisements trop brusques entre animaux dissemblables produisent la plus déplorable confusion.

« L'emploi des étalons anglo-normands offre des résultats avantageux avec des poulinières améliorées qui descendent d'eux et sont beaucoup plus propres à recevoir le cheval anglais que leur mère. Mais pourquoi s'attacher à créer un type pour le croisement ? Ce n'est que par des appareillements d'espèces semblables que s'obtient une prompte amélioration. Tout moyen disproportionné donne, la plupart du temps, des résultats décourageants et onéreux. Nous avons besoin d'un mode abordable à la généralité des éleveurs, et qui ne les expose pas à des embarras ou à des pertes, qui donne enfin des productions dont le placement et l'emploi se rencontrent facilement. Améliorons sans dénaturer. Le produit du pur sang, quand il naît avec des formes qui entravent ses moyens, n'est point le cheval véritablement utile.

« Il me semble que, pour produire de bons chevaux de cavalerie, le moyen le plus sûr serait de choisir, au lieu d'étalons de demi-sang, des juments de demi-sang très-fortes et de ne les faire servir que par des étalons de pur sang, de la même espèce que les ascendants ; une forte jument de la race du Merlerault issue d'un étalon de pur sang anglais donne de beaux poulains. C'est un fait démontré par l'expérience. Que nos éleveurs un peu riches se déterminent à acheter des juments anglo-normandes ou anglaises, et les destinent à des étalons demi-sang anglais ou de race pure anglaise, bien membrés, rassemblés et près de terre ; ce serait une excellente mesure dont l'adoption amènerait infailliblement une production meilleure que si l'on prétendait que l'étalon dût créer un type par le croisement avec des juments d'une autre espèce.

« Pour qu'une poulinière soit susceptible de donner de bons produits, il faut qu'elle soit accouplée à un étalon de son espèce, et d'une race supérieure. Le choix de la poulinière est d'une grande importance ; car la mère est, pour la constitution, beaucoup plus que le père dans la production : les effets de celui-ci sont de donner de l'énergie et de la vitesse, et l'autre procure de la force en développant l'organisme.

« M. Aug. Desjars a demandé que les haras produisent le cheval de pur sang. Je désirerais qu'ils pussent produire tous les types reproducteurs, qu'ils fussent composés d'étalons appartenant à différentes races, analogues à celles des contrées qu'ils sont chargés de desservir.

« Il ne faudrait pas limiter cette mesure aux seuls besoins de la cavalerie; abandonner les autres espèces à l'industrie des particuliers, c'est les livrer à la dégénération, car les particuliers ne sauront jamais s'occuper que de leur intérêt immédiat, non de l'intérêt général; ils n'ont point, d'ailleurs, assez de moyens pour pourvoir aux dépenses et aux efforts persévérants qu'exigent la formation et l'entretien de bons types régénérateurs.

« Nous avons fait observer que, dans la race bretonne, il y avait à distinguer une espèce particulière qui pouvait atteindre par elle-même au point de perfection, sans mélange de sang étranger, en ne choisissant pour reproducteurs que les individus les plus parfaits de cette espèce. C'est encore une entreprise qui exige des efforts persévérants auxquels les particuliers sont ordinairement dans l'impuissance de satisfaire. Elle mériterait, au moins, des encouragements. On a eu à se louer du croisement de la jument bretonne avec l'étalon percheron, de nature et de constitution analogues avec l'espèce indigène, et on regrette de ne plus le retrouver parmi les étalons du gouvernement. Le percheron se distingue du breton par une poitrine moins large, mais infiniment plus haute et plus profonde, et une croupe assez longue et bien dirigée. Le percheron léger est éminemment propre au service de la poste et des diligences.

« Il serait facile de se convaincre que les croisements ne sont que secondaires; qu'il est nécessaire, pour l'amélioration des chevaux, d'avoir des étalons et juments de même conformation. Nous avons sous les yeux des produits d'éta-

lons distingués qui nous paraissent anoblis plutôt qu'améliorés; et, quand les croisements ont été mal dirigés ou sans
esprit de suite, ils ont dénaturé les produits, sans les anoblir ni les améliorer.

« Enfin, pour prouver que le pur sang est une puissance
dont il ne faut pas user brusquement, il n'y aurait qu'à regarder autour de soi, car les faits abondent. »

En publiant l'article auquel nous avons emprunté cette
citation, M. Bouvier-Destouches s'était certainement proposé ces deux choses : — démontrer les inconvénients du
croisement direct par l'étalon de pur sang anglais et l'insuffisance de l'étalon anglo-normand donné indistinctement à
toutes les poulinières bretonnes; — ramener aux idées ex-
posées en 1812 par M. de Lieven.

Celui-ci voulait améliorer la race bidette, c'est-à-dire les
chevaux de selle bretons, au moyen d'étalons choisis dans
les races limousine et auvergnate. En traversant ces deux
contrées, nous avons constaté que ces deux races étaient
alors incapables de fournir à d'autres des reproducteurs de
mérite. Elles n'étaient pas plus riches en 1846; à l'époque
actuelle, l'étalon de race bigourdane amélioré serait lui-
même très-inférieur au cheval arabe ou à l'étalon anglo-
arabe du pur sang. Le premier apporte avec lui tous ses inconvénients qui résultent de sa nature concentrée et de sa
petite taille. Ce qui fait ailleurs sa force et sa supériorité lui
nuit ici au point de le faire dédaigner et repousser. Ecoutons
ce qu'en disait, en 1848, M. Aug. Desjars, le digne rédacteur du *Cultivateur breton*; il répondait à de nouvelles observations de M. Bouvier-Destouches confirmant celles qu'il
avait précédemment faites.

« Quant à l'arabe, c'est le cheval le plus parfait du
monde..... dans sa petite taille.

« C'est le roi du désert et du manége....., mais c'est tout;
et, désormais, c'est bien peu de chose.

« Il y a quelques arabes dans nos dépôts de la Bretagne,

et nous n'en souhaitons guère davantage. Dans presque toutes nos localités, l'agriculture est ou peut devenir assez riche pour faire des chevaux plus grands, et par conséquent d'un prix plus élevé que ceux qu'ils peuvent donner. Et pour les autres localités, s'il en est, ce que nous avons peine à croire, il ne faut pas chercher à y faire prospérer l'industrie chevaline ; on y perdrait son latin et son argent. On fera mieux de conseiller à leurs habitants d'élever des moutons de 15 à 20 kilog., ou de continuer à entretenir soit des chèvres, soit des vaches de 48 fr. »

Précédemment, dans la même feuille, M. Aug. Desjars avait déjà montré le même éloignement pour les reproducteurs arabes. Voici comment il s'exprimait en 1847 :

« Mais qu'espérerait-on de chevaux arabes ? Qu'est-ce que l'arabe ?

« Si on demandait ce qu'a été l'arabe, nous reconnaîtrions sans peine qu'il a été le premier cheval du monde. Ce fut à une époque bien éloignée de nous ; ce fut avant qu'à l'aide d'une agriculture perfectionnée on eût formé la race anglaise ; ce fut au temps où la souplesse était appréciée dans ces combats d'homme à homme en quoi consistait la guerre, et surtout dans les tournois, dans les manéges et les carrousels.

« Mais aujourd'hui que la vitesse et l'énergie ont effacé toutes les autres qualités et sont les seules auxquelles on tienne, qu'est-ce que l'arabe ? Un cheval bon pour piaffer sous un officier général, ou à faire des airs relevés dans les rares manéges qui nous restent. C'est encore, si l'on veut, un élégant et vigoureux poney ; mais rien de plus. L'arabe peut-il faire le cheval fort et rapide ? Non, certes. Les produits qu'il donnera avec nos juments seront au plus des chevaux de cavalerie légère (espèce dont la France fourmille), des chevaux valant de 4 à 500 francs. Est-ce donc la peine de faire venir à grands frais des étalons du désert pour obtenir un pareil résultat ? »

Voilà pour le cheval arabe ; nous n'avons rien à ajouter à ce que nous avons dit d'analogue dans plusieurs passages de cet ouvrage. Le publiciste breton, homme de pratique avant tout, a saisi la vérité sur le fait ; il a dit vrai. Les étalons arabes, peu recherchés et mal utilisés en Bretagne, luttent sans profit pour l'amélioration contre les exigences de l'époque. Le cheval de pur sang anglo-arabe aurait incontestablement une plus nombreuse clientèle, car il donne des produits d'une plus certaine et plus profitable défaite, mais il est rare et n'a pu encore être offert que comme échantillon aux éleveurs, s'il est permis de parler ainsi.

M. de Lieven demandait, pour améliorer les variétés carrossières parmi lesquelles on trouve le cheval de grosse cavalerie, des étalons anglais ou issus d'anglais. Mais M. Bouvier-Destouches voulait que ces derniers, les métis, fussent pris dans l'espèce même des poulinières. C'était donc une création à poursuivre, car cette sorte de reproducteurs n'existait pas ; elle n'existait ni en mâles ni en femelles. Or M. Destouches, qui n'admettait pas le croisement direct, immédiat de la bretonne avec un étalon de pur sang ou de demi-sang anglais voulait pourtant des poulinières métisses, « les seules qui pussent donner des produits de mérite et de vente fructueuse. » Cette situation lui faisait conseiller l'importation de poulinières anglo-normandes et l'accouplement de celles-ci, en Bretagne, avec l'étalon de pur sang. Il en devait sortir des étalons déjà acclimatés et plus aptes, sans doute, au croisement de la jument bretonne. On n'arriverait pas au but par ce moyen.

Le cheval de sang anglais, pur ou mêlé, l'anglo-normand même, quand ils ont été convenablement appareillés, ont toujours déterminé dans leurs suites un progrès incontestable ; leurs fils avaient plus de brillant, plus de vivacité, des allures plus allongées. Ces qualités les rapprochaient donc du type de cheval carrossier. L'expérience a été favorable à l'emploi de l'étalon de sang anglais né en France ou importé d'Angleterre. A ce sujet, il ne saurait y avoir deux opinions, et chacun reste d'accord sur ce point, que la carrossière bretonne admet partout le croisement avec cette classe de reproducteurs.

« Du jour où l'on a pu constater, dit M. Aug. Desjars, que, *généralement*, il n'y a plus de profit à faire des chevaux de selle avec des chevaux de selle, et qu'on obtient de très-bons chevaux de guerre et d'attelage par le croisement simple ou répété des grosses races avec le cheval anglais, il s'est accompli une grande révolution dans le monde hippique. Il a fallu employer le cheval anglais et ses croisés ; il a fallu travailler à modifier le fonds de la race afin de lui faire produire plus sûrement des chevaux d'une certaine légèreté et de beaucoup de vigueur. Tout conspire actuellement à réaliser ce but.

« Le cheval anglais, construit comme exprès pour aller en avant, est évidemment fait pour le tirage, autant et plus que tout autre, en tant cependant que le degré de vivacité et de sensibilité de chaque individu peut le lui permettre. Mais, dans les premiers croisements, ces qualités seront rarement excessives. Le fonds de notre race continuera donc à pouvoir servir au trait, mais il sera devenu tel, que, au moyen de nouveaux croisements avec le cheval anglais, il pourra donner des chevaux de grand prix au luxe et des chevaux excellents à la cavalerie. Par ce système, on mettra nos races en état de satisfaire aux besoins de l'agriculture et des services vulgaires de toutes sortes, et en même temps de donner, le plus souvent par un rapprochement unique du type anglais, des chevaux capables pour la selle et les attelages de luxe. »

Dans les idées de M. Aug. Desjars, il y a deux choses, bien qu'il semble s'arrêter à une seulement. Il y a, sans doute, — la conservation entière des variétés indigènes, — et la production d'une sorte de mulet, la fabrication des métis utiles à la satisfaction des besoins qui ne sont pas remplis. Cette condition est forcée, mais les grosses races indigènes devant être modifiées, rien n'indique les moyens à adopter pour atteindre ce résultat. La production métisse est la seule dont on s'occupe. Nous avons été plus loin dans une précédente étude. Les chapitres dans lesquels nous avons traité de la bonne production des races de trait et de la création des races par voie de métissage contiennent tous les principes d'amélioration et de transformation des races ou variétés de races de la Bretagne ; en s'y reportant on verra comment on peut améliorer les races locales, tout en les disposant à recevoir avec avantage l'étalon de croisement destiné à produire le cheval de service.

Les efforts doivent particulièrement être dirigés vers la production et l'élève de l'étalon capable d'améliorer le fonds de la population indigène. Cette production doit être toute locale et avoir pour éléments — le cheval anglais pur ou non tracé, de bon choix, et la jument bretonne d'élite. Les produits de cette première alliance doivent être élevés et étudiés avec soin ; les meilleurs seuls auront le privilége d'une éducation bien entendue, et serviront plus tard, — les mâles, à étendre, — les femelles à continuer l'amélioration entreprise. C'est ce système que nous avions adopté et dont l'application, sur une certaine échelle, venait de commencer, lorsque des hommes nouveaux ont surgi, non pour mettre en lumière des idées nouvelles, car ils n'en ont pas, mais pour arrêter dans sa marche, par des mesures intempestives, le développement d'un service qui répondait à des exigences aujourd'hui menacées dans leur juste et tardive satisfaction.

Les recherches auxquelles nous nous sommes livré pour bien fixer la nature du cheval breton dans le passé ne nous ont pas conduit à un résultat positif, aucun document ne détermine la situation chevaline d'autrefois ; nous n'avons rien trouvé de satisfaisant nulle part. Voici pourtant un passage, tiré du *Cours d'hippologie* de M. de Saint-Ange, qui tranche la question, mais sans preuve à l'appui. Malgré cela, nous sommes assez disposé à croire que la supposition à laquelle se livre cet écrivain n'est pas dénué de fondement. « Le sol de la Bretagne, dit-il, ne se prête pas moins qu'autrefois à faire naître et à nourrir des chevaux propres à tous les emplois. Avant que le cheval de trait ait été demandé à la production, pour satisfaire à un nouveau système de viabilité, lorsque tout le monde montait à cheval, le cheval de trait lourd ne devait être qu'une exception dans la production bretonne. La race bidette, qui donnait le roussin si renommé alors dans toute l'Europe, était le cheval du pays, propre à tous les besoins de la vie, et surtout le cheval de voyage; mais la Bretagne n'élevait-elle pas aussi le superbe destrier, destiné à porter le chevalier le jour de bataille, et encore le palefroi souple, élégant, propre à faire ressortir le talent équestre de son cavalier dans les exercices brillants des tournois et des carrousels? Or le destrier, le palefroi n'étaient pas des chevaux de luxe; et puisque la Bretagne, pendant le moyen âge, les a produits, comment ne les produirait-elle pas aujourd'hui, avec les progrès de l'agriculture, qui doivent seconder si puissamment l'élève du cheval? »

Voilà pour le moyen âge. Nous avons vu quels étalons ont été employés de 1726 à 1789; les plaintes ou le silence des hippologues du temps nous ont édifié sur la condition des races bretonnes avant la réorganisation des haras en 1806.

Nous savons aussi à quoi nous en tenir sur la situation hippique de la province à partir de cette époque; mais nous avons besoin de fixer d'une manière plus précise les traits distinctifs des principales variétés du cheval breton au moment actuel, en 1852.

Le cheval de trait, proprement dit, existe sur tout le littoral du Nord; les arrondissements de Brest et de Morlaix peuvent être considérés comme le principal foyer de sa reproduction, et surtout comme le berceau de sa race. On le reconnaît aux caractères suivants :

Taille de 1^m,50 à 1^m,64 sous potence; robe variant du bai au gris clair légèrement pommelé, avec toutes les nuances que peut présenter la combinaison de ces couleurs entre elles; tête forte, lourde, plate, souvent camuse; les yeux grands; l'arcade orbitaire très-saillante; les joues grosses et charnues; la ganache prononcée; l'encolure épaisse, chargée d'une double crinière; l'épaule volumineuse et droite; le corps arrondi; le rein court et large; la croupe musculeuse, courte, large, double et avalée; la queue forte et touffue, attachée bas; les membres puissants dans les parties supérieures, et notamment dans le jarret, mais défectueux dans les tendons, qui ne sont ni assez gros ni assez détachés; les paturons courts et garnis de longs poils; le pied grand et évasé; le tempérament musculaire et énergique, résistant aux plus rudes épreuves. Plus petit vers Morlaix, ce cheval est plus grand vers Saint-Pol-de-Léon.

La variété du Léon, pleine de séve, représente à un haut degré les conditions et les forces de l'indigénat. Sous l'influence d'une active recherche, d'un débouché facile et lucratif, les forces locales ont suffi à développer et à conserver en valeur cette précieuse variété. Mais, aujourd'hui qu'on lui demande plus de légèreté, qu'on lui impose plus de vitesse, les conditions de l'indigénat sont insuffisantes, et la race ne peut plus être reproduite en dedans — telle quelle — avec avantage. Il y a donc nécessité d'introduire un élément nouveau; celui-ci doit être tel, que, par son influence, l'activité vitale soit accrue, que des lignes plus longues dans la conformation des produits permettent à ces derniers d'être plus largement utilisés au profit des services plus pressés du temps. Le nœud de la difficulté, le voici : développer de nouvelles aptitudes, sans altérer en rien les qualités acquises; anoblir et améliorer tout à la fois; éviter l'écueil — de détruire le cheval de trait lent, sans obtenir le moteur fort et léger, puissant par la taille et la corpulence en même temps; — de découdre une race pour ne réaliser qu'une population

difficile à classer, manquant de caractère, sans harmonie
dans les formes et sans pouvoir héréditaire sur la progéni-
ture.

C'est à la solution de cet important problème que nous
venons de mettre la première main. L'expérience de ces
dernières années nous avait été d'un secours immense. Sur
elle s'appuyaient notre système de reproduction et les saines
pratiques à rendre usuelles. Nous en avons exposé la théorie
dans un autre chapitre : elle ne peut être appliquée que par
une administration intelligente, capable, dévouée. L'industrie privée ne réunit aucune des conditions nécessaires à
une pareille œuvre, qui veut des connaissances positives,
beaucoup de persévérance et une direction supérieure parfaitement sûre d'elle-même.

Tous les essais ont été faits. L'ère de l'expérimentation
doit être fermée ; les études sont complètes. Il n'y a plus
qu'à marcher dans le sens d'une pratique éclairée par les
faits. Que la nouvelle administration prenne à partie la Bretagne, qu'elle en transforme la population chevaline pour
l'approprier aux exigences de l'époque, et elle aura bien
mérité du pays ; qu'elle se montre ce qu'elle doit être, et, le
premier, nous rendrons pleine et entière justice à ses efforts,
à ses succès : qu'elle fasse donc.

Le cheval de trait breton ne présente pas, sur tous les
points où on l'observe, une complète ressemblance avec le
portrait que nous en avons tracé : il offre, au contraire, des
nuances très-variées, mais c'est toujours le cheval breton ;
il porte un cachet très-caractéristique et qui ne trompe pas.
On a plus particulièrement distingué les variétés du Léon,
du Conquet, de Tréguier, de Saint-Brieuc et de Lamballe.
Grâce au croisement, prochain ou éloigné, avec le cheval de
sang pur ou mêlé, la population de ces diverses localités se
rapproche plus ou moins du type carrossier fort et puissant.
Mais c'est là un trait propre au produit chevalin sur le littoral du Nord, dans nos quatre départements bretons, qu'il

devient aisément carrossier. Beaucoup d'individus, pourrions-nous dire, n'auraient besoin, pour en revêtir la forme,
que d'être entourés, dès le jeune âge, de ces soins extérieurs
qui approprient et anoblissent. Toutes ces variétés acceptent
si bien aujourd'hui le croisement direct avec le cheval de
pur sang, que la distinction et l'harmonie des formes apparaissent très-suffisantes dès la première génération. Dans le
Léon, où l'expérience a été tentée sur une plus grande
échelle, le fait est si saillant et si concluant, que le produit
d'une jument indigène et d'un étalon de pur sang ne paraît
plus appartenir, en quoi que ce soit, à la mère; on ne le
croirait pas issu d'une poulinière de trait. Mais l'étalon de
pur sang ne doit pas revenir une seconde fois sans interruption, sous peine d'affiner trop et de trop alléger. C'est ici
que le cheval de demi-sang devient une nécessité. Il le faut
de l'espèce même, ainsi que le voulait M. Bouvier-Destouches, et c'est alors une cause de succès. Les métis non encore confirmés, choisis dans la famille anglo-normande,
par exemple, ont produit ici beaucoup de désordre. Ils n'ont
été utiles que très-exceptionnellement, quand leur origine,
déjà ancienne, avait fixé en eux un pouvoir héréditaire qui
fait toujours défaut à ceux qui ne sont point dans cette condition. Leur emploi présente alors cet inconvénient immense
d'introduire, dans la race qu'ils sont impuissants à améliorer, les défauts de celle d'où ils sortent, sans la moindre
compensation, d'ailleurs, quant aux qualités. Cette observation, partout recueillie, a nombre de fois été faite dans le
Léon et le Conquet, dans le pays de Tréguier, aux environs
de Lamballe et de Saint-Brieuc; elle ne doit pas être perdue
pour l'avenir.

Les observations qui précèdent, relatives aux effets du
croisement par le cheval de sang, sont néanmoins plus particulièrement applicables à la variété bretonne du Léon, sur
laquelle l'administration des haras a exercé, dans ces dernières années, une influence très-marquée. Il y a là une

mine féconde à exploiter, et l'exploitation peut être d'autant plus avantageuse que l'on travaille sur une masse compacte et sur des esprits désormais faciles, car ils ont pris confiance dans les conseils qui émanent de l'administration. La station de Saint-Pol-de-Léon a 15 étalons et fait saillir de 7 à 800 juments. C'est une position exceptionnelle; elle permet de tailler en plein drap, dans la population indigène, la forme et les qualités d'une belle et bonne race carrossière qui ne le cédera certainement à aucune autre. Il y a de quoi tenter l'esprit le moins enthousiaste et le plus froid. Un hippologue avait défini cette partie du Finistère : le cotentin de la Bretagne. Nous l'avions mis à même d'en faire la preuve. Il est encore à la tête de la contrée; qu'il marche donc et justifie sa comparaison. La chose est possible; nous disons plus, elle nous avait paru aisée.

D'ailleurs, c'est déjà plus qu'une opinion. Les faits commencent à se produire, et nous en trouvons un exposé très-remarquable dans le compte rendu de la dernière session du congrès de l'association agricole bretonne ouverte, à Saint-Brieuc, le 3 octobre 1852. C'est l'honorable secrétaire général de l'association, M. Louis de Kergorlay, qui parle : « Si l'enseignement général fourni par l'exposition des bêtes à cornes a été celui des inconvénients qui peuvent résulter de croisements irréfléchis, l'exposition non moins remarquable des étalons a fait voir, au contraire, tout ce qu'il peut y avoir de fructueux dans des croisements bien conçus. Nos primes, pour l'espèce chevaline, s'adressaient aux chevaux de trait et à deux fins; nous n'avons point l'habitude de primer le cheval de luxe, qui, jusqu'à présent, pour nos éleveurs, n'est pas cheval de commerce. Nous faisions donc appel, sous la forme la plus large, à l'amélioration de notre grosse race bas bretonne par elle-même, tout en acceptant en même temps ce que le croisement pourrait produire de bon, sans changer la nature des aptitudes que nous prétendions encourager. Or il s'est trouvé qu'en face d'un tel pro-

gramme le département du Finistère, ou, pour parler plus
exactement, le pays de Léon, a remporté une victoire éclatante et non contestée sur le reste de la Bretagne, appelée
à prendre part à nos concours. Tous les prix proposés par
l'association elle-même ont été gagnés par des chevaux des
environs de Saint-Pol-de-Léon, qui avaient été façonnés, en
quelque sorte, des mains de M. Paul du Laz (garde-étalon
de la station de Saint-Pol), cet homme énergique et modeste
qu'on eût dû voir figurer au sein du conseil supérieur des
haras, lorsqu'il existait. L'histoire de ces chevaux est simple.
Ce sont, en général, des produits du premier croisement du
pur sang anglo-arabe ou anglais avec la grosse jument léo-
narde. Ils n'ont pas moins de gros que leurs mères ; ils ont
plus de membre et de distinction ; ils seront aussi forts et
plus rapides. Lorsque, au milieu de la distribution solennelle
des primes et médailles qui termine le congrès, on vit paraître les chevaux vainqueurs présentés par les éleveurs de
Saint-Pol, un cri involontaire de surprise s'éleva du milieu de
la masse des spectateurs, et nous entendions, autour de nous,
les habitants des Côtes-du-Nord avouer de bonne foi qu'ils
ne se doutaient pas que leurs voisins du Finistère en fussent
déjà là.

« Pour conserver, pour étendre à une région plus vaste
que celle de Saint-Pol cet incontestable progrès, il faudrait
faire à la fois deux choses : rechercher les individus les plus
parfaits de notre grosse race indigène et introduire de préférence, comme élément de perfectionnement, un certain
nombre de chevaux de pur sang bien étoffés et près de terre.
Quant au sang normand et au sang percheron, on n'en a
que faire en Bretagne. La race indigène, le pur sang, tels
sont essentiellement les deux types que devraient réunir les
dépôts de Langonnet et de Lamballe, et c'est par leur emploi judicieux et circonspect que l'on parviendrait à relever
notre population de poulinières, en lui donnant seulement
un peu de sang. Elle fournirait alors d'admirables chevaux

de service, répondant aux demandes les plus variées du commerce et de la guerre, selon le degré de distinction des reproducteurs dont on ferait usage. C'était, si je ne me trompe, dans cette voie qu'un éminent hippologue, M. Gayot, avait entrepris d'engager la Bretagne ; quelques indices significatifs avaient même déjà révélé un commencement d'exécution ; mais il est à craindre que nous ne soyons aujourd'hui bien loin de toutes ces vues. » (*Journal d'agriculture pratique, décembre* 1852.)

Nous avons, par avance, complété notre pensée et nos vues sur ce point. Passons donc.

C'est dans la variété désignée par le commerce sous le nom de race du Conquet qu'on retrouve plus caractérisé le type de l'espèce carrossière. Ici, toutefois, la taille est moins élevée et ne dépasse guère 1^m,57. Le manteau est presque toujours bai. La tête est assez légère, mais quelquefois un peu busqué et l'encolure bien prise. Le bout de devant ne manque donc pas d'une certaine élégance. Le garrot même est assez accusé. Le corps est long, ordinairement même trop long ; la croupe se rapproche de la ligne horizontale. Malheureusement, les membres laissent à désirer dans leur direction, et de plus ils sont communs. La race du Conquet a toutes les qualités du cheval breton. Généralement recherchée, elle s'est toujours assez bien vendue. Elle est dure au travail et rend de bons services. Sa reproduction bien entendue demande le même système et les mêmes attentions que la famille anglo-normande. C'est surtout pour elle que tous les écrivains et tous les hommes de pratique ont réclamé l'étalon de demi-sang anglais. Celui qu'on ferait tout près de là, dans le Léon, par exemple, serait un utile auxiliaire du reproducteur de mérite qu'on prendrait en Angleterre où il y en a si peu. Les parties à refaire sont les membres ; tout en travaillant à les améliorer, il faudrait songer à raccourcir le corps. Aucune difficulté si, par le choix et le bon emploi de deux ou trois étalons d'élite, on parvient à produire dans la localité même, ou vers Saint-Pol-de-Léon, quelques reproducteurs capables de corriger les imperfections de la race.

Les variétés de Tréguier, Saint-Brieuc et Lamballe sont assez voisines l'une de l'autre; elles montrent encore, sous l'apparence du cheval de trait, les caractères propres à l'espèce carrossière puissante et forte. Il serait facile de les endimancher et de les élever à la hauteur du cheval de luxe. Le croisement leur donne un degré de distinction très-supérieur, comme au cheval léonais. L'affinité de ces variétés pour le sang est la même; elle est si grande, qu'elle devient souvent un écueil : pour l'ordinaire, elle oblige à revenir immédiatement en arrière.

La taille varie de 1^m,52 à 1^m,59 : il y a plus petit et plus haut ; c'est la moyenne. La tête est carrée, mais forte et laissant à désirer dans l'attache. Quoiqu'un peu courte, l'encolure ne manque pas d'une certaine grâce. Le garrot n'est ni assez sorti ni assez saillant. L'épaule est large et charnue, le poitrail ouvert et musculeux, la poitrine vaste, la côte arrondie. Le dos et le rein sont un peu longs, mais ils suivent une bonne direction ; la hanche est longue, écartée ; la croupe double et souvent avalée ; mais l'arrière-main offre des masses musculaires puissantes. Les membres sont courts, épais dans les parties charnues ; les articulations se montrent nettes, mais généralement un peu effacées, surtout celle du genou. Celui-ci même est quelquefois creux. Le pied est large et plat parfois. La robe la plus répandue est le gris pommelé et truité : on voit aussi le bai, l'aubère, le rouan, le noir mal teint. On trouve ici tous les attributs du tempérament musculaire.

Cultivée avec un peu de sollicitude, cette variété nombreuse formerait, après quelques années, une population d'élite que le commerce et le luxe rechercheraient avec le même empressement. Il n'y a pas à la traiter autrement que celle du pays de Léon.

A côté des richesses que peut donner cette race, qu'on nous passe le mot, on trouve la plus profonde misère. Quand elle est aux mains de l'indigence, lorsqu'elle ne reçoit aucun soin, quand elle est abandonnée à une complète incurie, elle tombe promptement au-dessous d'elle-même, et revêt alors une triste livrée. La taille descend jusqu'à $1^m,45$; la tête s'alourdit et perd tout à la fois son cachet et sa physionomie ; l'œil devient petit, peu expressif, couvert, sujet à la fluxion périodique ; les lèvres s'épaississent ; la supérieure porte souvent moustaches, caractère étrange, mais bien tranché. La côte s'aplatit, elle est courte ; la poitrine n'a ni largeur ni élévation. Les membres se garnissent de poils grossiers et rudes ; le sabot est volumineux et plat à la surface plantaire. Tous les signes du tempérament lymphatique accusent une nature appauvrie. Il n'y a point à s'occuper de cette tribu, mais de l'autre.

Les variétés carrossières et de trait occupent, avons-nous dit, le littoral du Nord. Dès qu'on entre dans les terres et qu'on arrive à la montagne, on trouve la race des bidets : celle-ci n'offre pas moins de variétés que les autres ; partout elle répond, pour le volume, la taille et l'aptitude, à la quantité et à la qualité des aliments qui la créent.

Le type du bidet, très-caractérisé autrefois, a beaucoup perdu de son empreinte, par suite des efforts qui ont été faits par l'industrie particulière pour implanter sur la montagne le cheval corsé, trapu, étoffé du littoral du Nord. La raison de cette tentative irréfléchie, c'était la recherche active et le prix toujours plus élevé de la grosse espèce correspondant à l'abandon et à l'avilissement du prix du cheval léger de la montagne. La nature du sol, son état de culture et de fécondité ne se prêtaient point à ces vues de transformation : elles ont complétement échoué, et l'on est revenu peu à peu aux étalons de sang offerts par l'administration des haras. Le cheval de cavalerie légère, malgré l'introduction, plusieurs fois renouvelée, de son antagoniste, est donc resté seul en possession du terrain dans toutes les localités où il a été produit de tous temps ; on l'y trouve avec ses caractères bien tranchés, on le reconnaît aux traits généraux que voici :

Il n'atteint pas toujours à la taille du cheval propre aux armes légères, mais il dépasse rarement le maximum de 1m,54 ; sa robe est baie, alezane ou grise. Il montre un cachet très-prononcé de cheval anglais ou arabe, suivant qu'il procède de l'une ou l'autre de ces deux races. La tête est légère, carrée, pleine d'intelligence et de feu, mais parfois encore peu distinguée dans son attache ; l'encolure n'est pas assez allongée ; le garrot ne manque pas d'élévation ; la ligne du dos et des reins est bonne ; les membres pourraient être plus amples, mais leur nature est excellente : ils apparaissent secs et nerveux, avec les articulations bien accusées et les tendons parfaitement détachés. En émigrant, ce cheval prend de l'étoffe et de la corpulence. Il se recommande par une véritable énergie, un degré de vitesse satisfaisant, une grande résistance au travail et une douceur remarquable ; il est très-apprécié de nos troupes légères et des amateurs de chasse. On en forme quelquefois de charmants petits attelages, qui se montrent réellement infatigables.

La variété que nous venons de décrire se trouve dans les Côtes-du-Nord et l'Ille-et-Vilaine, mais plus particulièrement à Guingamp et Loudéac ; on la rencontre aussi dans quelques parties des arrondissements de Saint-Brieuc et de Dinan : elle est en majorité vers Montfort, et moins nombreuse au nord des arrondissements de Rennes et de Vitré.

Le Finistère et le Morbihan produisent d'autres variétés du type qui portent le nom de *double bidet*, au nord des arrondissements de Brest et de Morlaix, et dans l'arrondissement de Châteaulin, situé au centre du Finistère. On le retrouve sur le littoral du sud, formé des arrondissements de Quimper et de Quimperlé, et de tout le Morbihan. C'est particulièrement ici qu'il ne se montre pas partout le même.

Il s'éloigne de son type en raison des soins dont sa culture est l'objet, de l'abondance ou de la pauvreté du régime auquel il est soumis. Il suffira d'en donner le portrait dans son expression la plus élevée et dans ses deux principales variétés ; le reste forme les degrés inférieurs du genre.

Le double bidet breton a la tête un peu forte, mais sèche ; l'œil vif, l'encolure mince et droite, l'épaule sèche, le corps ample, court et ramassé ; la croupe basse, le jarret large, bien évidé, mais droit, et quelquefois clos ; les extrémités sèches, sans longs poils ; les formes anguleuses plutôt qu'arrondies. La taille varie de 1^m,55 à 1^m,48 environ.

On recherche l'origine du double bidet dans celle du cheval d'Orient. Il y a plus de certitude à dire que le double bidet de notre époque présente tous les caractères du cheval de montagne, car les éleveurs, depuis bien longtemps, n'emploient que rarement le reproducteur arabe, lequel donne à la fois trop petit et trop mince. Quoi qu'il en soit, il est sobre, énergique, capable de supporter de longues abstinences. Il s'est montré résistant contre la fatigue, les privations, l'intempérie, dans la fameuse campagne de Russie, et a mérité qu'on lui donnât le surnom de *cosaque de la France*. Il y aurait peu à faire pour l'élever au niveau des besoins de ce temps-ci. Il fera toujours un excellent cheval de cavalerie légère ; avec lui, on peut s'attacher moins à la forme, car on est toujours sûr du fond.

On a fait de la variété de Briec une race distincte, qui mérite d'autant plus d'être mentionnée qu'elle s'en va tous les jours, qu'elle disparaît et se perd sous l'influence des besoins nouveaux : c'est dire qu'elle ne remplit plus les exigences de l'époque. Elle était produite aux environs de Quimper et de Châteauneuf, au centre de l'ancienne Cornouaille ; en voici les caractères saillants : tête carrée, encolure courte, épaule droite, garrot peu sorti, poitrine large, sans beaucoup de profondeur ; membres forts, articulation du genou puissante, tendons volumineux et détachés du canon ; le pied bien conformé; taille de $1^m,40$ à $1^m,50$; la robe qui domine est l'alezan lavé. L'amble est l'allure naturelle au bidet de Briec. Celui-ci trotte difficilement quand il est de vraie race, mais aisément, au contraire, lorsque sa mère a été fécondée par un étalon trotteur.

Cette variété, nécessairement très-ancienne, a été fort renommée; elle n'a plus de raison d'être aujourd'hui : sa reproduction ne peut donc plus être l'objet d'une attention spéciale. Il se trouvera, malgré cela, des hippologues qui regretteront le bidet de Briec; mais qu'y faire? Ces hippologues rétrospectifs passeront aussi : *sic transit gloria mundi*.

L'ancien bidet de Carhaix formait une autre nuance : nous ne pouvons nous résigner à dire, comme certain auteur, une race. Il restait plus petit et se montrait plus anguleux, bien qu'il fût généralement mieux nourri. Les étalons de l'État l'ont converti en un très-joli cheval de selle. Il ferait de charmants chevaux de promenade, car il est simple, élégant et plein de gentillesse.

A côté des variétés que nous venons de passer en revue, on trouve, et plus particulièrement sur le littoral du sud, dans les Côtes-du-Nord et l'Ille-et-Vilaine, une population mixte, sans caractères arrêtés, qui participe à la fois du cheval de montagne et du cheval de trait; elle a la petite taille du premier et le commun de l'autre, dont elle ne prend jamais ni l'étoffe ni la puissance. Il n'y a, d'ailleurs, chez cette population mêlée, aucune force de cohésion, si l'on peut dire, d'où vient sa docilité à se plier immédiatement et sans lutte, en quelque sorte, aux formes nouvelles que le croisement bien entendu et bien dirigé peut introduire.

Telles sont les principales variétés chevalines de la Bretagne. Celle-ci est loin de consommer tous ses produits; elle importe fort peu de chevaux, si peu même qu'il n'y a pas à tenir compte de ce fait. L'exportation est considérable, au contraire, et donne lieu à d'importantes transactions, qui sont une source de prospérité pour la contrée. Il y a des chevaux bretons dans presque toutes les parties de la France; mais ils n'y parviennent pas toujours à l'âge fait. De nombreux troupeaux de poulains émigrent de six à huit mois et se répandent dans d'autres provinces, qui se les approprient par l'élevage. Ils se modifient assez profondément sous les nouvelles influences auxquelles on les soumet, et prennent assez facilement la tournure des chevaux propres à la localité qui les nourrit. Le Perche et certaines parties de la Normandie élèvent une très-grande quantité de poulains bretons; ceux-ci, alors, perdent leur nom et deviennent presque tous, pour le commerce, chevaux percherons.

Les animaux qui quittent la Bretagne à l'âge de la mise en service se répandent plus particulièrement dans les diverses parties du Midi.

Le plus grand obstacle que rencontre peut-être l'anoblissement des races en Bretagne est dans l'insuffisance et la mauvaise tenue des écuries : elles sont basses, malpropres, humides, infectes. Ce n'est pas en de pareils lieux que le cheval peut prendre cette belle tournure et cet air comme il faut, on pardonnera l'expression, qui attirent et séduisent le consommateur. La propreté donne de la distinction et de la coquetterie. Du jour où les éleveurs bretons décrasseront un peu leurs chevaux, ceux-ci se présenteront avec un réel avantage sur le marché. Le blé bien vanné, bien criblé obtient un prix de faveur qu'on demanderait en vain du froment non nettoyé. Il en est de même de toutes les denrées. Le cheval n'échappe point à la règle commune.

XIV.

Circonscription du dépôt d'étalons d'Angers. — Dénombrement de la
population équestre et statistique de la monte. — Situation chevaline
de l'Anjou dans les temps antérieurs. — Influence de l'étalon de pur
sang anglais et du reproducteur anglo-normand sur la population
chevaline de l'Anjou. — Renseignements sur la monte. — Inconvénients qui résulteraient de l'emploi exagéré de l'étalon de pur
sang. — Reproduction des races pures en Anjou. — Effets spéciaux
du métissage entre la jument du pays et le cheval de sang. — Race
angevine améliorée. — Population chevaline de la Mayenne et de la
Loire-Inférieure. — Petite race landaise et de Châteaubriant.

A la suppression du dépôt d'étalons de Craon, organisé en
1807 dans la Mayenne, et du dépôt du Bec-Hellouin, réuni
en grande partie au haras du Pin, la circonscription du dépôt d'Angers avait été formée par la réunion des départements de Maine-et-Loire, de la Loire-Inférieure, de la
Mayenne et de la Sarthe. En 1846, lorsque fut créé le dépôt
de Napoléon-Vendée, on détacha de celui d'Angers toute la
partie de la Loire-Inférieure que le fleuve laisse à sa gauche.
En 1850, à la formation du dépôt de Bonneval, dans Eure-
et-Loir, on lui enleva encore le département de la Sarthe.
Le dépôt d'Angers resta composé comme ci-après : — Maine-
et-Loire, — rive droite de la Loire-Inférieure, — Mayenne.
Il occupe donc encore une partie de la Bretagne, l'Anjou et
le bas Maine.

L'Anjou et le Craonnais, petit coin de la Mayenne, sont
les points les plus avancés de cette circonscription, qui n'a
pas de passé dans les souvenirs hippiques du pays. L'action
des haras a été toute bienfaisante ici, puisqu'on trouve de
la valeur, une valeur toute nouvelle, là où elle s'est exercée
avec le plus de force, là où elle a pesé avec le plus d'efficacité.
Ce n'est pas la première fois que nous constatons ce fait, et
il est au moins étrange que nous ayons à le signaler d'une

manière spéciale. On a tant dit et répété que l'influence des haras avait été désastreuse pour notre population chevaline, qu'il est bon de faire ressortir, en passant, les utiles services que cette administration a rendus au pays. Ces derniers apparaissent et saisissent d'autant plus qu'on les observe dans des localités où la production et l'élève des chevaux n'avaient autrefois aucune importance. C'est le cas de la circonscription que nous allons étudier.

En économie de bétail, il est rare que le nombre et le mérite des races ne soient pas dans un rapport étroit. L'industrie chevaline est particulièrement soumise à cette loi. Partout où la population prend de la valeur, on la voit croître en nombre. Le fait contraire n'a été relevé nulle part; loin de là, on voit diminuer le nombre partout où la qualité s'affaiblit, quelle que soit, au reste, la cause de l'affaiblissement observé.

En Anjou, la statistique appuie cette assertion d'une manière bien remarquable : ainsi, de 1812 à 1850, c'est-à-dire en moins de quarante ans, la population a presque doublé ; du chiffre de 25,000 têtes, elle s'est élevée à plus de 48,000. En 1812, pas plus que précédemment, on ne savait ce que c'était que le cheval angevin ; le produit de la contrée n'avait pas de nom. En ce moment, on peut assigner à une grande partie de la population équestre angevine des caractères particuliers et la montrer comme une famille à part, comme un groupe assez important, par le mérite et par le nombre, pour prendre rang désormais parmi les productions les plus utiles de l'espèce.

Mais l'Anjou n'est qu'une partie de cette circonscription, qui possédait, en 1840, — 123,500 têtes de chevaux; et qui en comptait 140,000 en 1850, soit un accroissement de 13 pour 100 en dix ans. Les totaux, comparés les uns aux autres dans les différentes catégories de l'espèce, offrent, toutefois, des résultats plus significatifs encore ; ainsi, dans la classe des chevaux de quatre ans et au-dessus, on trouve dans les nombres des deux recensements une réduction de 23,25 pour 100, tandis que dans la catégorie des juments de même âge c'est une augmentation de 23,90 pour 100, et de 76,65 pour 100 dans celle des produits de trois ans et au-dessous.

Ces chiffres concordent avec l'importance des services rendus à la contrée par le dépôt d'étalons, assertion fondée sur le relevé suivant des moyennes quinquennales pour les vingt dernières années :

	Étalons.	Juments saillies.	Moyenne par étalon.
De 1831 à 1835,	40	1,052	27
De 1836 à 1840,	46	2,589	46
De 1841 à 1845,	58	3,183	55
De 1846 à 1850,	61	3,664	61

Ces nombres sont, assurément, très-satisfaisants; ils montrent un progrès considérable et constant; ils élèvent la production et l'élevage du cheval à la hauteur d'un fait économique important dans une contrée qui, sous ce rapport, avons-nous déjà dit, n'a pas de précédent. Une industrie nouvelle y a été créée de toutes pièces, qui concourt, pour sa part, à la satisfaction des besoins généraux.

L'Anjou offre réellement un bel exemple des améliorations obtenues sur quelques points de la France, sous l'influence et par l'action directe de l'administration des haras. Nous avions déjà pu établir ce fait en 1840; les résultats acquis depuis l'ont rendu bien plus saillant. Ce que nous disions alors est pleinement confirmé aujourd'hui. Voici en quels termes nous nous exprimions dans une note qui avait trouvé place dans le second volume des institutions hippiques de M. de Montendre : « Ici, on ne regrette pas le passé; les récriminations sont inconnues; on se loue du présent, et l'on a foi dans l'avenir. C'est, en effet, une situation bien remarquable que celle de l'Anjou sous le rapport hippique. Qui donc a parlé anciennement du cheval angevin? Où trouverez-vous la description d'une race particulière à cette contrée? Et pourtant elle n'était pas plus abandonnée que d'autres ; elle avait, sous l'ancienne administration, en 1760, une trentaine d'étalons provinciaux ou approuvés. Mais qui pourrait dire ce qu'ils ont donné, quelles traces ils ont laissées de leur passage en ce pays, si pauvre sous ce rapport, que nul n'en a jamais parlé? Après toutes les recherches auxquelles je me suis livré, il me semble, à moi, que la population équestre de l'Anjou devait être fort diverse. Dans le Saumurois, c'étaient probablement des chevaux peu différents de ceux de la Touraine, qui étaient propres, croit-on, à la remonte de la cavalerie légère. Dans le pays de Cholet et toute cette partie de Maine-et-Loire appelée Vendée, on devait trouver une espèce tout autre et se rapprochant davantage de la race poitevine, laquelle fournissait, relativement au temps, de bons chevaux de selle et surtout de carrosse. En tirant vers les bords de la Loire, l'espèce devait bien plus ressembler à celle des chevaux de la vallée, qui sont de haute taille et plus distingués. En passant le fleuve, en pénétrant dans l'arrondissement de Segré et dans le Craonnais, on devait trouver deux nouvelles variétés : l'une petite, sèche et nerveuse, émanée de la race bretonne telle qu'elle existait dans les environs de Châteaubriant ; l'autre plus grande, plus forte, plus marchande surtout, telle enfin qu'on la connaissait dans le Craonnais et vers Château-Gontier, où la cavalerie trouvait à faire quelques achats. Aux environs d'Angers, ce devait être une colonie de transfuges de ces diverses variétés, auxquels venaient se joindre les chevaux de luxe importés de Normandie par les marchands, et qui restaient aux mains des riches propriétaires. Dans l'arrondissement de Baugé, c'était, au contraire, une population rabougrie et de mince valeur, sans type aucun, une espèce bâtarde qui se reproduisait pauvrement sur un sol pauvre et mal cultivé. Vers la Flèche, enfin, et au delà, jusqu'à Malicorne, puis en revenant, à l'est, du côté de Château-la-Vallière et de Bourgueil, l'espèce se relevait un peu et empruntait des qualités qu'on recherche dans un cheval d'artillerie. Voilà, je suppose, ce qu'était autrefois la population chevaline de l'Anjou, où le commerce des chevaux était fort restreint, où tous les travaux agricoles se faisaient avec des bœufs sur des terres généralement fortes et tenaces, dans un pays essentiellement bocager et très-pauvre en voies de communication. Les habitudes de l'agriculture, là comme partout, étaient commandées par la nature des besoins qu'elles avaient à satisfaire, et elles parvenaient aisément à ce but, d'ailleurs peu difficile à atteindre à l'époque.

« Que les choses ont changé ! Voici que le cultivateur emploie le cheval, concurremment avec le bœuf, pour l'exploitation de ses terres, et dès lors la population augmente dans une immense proportion. »

Le nombre des juments annexées aux étalons provinciaux ou approuvés sous l'ancienne administration s'élevait à peine à 700, tandis qu'il a dépassé 5,600 dans les cinq années écoulées, de 1846 à 1850, pour les seuls étalons entretenus au dépôt d'Angers.

Et l'amélioration a suivi une progression parallèle. Sa marche ascendante a même été plus remarquable encore ; car, dans le même temps, l'agriculture a fait de grands et réels progrès. Elle a conquis, chaque année, sur les landes, de nouvelles terres arables ; elle a semé et récolté de nouvelles plantes, perfectionné ses procédés, multiplié son bétail et acquis l'aisance. Partout de nouvelles routes ont été ouvertes, sillonnent en tout sens cette surface naguère couverte, fourrée, épaisse, partout obstruée, et ne forment plus qu'un seul pays de tous ces lambeaux épars, de tous ces cantons isolés, ignorants les uns des autres, et qui se trouvaient comme perdus au milieu des terres. De nouvelles habitudes ont forcément surgi de ce nouvel ordre de choses. Une route a fait percer dix chemins, qui tous y aboutissent, et ces nombreuses artères, se liant, s'entrelaçant et s'anastomosant entre elles, se réunissent à un centre commun où l'on vient chercher les bienfaits d'une civilisation plus avancée. Le frottement des villes est nécessaire aux campagnes, c'est un contact toujours utile aux progrès que ces dernières sont appelées à réaliser. Où voudriez-vous qu'elles apprissent à connaître les besoins qu'elles doivent remplir? Un pays dont la population humaine augmente rapidement ne serait point assuré dans ses besoins immédiats les plus pressants, si les villes restaient isolées des campagnes, et réciproquement.

« Quoi qu'il en soit, disions-nous encore en 1840, voilà le petit cultivateur éloigné des villes où stationnent les étalons nationaux pendant la saison de la monte, mis en demeure d'en profiter à son tour. L'état des routes, qui lui permet d'apporter et de vendre ses produits aux marchés de chaque semaine, lui impose la nécessité d'avoir des chevaux; avec ses bœufs il n'arriverait pas à temps, et il ne pourrait pas retourner assez promptement. Il lui faudra des animaux plus lestes; mais il les voudra plus forts, plus développés que ceux dont il a fait usage jusque-là et qu'il mettait devant ses bœufs pour diriger l'attelage. Les étalons du gouvernement ont trop de taille pour sa chétive bourrique; il s'en défera, et la remplacera par une bonne et forte bretonne, ou par une jument née dans le pays, mais grandie par plusieurs croisements et ayant déjà un peu de sang : il sait ce que cette expression vaut, et fait très-bien la différence d'un étalon de race ou de sang à un autre qui provient de père et mère bâtards ou dégénérés. Peu à peu les voitures viendront, le cultivateur attellera pour aller aux foires et aux marchés; il n'y viendra plus sur le malheureux petit cheval ambleur ou de pas relevé : qu'en ferait-il ? Il était une nécessité quand les chemins étaient creux, défoncés, boueux; maintenant ce sont de belles routes planes, bien entretenues, sur lesquelles on peut cheminer avec des animaux à allures allongées et sur lesquelles le pas relevé devient tout à fait inutile. C'est un anachronisme qui disparaîtra promptement. Quel prix en trouverait-il, d'ailleurs, à la vente? Il a vu ses voisins livrer aux remontes des chevaux d'un tout autre modèle, et il a vu qu'on les payait bien. C'est de ceux-là qu'il produira désormais; il se fera producteur et marchand de chevaux comme il est producteur et marchand de blé, de foin, de pommes de terre, que sais-je? Ce n'est pas tout; ces chevaux améliorés qu'il veut obtenir ne pourront plus vivre de l'herbe du fossé et de l'*air du temps;* le premier, d'ailleurs, a été en partie détruit par l'établissement d'un chemin. Les communaux et les landes de la commune vont être aliénés, morcelés, défrichés..... : il faut que ses élèves vivent pourtant, et vivent bien pour se développer suffisamment et acquérir de la valeur. Eh bien! il modifiera son système de culture, il le rendra plus profitable, et bientôt il récoltera de l'avoine, des foins artificiels et des fourrages-racines, qui l'approvisionneront pour la mauvaise saison. »

Cette prédiction s'est accomplie. Voilà comme a marché l'Anjou, et le point de départ remonte à peine à vingt ans en arrière.

C'est avec le cheval de pur sang, pur ou mêlé, qu'a été entreprise et menée à bonne fin l'œuvre d'amélioration de là population chevaline de la contrée. Depuis fort longtemps, le dépôt d'Angers n'est composé que de reproducteurs de pur sang anglais et d'étalons de demi-sang ou de trois quarts sang issus de ceux-ci. Les derniers sont presque tous venus de Normandie et, en spécialisant davantage, du Merlerault. Il en est résulté une homogénéité aussi grande que possible dans la collection des animaux offerts aux éleveurs de cette partie de la France.

Nous avons dit ailleurs, en traitant de la production des races de demi-sang (tome III de ces études), comment s'est produit ce métissage, et comment a été formée la nouvelle famille qui se développe et s'affermit sous le nom de race angevine améliorée. Ce résultat est venu, entre autres, confirmer la théorie de la création des races de demi-sang par l'emploi alternatif de l'étalon de pur sang et du reproduc- teur issu de ses œuvres. Maintenant voici les faits, et nous les prenons à peu près à leur source en 1831. Ils se pré- sentent groupés en moyennes quinquennales, et montrent les forces respectives des étalons de chaque ordre qui ont concouru à l'établissement de la famille angevine telle qu'elle existe en ce moment.

	Étalons de pur sang.	Étalons non tracés.
De 1831 à 1835,	3	37
De 1836 à 1840,	7	39
De 1841 à 1845,	15	43
De 1846 à 1850,	16	45

Nous compléterons ces premières données par d'autres chiffres qui feront connaître et le nombre des juments li- vrées à chaque classe de reproducteurs et la moyenne des saillies opérées par chacun d'eux. Ainsi,

	Les étalons de pur sang servent	Les étalons non tracés,
De 1831 à 1835,	63 juments,	989 ;
De 1836 à 1840,	285 id.,	1826 ;
De 1841 à 1845,	782 id.,	2401 ;
De 1846 à 1850,	892 id.,	2772 ;

et les moyennes des saillies suivent la progression que voici :

Étalons de pur sang, 21 ; étalons non tracés, 27 ;
— 43 ; — — 47 ;
— 51 ; — — 56 ;
— 56 ; — — 62.

Que, si l'on compare ces chiffres entre eux, on voit,—pen- dant les dix dernières années,— le nombre des étalons de pur sang s'accroître de 142 pour 100, et le nombre des ju- ments saillies par cette classe d'animaux s'élever dans l'é- norme proportion de 215 pour 100. Les mêmes calculs, établis pour les étalons de demi-sang, ne donnent qu'une augmentation de 15 pour 100 en faveur du nombre des reproducteurs et de 52 pour 100 relativement à la quantité des juments qui leur ont été livrées. On voit qu'il y avait une plus large part à faire au profit de la race pure.

De pareils résultats sont concluants; ils démontrent, d'une manière incontestable, que les éleveurs trouvent un avantage à se servir des étalons de pur sang et de leurs dérivés non tracés. Mais l'expérience ajoute un fait qui se traduit en bénéfice ou en perte au jour de la vente du produit, à savoir : la dose de sang pur ne doit pas dépasser certaines limites; l'étalon non tracé rend des services très réels en intervenant à temps pour empêcher que le cheval de pur sang n'amincisse trop, ne condense trop les tissus et fasse plus léger que ne le comportent les besoins des services auxquels les produits doivent être appliqués.

La composition de l'effectif du dépôt d'Angers a donc été judicieusement répartie entre les deux catégories d'étalons entretenus par l'État dans cette circonscription. Une plus forte proportion nous paraîtrait plus nuisible qu'utile. Le nombre total des étalons est certainement insuffisant. Porté au double ou au triple, il serait bien loin encore de satisfaire aux plus grandes exigences; mais en fût-il ainsi, il ne faudrait pas élever le chiffre proportionnel des étalons de pur sang, il faudrait le maintenir au tiers environ du nombre total.

Nous insistons sur ce point parce que dans la partie la plus importante de cette circonscription, au rebours de ce qui a lieu presque partout, la tendance générale conduirait aisément à l'abus de l'étalon de pur sang. Or il faut éviter cet écueil plus dangereux que le fait contraire dans la question du débouché. Trop de sang dans un produit qui doit être élevé par le commun des martyrs, par la masse des fermiers exige des soins particuliers, une nourriture spéciale, une hygiène plus savante qu'usuelle; encore la réussite n'est-elle pas assurée : dans tous les cas, ce sont de gros frais de production, et l'on n'aboutit pas toujours au succès. C'est alors une non-valeur et un découragement. Pas assez de sang est un inconvénient, mais un inconvénient moindre; s'il est un obstacle à un grand profit, il n'entraîne à aucune perte : on a des produits d'un prix modique, mais ils n'ont pas coûté à obtenir, et l'on s'en tire toujours, si peu qu'on les vende bien, sûr qu'on est toujours de les vendre, tandis qu'on ne trouve pas aisément à se défaire de ceux qui pèchent par l'excès opposé.

C'est dans Maine-et-Loire et dans les environs de Nantes que le cheval de pur sang a été le mieux accueilli et adopté avec le plus de faveur. La famille anglaise compte là un grand nombre de représentants. A la fin de 1850, les existences constatées au Stud-Book formaient un total de 167 têtes, parmi lesquelles 117 de pur sang anglais, 39 de pur sang anglo-arabe et 11 de pur sang arabe. Il n'y a pas long-temps encore que le cheval de pur sang était là une sorte de hors-d'œuvre et marquait comme une tache, qu'on nous passe le mot, au milieu de la population bigarrée de la circonscription. La distinction et les caractères du cheval de pur sang tranchaient de la façon la plus heurtée sur la structure du petit cheval sans type de Maine-et-Loire et de la Loire-Inférieure, sur l'espèce plus corpulente et plus forte de la Mayenne. C'était un singulier contraste, et l'on ne se fût pas avisé de croire que tout cela changerait en moins de vingt ans au point de n'être pas reconnaissable. Les hippo-logues de cabinet, ceux qui ont blâmé à tort et à travers l'emploi de l'étalon de pur sang anglais en France et re-commandé, sans y rien comprendre, le système d'améliora-tion des races par elles-mêmes, cette panacée qui retient les masses dans un *statu quo* regrettable, n'auraient pas solli-cité les cultivateurs de l'Anjou de se faire éleveurs de che-vaux à la condition d'appliquer surtout le principe du pur sang à la spéculation. Par bonheur, cette terre leur était inconnue, et l'administration des haras a pu agir ici en de-hors de toute mauvaise influence. Nul n'a réclamé contre ses vues ni récriminé contre sa pratique; chacun s'est laissé aller au courant des recommandations et des conseils qui lui arrivaient pleins de confiance, car nul, en définitive, n'avait d'autre intérêt que la réalisation d'un progrès.

Le succès le plus complet a couronné tout à la fois les efforts de l'administration et les travaux de l'éleveur. Et, quand on médite sur les résultats obtenus, on se prend à regretter très-vivement que les hommes des haras n'aient pas trouvé partout la même liberté d'action et la même docilité ; car partout, sans doute, on aurait à constater les mêmes progrès. En voici les deux extrêmes pour la circonscription où nous sommes en ce moment, et pour la période de quinze ans mesurée de 1835 à 1850 :

	En 1835.	En 1850.	Augmentation.
Nombre d'étalons,	58 ;	61 ;	60.53 p. 100 ;
Nombre de juments saillies,	899 ;	3,420 ;	280.42 p. 100 ;
Moyenne par étalon,	23.65 ;	56.07 ;	137.08 p. 100.

C'est chez l'éleveur, sur le champ de foire ou dans les écuries de la remonte militaire qu'il faut aller prendre la signification réelle de ces chiffres. On trouvera de magnifiques produits et d'excellents chevaux à côté de juments de valeur très-différente, mais dont beaucoup sont encore médiocres, petites et communes. Il faudra bien, dès lors, reconnaître l'influence du père, admettre les bons effets du métissage de la poulinière indigène et du cheval de sang. Que, si l'on étudie les faits de plus près, on verra que le reproducteur pur se marie avec avantage à ces petites poulinières sans type toutes les fois qu'elles ont une suffisante ampleur dans les régions du bassin et qu'elles sont exemptes de tares essentielles ; que l'étalon de demi-sang bien choisi, comme il l'a toujours été ici, donne, en général, des résultats satisfaisants alors même que la famille ne présente pas *à priori* toutes les conditions désirables pour l'amélioration. Nous en avons développé les raisons dans un précédent chapitre : le lecteur le retrouvera sans peine. Il voudra bien se reporter aussi au remarquable exemple emprunté à l'espèce ovine, et que nous avons rappelé pour confirmer notre théorie touchant l'influence qu'exercent, dans certains cas, des étalons métis sur la production d'une nouvelle famille.

Eh bien! la situation chevaline de l'Anjou, au moment choisi pour la mettre en valeur, était précisément celle du troupeau de bêtes à laine de la Charmoise après les métissages qui l'ont renouvelé. La jument conduite à l'étalon de sang n'était pas seulement une femelle sans prix, elle était surtout un produit sans caractère particulier, sans fixité quant à la race, sans mérite intrinsèque ni résistance; mais elle était accoutumée à toutes les circonstances extérieures, elle était faite au milieu dans lequel elle était plongée. L'influence non contrariée du cheval de sang s'explique et se comprend donc à merveille; elle est dans le sens des lois naturelles qui président à la formation des êtres.

Voilà pour la question de sang ou de race. Mais il en reste une autre à vider, et celle-ci touche à un ordre d'idées et de faits qu'on a généralement traité d'une manière très-absolue : — ne donner à des femelles que des étalons plus petits qu'elles; ne point chercher à accroître la taille des produits par le père.

Bien souvent l'expérience s'est inscrite en faux contre ce principe, qui n'est point inflexible, car il admet des exceptions. Nous pouvons, à ce sujet, citer textuellement M. Malingié-Nouel, dont la pratique a parcouru avec tant d'avantage pour la science le cercle de toutes les difficultés qui entourent l'amélioration d'un grand nombre d'animaux, le perfectionnement d'une race entière.

« Dans l'alliance de nos petites brebis de sangs mêlés, dit l'habile expérimentateur, pesant en vie, au maximum, 25 kilogrammes, avec nos lourds béliers newkents-goords, dépassant souvent 100 kilogrammes, une crainte nous préoccupait, celle de voir périr, dans la mise-bas de produits disproportionnés, des mères précieuses pour nous au double point de vue de leur heureux dénûment de caractères arrêtés, et des peines, des dépenses et du temps qu'elles nous avaient coûtés. Heureusement cette crainte ne se réalisa pas, et nous le comprenons aujourd'hui. Le germe procréé par le bélier se développe en proportion relative à la nourriture qu'il reçoit : or, ici, il n'en avait reçu, pendant toute la durée de la gestation, que la quantité que les brebis pouvaient lui en fournir; aussi leur fruit restait-il petit, et agnelaient-elles sans efforts extraordinaires. Sur plus de deux mille parturitions, nous n'avons eu qu'un seul accident occasionné par la grosseur démesurée de l'agneau. C'était une chose très-remarquable que de voir naître de si petits extraits de pères relativement monstrueux ; mais ces animaux si petits, pour peu qu'une nourriture convenable ne leur manquât pas, prenaient un grand développement en peu de temps, et il n'était pas rare de voir teter des agneaux plus forts que leur mère, tant la nature est sage et prévoyante, tant elle redresse nos erreurs et sort facilement victorieuse des épreuves hasardées auxquelles nous sommes amenés à la soumettre quelquefois.

« Dès les premiers extraits obtenus de ce croisement de brebis indigènes, issues de races mêlées, avec des béliers goords, le caractère anglais, reproduit extérieurement avec une extrême intensité, nous donna le plus grand espoir que les qualités supérieures, inhérentes à la race, seraient en grande partie reproduites également. Cet espoir ne fut pas trompé. Les jeunes animaux conservèrent la beauté de leurs formes en grandissant ; ils s'entretinrent en bon état sans nourriture extraordinaire, et le sevrage ne vint pas changer cet état de choses.....

« Ces résultats encourageants étaient à constater de nouveau ; ils le furent, l'année suivante, avec le même succès, sur de jeunes produits des mêmes brebis mêlées servies par les mêmes béliers goords. »

La troisième année présentait un intérêt plus grand encore. — Même succès, réussite complète.

Depuis, et pendant une série de générations assez considérable, la race n'a fait que se confirmer, tout en s'élevant, chaque année, sur l'échelle du perfectionnement, dans le sens des améliorations cherchées.

En retraçant l'histoire de la race ovine de la Charmoise, nous avons dit celle de la famille de chevaux améliorés qu'on trouve aujourd'hui dans la circonscription du dépôt d'étalons d'Angers, mais plus particulièrement dans l'ancienne province de l'Anjou, et dont voici les principaux traits :

Quant à la taille, le cheval angevin varie du cheval de cavalerie légère au cheval de cavalerie de ligne ; son tempérament est robuste, sa constitution difficile à ébranler. Il a de la figure et une conformation régulière. Sa tête a un bon caractère et une belle attache ; son corps est bien tourné, ample, près de terre. La région du rein est courte et soutenue ; la croupe est horizontale et la queue portée avec une certaine élégance. La membrure est nette, franchement appuyée sur le sol ; le pied est sûr ; les allures sont vives, allongées, régulières. Le naturel est facile et doux. On trouve enfin, chez ce produit de récente formation, les qualités essentielles du bon cheval de service et du bon cheval de troupe.

Tels sont, — du plus au moins, — les caractères de la population chevaline améliorée de l'Anjou. Plus brillante, plus forte et plus vigoureuse aux environs d'Angers, sous l'influence immédiate et directe du dépôt d'étalons, la nouvelle race fournit, depuis quelques années déjà, des chevaux de maître distingués, d'excellents chevaux d'officiers et de nombreux produits aptes à la remonte de la cavalerie légère. Les arrondissements de Beaupréau et de Segré (Maine-et-Loire), le Craonnais dans la Mayenne, prennent un rang parmi les localités les plus favorisées. L'espèce n'y manque ni de cachet ni de valeur, et reflète les mérites que le cheval de sang bien choisi transmet toujours à ses descendants. Il y a là des éléments de richesse que personne ne néglige, ni l'administration des haras ni le consommateur.

A l'exception du Craonnais, que nous venons de mentionner et où l'amélioration est déjà un fait accompli, le département de la Mayenne est beaucoup moins avancé que celui de Maine-et-Loire. L'espèce y est plus massive, plus commune, plus charretière; l'éleveur y a été plus réfractaire à l'emploi du cheval de sang. Ce dernier, d'ailleurs, appareillait avec beaucoup moins de succès une jument d'un type plus prononcé. La population chevaline de ce département intermédiaire entre la Bretagne et le Perche reliait en quelque sorte ces deux variétés du cheval de trait, et retombait dans la catégorie de celles que découd trop complétement l'étalon de pur sang et que n'améliore pas immédiatement le métis anglo-normand. La défaveur jetée sur les races de trait par les circonstances économiques dans lesquelles se trouve aujourd'hui le pays pousse à la transformation par voie de métissage. L'œuvre y sera plus lente; mais elle marche avec certitude vers la réussite.

Le département de la Loire-Inférieure aurait dû arriver plus rapidement. Nous avons précédemment parlé de l'espèce carrossière qui peuple les marais de Machecoul et qui se confond avec la race de Saint-Gervais. Nous n'y reviendrons pas. Disons, néanmoins, qu'il y a là un bel avenir, une mine féconde à exploiter. Et de même sur les rives de la Loire, si riches en prairies succulentes, et où l'on peut élever le carrossier élégant et svelte. La belle vallée de Saint-Julien, voisine de Nantes, semble faite exprès pour l'élève des chevaux, de la taille et de la conformation que réclament les services du luxe. Ce sont là de belles pépinières un peu trop abandonnées et dans lesquelles, faute d'une culture bien entendue, croissent et multiplient des mauvaises herbes à la place des plantes les plus utiles et les plus profitables. Ce sont les fruits un peu amers de l'industrie privée, tout à la fois insuffisante et incapable. Ces terres de promission n'entreront en rapport, quant à la production amélio-

rée du cheval, que lorsque l'État fera par lui-même les trois
quarts de la besogne : décrets et arrêtés d'émancipation n'y
pourront rien ; je me trompe, ils reculeront encore l'époque
de la mise en valeur. Voilà ce que ne veulent point apprendre nos habiles du Jockey-Club, pour qui la France chevaline est tout entière dans la question des courses au galop
sur les hippodromes de Paris, Versailles et Chantilly.

Mais, à côté de la population que nous venons de faire
entrevoir, il en est une autre qui vit sobrement ou pauvrement sur les landes et les communes des arrondissements
de Savenay et de Châteaubriant. Celle-ci est petite, sèche,
nerveuse, infatigable ; elle se reproduit en dedans, répétant avec certitude les qualités qu'elle a puisées sur le sol et
dans les circonstances au milieu desquelles elle se trouve
depuis des siècles. Elle reste ainsi au même niveau, et rend,
dans la localité, des services très-appréciables ; mais c'est
une de ces productions du sol que le temps et le progrès condamnent. Elle disparaîtra, sans doute, dès que l'agriculture,
élevant la fécondité de la terre, enlèvera la dépaissance de
la lande au cheval, et fournira, à une race plus appropriée
aux besoins de l'époque, des aliments plus abondants et plus
substantiels. On verra alors des importations d'animaux plus
précieux remplacer une famille dont l'amélioration serait
trop lente et trop onéreuse. En ce moment, et tant que les
conditions agricoles seront les mêmes, il n'y aurait aucun
avantage à tourmenter cette petite race landaise, qui remplit merveilleusement bien sa destination actuelle. A ce titre,
nous devons la faire connaître.

« Les chevaux de nos landes, a dit M. Paquer, dont le
pied est solide, dont les membres sont secs, nerveux et rarement tarés, servent le riche fermier et l'indigent, qui les retirent de la pâture, où ils vivent toute l'année à la manière
des chevaux sauvages ; celui-là pour en faire sa monture,
celui-ci pour le même usage, ou pour atteler devant ses vaches, ou pour aider ses bœufs trop débiles. Cette race, sobre

comme celle des pays glacés du Nord, qui a fourni des individus d'une haleine et d'une vitesse remarquables, mérite certainement l'attention du gouvernement. Alliée avec des chevaux polonais, asiatiques, africains, de la petite taille et râblés, elle serait susceptible d'acquérir beaucoup de qualités de ces races étrangères et, de même que celles-ci, être propre à la cavalerie légère. »

Nous venons d'exprimer une opinion toute différente. Le gouvernement a réellement mieux à faire que de s'occuper de ces races chétives. Mieux vaut travailler efficacement à transformer des races malléables que perdre son temps et ses ressources à modifier, sans profit, des produits qui résisteraient très-longtemps aux efforts les plus laborieux et les plus soutenus.

Cela n'empêche que ces petits chevaux landais n'aient une page honorable dans l'histoire chevaline du pays. Elle a été écrite par un hippologue plein d'érudition, à qui nous empruntons le fragment élogieux qui suit :

« Il n'est pas rare de voir nos petits chevaux de ferme, montés ou attelés, venir de 10 ou 12 lieues, le samedi matin, à Nantes, et retourner, le soir, à la ferme sans trop de fatigue.

« Lorsque le duc de Bourbon passa par Nantes, dans le mois d'août 1815, il fut escorté, de Mauves à Angers, par deux cents paysans des communes insurgées de nos environs, qui, montés sur de petits chevaux de lande et arrivés de divers points assez éloignés, suivirent sa voiture, au train de poste, jusqu'aux portes d'Angers, c'est-à-dire firent 20 lieues sans mettre pied à terre et sans autre repos que celui du temps employé aux changements d'attelages de la voiture à chaque relais.....

« Cent fois sur une route de Bretagne, aux abords de Nantes, j'ai eu l'occasion d'examiner ces petits animaux maigres et chétifs, et à chaque fois je me suis étonné de leur vigueur.

« Tantôt un seul petit cheval de lande précédait, en ar-
balète, un couple de jeunes bœufs; — tantôt trois petits chevaux bien maigres, à la tête carrée, à l'œil ardent, aux
jambes sèches et nerveuses, avec le simple collier de jonc et les
traits de corde, étaient rangés de front devant un quatrième
petit cheval de même race, renfermé dans le brancard d'une
pesante charrette. Ce dernier, par la place qu'il occupait,
me paraissait si faible, qu'on devait s'attendre, à chaque instant, dans une descente, à le voir succomber sous sa charge.
Eh bien ! non, il soutenait courageusement son fardeau,
tout prêt à mourir à la peine plutôt que de lâcher prise, pendant que ses trois auxiliaires, pour ne pas ajouter au travail
du petit limonier, se laissaient, sans mot dire, battre les
jarrets par leurs rustiques palonniers. — J'eus la curiosité
de suivre, en 1835, un de ces attelages d'un coteau à l'autre; la montée était fort rapide, et je fus étonné de la force
de ces quatre animaux, si chétifs en apparence. En causant
avec le conducteur, j'appris qu'avant le départ il les avait
pris sur la lande, leur lieu ordinaire d'habitation; qu'à l'arrivée à Nantes il leur donnait à peine quelques poignées de
foin jetées auprès de la charrette, et qu'au retour à la ferme
il les rendait à la lande, où la nuit les délassait de la fatigue
des 15 et 20 lieues d'une rude journée.

« Ce conducteur, que j'interrogeais avec un véritable intérêt, me faisant l'aveu de sa participation à la dernière
chouannerie (parce que, disait-il, nul n'y songeait plus désormais), m'affirmait qu'envoyé en courrier extraordinaire
sur un des petits chevaux de son équipage il avait fait
30 lieues dans quinze heures, et que *sa monture* (ce sont
ses expressions) *tricotait encore bien.* — Le cheval, répli-
quai-je, fut malade, sans doute? — *Ah! ma fine non; je
l'mis se r'poser dans un fossé, où il trouva de l'herbe pendant la nuit, et je r'vins ensuite tout doucement chez nous,
après quoi je jetai ma bête sur le commun.*

« On parle beaucoup des peuples de l'Orient, qui ne

savent pas aller à pied; on en pourrait dire autant de nos paysans des routes de Bretagne : sur cent qui se rendent à Nantes, quatre-vingts sont à cheval, et les femmes surtout semblent ne pas savoir marcher. — Vous les apercevez, à califourchon sur un panneau en toile rembourrée de paille, les pieds solidement appuyés sur deux étriers en ficelle, les genoux à hauteur du garrot, la bride de corde dans une main, le bâton en guise de cravache dans l'autre main, portant au bras le petit panier de beurre recouvert d'un linge fin et blanc, la sacoche de toile pour portemanteau, et, parfois, ayant deux petits paniers de châtaignes de chaque côté du panneau.

« Aux jours de foire, le Breton marchand de bœufs vient animer la scène, et nos peintres ont essayé de faire revivre plus d'un toréador mexicain moins pittoresque. — Son vêtement est brun; il porte plusieurs cordes en sautoir; il est monté sur un de ces petits chevaux infatigables nourris et élevés dans la lande. Armé d'un long bâton, aidé de son chien-loup, maniant sa monture avec cette inconcevable facilité dont nous allons chercher l'étonnement jusque dans l'Arabie, il conduit seul vingt, trente petits taureaux, lesquels, plus tard, dociles et soumis au joug, seront revendus comme bœufs à la riche Vendée.

« Dans ces mêmes jours de foire apparaissent les nombreux convois de marchands de chevaux, à la veste noire et au gilet blanc, aux allures dégagées par leurs habitudes de voyages, conduisant chacun, en laisse, dix, quinze, vingt chevaux bretons, peu distingués peut-être, mais à la marche sûre et franche, et qui feraient envie à nos remontes, si les marchands ne trouvaient plus de profit à les vendre pour les postes, les messageries, le roulage, l'industrie enfin, qui sait se créer des ressources, parce qu'elle paye. Moyen facile pour bien monter notre cavalerie, puisqu'il ne s'agit que de payer pour avoir. »

XV.

Circonscription du dépôt d'étalons de Blois. — Ressources offertes à l'industrie par l'État sous l'ancien régime et postérieurement à la réorganisation des haras. — Dénombrement de l'espèce en 1840 et 1850. — Études sur les divers types dont se compose la population chevaline de la circonscription. — Le cheval breton ; — les poulains du Poitou transformés en chevaux berrychons ; — la race brennouse ; — la race percheronne. — Résultats divers du métissage au moyen du cheval de sang pur ou mêlé. — Le cheval solognot.

Cinq départements forment le vaste territoire placé sous la sphère d'action du dépôt d'étalons de Blois, savoir : l'Indre-et-Loire, l'Indre, le Cher, le Loiret et le Loir-et-Cher, moins l'arrondissement de Vendôme détaché en 1850, lorsqu'a été fondé le nouveau dépôt de Bonneval, dans Eure-et-Loir. Cette circonscription nous porte en Touraine, en Berry et dans l'Orléanais.

Sous l'ancienne administration, avant 1789, ces trois provinces possédaient 106 étalons de choix royaux ou approuvés; 2,700 juments environ leur étaient annexées et renouvelaient, en l'améliorant, la population chevaline de ces provinces. L'espèce de trait dominait par le nombre ; la cavalerie légère y trouvait aussi des produits d'un certain mérite. Malgré cela, il faut bien le dire, aucune race particulière n'a surgi des efforts tentés à cette époque; aucun regret ne s'attache donc à ces contrées qui puisse retomber comme un blâme sur l'administration qui a remplacé celle de l'ancien régime. On ne voit, dans les années antérieures, que l'existence d'une espèce fort ordinaire, sinon commune, et satisfaisant à des exigences assez limitées. Ce n'est là, toutefois, qu'une assertion un peu vague : rien d'authentique ne s'y rattache, pas même le fait que d'aucuns rapportent du choix de quarante chevaux extraits de ce haras pour être envoyés en présent à la reine Elisabeth d'Angleterre; d'autres assurent, en effet, que les chevaux offerts en retour d'une compagnie d'Écossais, présentée au roi de France, provenaient de la Normandie, qui paraît avoir été, dans tous les temps, la terre de promission du cheval élégant et fort tout à la fois.

Il y a donc lieu de passer condamnation sur les ressources chevalines des temps antérieurs. Personne, au reste, n'y fait allusion, et nous n'avons à repousser aucune exagération, nous n'avons même à combattre aucune prétention quelconque. Ce n'est pas à dire que nous ayons à nous féliciter beaucoup de la situation actuelle, ni que nous ayons une grande prospérité à opposer à la pauvreté d'autrefois. Toutes proportions gardées, nous sommes probablement moins riches, et c'est justice, car nous n'avons rien fait et nous ne faisons rien de ce qui engendre la richesse. Ainsi, et pour ne remonter qu'à 1831, voici, résumée en périodes quinquennales, l'importance des éléments de bonne reproduction qui ont été mis à la portée des éleveurs de la circonscription :

	Nombre d'étalons.	Juments saillies.	Moyenne par étalon.
De 1831 à 1835,	30,	818 ;	27 ;
De 1836 à 1840,	9,	326 ;	35 ;
De 1841 à 1845,	27,	1,155 ;	42 ;
De 1846 à 1850,	29,	1,414 ;	48.

Ce n'est pas avec des moyens aussi restreints qu'on peut atteindre à des résultats appréciables ; mais nous en ferons mieux ressortir l'utilité, si nous plaçons en regard les chiffres de la population chevaline des cinq départements, laquelle était de 141,373 têtes en 1840, et de 143,388 dix ans plus tard, en 1850. Il en résulte que l'accroissement proportionnel, pendant ce laps de temps, n'a été que 1.38 p. 100, fait assez remarquable en présence de l'augmentation considérable constatée sur tous les points où l'action des haras a pu être développée sur une certaine échelle. Nous reviendrons sur ces chiffres qui ont une réelle signification et qui portent avec eux et en eux un enseignement qui ne devra pas être complétement perdu.

Une aussi faible composition de l'effectif, eu égard à l'ensemble de la population, ne pouvait exercer aucune influence ni sur son renouvellement ni sur son amélioration. Cette impossibilité d'agir d'une manière profitable et de tendre à rien d'utile dans cette circonscription avait fait prendre le parti de supprimer le dépôt de Blois, dont la création remonte à 1810. En se retirant, l'administration eût laissé le champ tout à fait libre à l'industrie privée, bien qu'en réalité elle la gênât fort peu, puisqu'elle ne lui offrait qu'un étalon pour 1,700 juments environ. Les motifs de la suppression projetée étaient vraiment assez plausibles. Ainsi les ressources de l'administration ne lui permettraient jamais d'élever l'importance de l'établissement au niveau des besoins de la population variée qui se pressait sur cette vaste étendue de territoire. La race percheronne, disait-on, pouvait y être abandonnée aux efforts intéressés des particuliers, à plus forte raison les autres variétés de l'espèce de trait qui procédaient de celle-ci et lui devaient tout à la fois leur mérite et leur recherche par le consommateur ; la culture de telles espèces, d'ailleurs, ne pouvait être le fait d'une administration publique : enfin le cheval de la Brenne était trop bas sur l'échelle pour mériter l'attention et provoquer des sacrifices de la part du gouvernement. Il ne fallait pas que des contrées aussi peu favorisées détournassent inutilement à leur profit des ressources qui fructifieraient à l'avantage de tous, au contraire, lorsqu'elles seraient concentrées dans des localités plus riches et déjà avancées.

Si excellemment bonnes qu'aient été ces raisons, on les goûta peu dans la circonscription. De puissantes oppositions se formèrent, qui firent obstacle à la suppression. On put s'étonner alors de trouver autant de résistance pour une mesure qui ne paraissait, en définitive, froisser aucun intérêt

sérieux. Quoi qu'il en soit, le gouvernement recula devant
son propre projet; l'ordonnance de destruction ne fut pas
rendue, mais on tenta de laisser mourir d'inanition l'établissement condamné. On n'en vint point à bout. Après cinq
ans de vaine attente, il fallut relever le chiffre de l'effectif
et le ramener, par degré, au nombre des années antérieures
à 1836.

A partir de cette époque, le progrès a été rapide; les
saillies ont été nombreuses, et le but des haras apparaît moins
éloigné. C'est que les conditions générales ne sont plus les
mêmes, et que la nécessité d'une transformation de l'espèce
se fait jour de toutes parts. L'extension donnée à l'établissement des chemins de fer et, par suite, la brusque suppression des relais de poste et de diligence sur un très-long parcours, telles sont les causes de la fréquentation récente et
plus active des étalons offerts par les haras nationaux. Or
c'est particulièrement en vue du service des postes et des
messageries que le cheval était produit et élevé dans la circonscription du dépôt de Blois. Les cultivateurs ne sont pas
gens à produire et élever obstinément des animaux qui ne
trouvent plus emploi, dont la consommation cesse et pour
lesquels nul autre débouché ne paraît devoir s'ouvrir. Aussi
voyons avec quelle rapidité les faits se modifient. Répété à
dix ans d'intervalle, le dénombrement des chevaux, effectué
par catégorie, permet d'apprécier d'une manière incontestable la situation chevaline comparée aux deux époques de
1840 et 1850. Voici les résultats sommaires pour les cinq
départements :

	En 1840.	En 1850.
Chevaux de 4 ans et au-dessus,	85,072,	72,924;
Juments de 4 ans et au-dessus,	41,483,	49,042;
Produits de 3 ans et au-dessous,	14,818,	21,422.

Le nombre des chevaux, en 1850, a baissé de 12,148 têtes; c'est une diminution de 18.98 pour 100 sur le recensement précédent. Cette situation n'est pas l'effet du hasard;

elle répond aux exigences du moment. Les postes et les messageries employaient le cheval entier presque à l'exclusion du cheval hongre et de la jument. C'est donc sur l'existence des mâles qu'a surtout frappé la suppression des relais. Cela posé, on comprend fort bien que les cultivateurs dont la spéculation portait sur l'élevage de poulains mâles empruntés à d'autres contrées, qui produisent abondamment pour exporter en jeune âge, aient considérablement ralenti l'achat d'une matière première dont le placement, après la mise en œuvre, devait être chaque jour plus difficile et moins avantageux. Cependant l'élève n'a rien perdu de son importance; elle s'est accrue, au contraire, de 44.57 pour 100; et la conséquence immédiate, ç'a été l'augmentation proportionnelle des existences en juments. Celle-ci est de 18.22 pour 100. Elle peut tenir tout à la fois à un élevage de pouliches plus nombreux et à des ventes plus rares, lesquelles auraient pour effet de classer parmi les juments d'âge des animaux élevés en vue de la consommation générale. S'il en était ainsi, si l'accroissement du nombre provenait de l'absence du débouché, la proportion changerait rapidement, car la statistique nous a encore éclairé sur ce fait, par exemple, que les départements qui travaillent surtout pour satisfaire à leurs propres besoins produisent extrêmement peu et n'élèvent guère que des mâles achetés sur des points où la spéculation est inverse, où, par conséquent, la production est abondante, la vente précoce, et la consommation intérieure fort réduite. Le Loiret, dans la circonscription où nous sommes, offre l'exemple d'un département essentiellement consommateur, car sur une population totale de 26,881 têtes on compte 20,155 mâles de 4 ans et au-dessus, c'est-à-dire près de 75 pour 100, proportion inférieure à la réalité, car il faudrait y ajouter le nombre ignoré des poulains mâles de 5 ans et au-dessous, confondu avec celui des pouliches de même âge.

En étudiant sur le terrain la nombreuse population équine

de la circonscription du dépôt de Blois, il est facile de la rattacher, si peu homogène qu'elle apparaisse tout d'abord, à des types très-caractérisés. C'est d'abord le gros cheval et l'espèce légère; mais on distingue des races particulières et qu'il suffit de nommer pour les faire toucher du doigt. Ce sont la percheronne, la bretonne et la poitevine parmi celles de trait, et puis une autre qu'on ne retrouve pas ailleurs, qui a son cachet à part et que l'on nomme cheval brennou. A l'exception de celui-ci et du percheron, qui sont chez eux,— le premier dans la petite contrée de l'Indre appelée la Brenne, le second dans Loir-et-Cher dont une partie (l'arrondissement de Vendôme) est en quelque sorte le cœur du Perche, les autres ne sont là que de passage, si l'on peut dire, amenées qu'elles ont été par l'importation et destinées qu'elles sont à être reprises par le commerce à la maturité de leurs produits. Le Poitou et la Bretagne, en effet, cèdent, tous les ans, un grand nombre de poulains aux départements que nous explorons. Ils y sont élevés tout en travaillant la terre et passant ensuite aux différents services publics. Le breton conserve son nom; le poitevin, au contraire, prend celui de berrychon. Cette distinction est, d'ailleurs, justifiée. Le poulain extrait de la Bretagne, plus confirmé dans sa race, résiste aux influences nouvelles sous lesquelles il est placé par le fait de l'importation; il change peu, ne se modifie que très-légèrement dans ses caractères principaux et reste breton. Le poitevin, moins résistant, plus malléable, acquiert une physionomie un peu différente de celle des produits de sa tribu qui ne quittent pas la terre natale; il prend moins de volume, il s'allonge davantage, s'éloigne de terre en grandissant et ne s'étoffe pas, il reste plat. De cheval de trait corpulent et massif, il devient une manière de grand carrossier commun et manqué. Il n'est plus poitevin, il s'est fait autre et on lui a donné le nom de la contrée dans laquelle s'est effectué son second élevage; on le nomme berrychon, bien que le Berry ne produise par lui-même rien de semblable. C'est pour la première fois que nous rencontrons cette anomalie : elle méritait d'être indiquée d'une manière toute spéciale.

Mais voyons comment ces diverses races se distribuent dans les différentes parties de la circonscription.

Dans Indre-et-Loire, le cheval breton domine ; on le retrouve partout. Cependant il est plus clair-semé dans certains cantons de l'arrondissement de Tours où la jument percheronne et le cheval du Poitou lui disputent la place. Il en est à peu près de même dans l'arrondissement de Loches et à l'est de celui de Chinon, là où les terres sont fortes, lourdes, et exigent du poids chez les moteurs employés à la culture. Sur les terrains plus légers de la partie de l'arrondissement qui confine à l'Indre, on utilise des animaux moins pesants. Ce sont, pour l'ordinaire, des juments de petite taille qui se rapprochent un peu de la race brennouse ; cette dernière est même représentée, sur ce point, par nombre de juments qui se mêlent à celles dont nous venons de parler.

Les arrondissements d'Issoudun et de Châteauroux, dans l'Indre, élèvent un grand nombre de poulains poitevins, introduits à l'âge de deux ans des environs de Saint-Maixent, Niort et Fontenay. On les applique avec beaucoup de ménagement aux travaux de l'agriculture jusqu'à ce qu'ils aient atteint leur cinquième année, époque ordinaire de la vente ; on les recherche alors pour le service des postes et pour les messageries : le commerce les qualifie de chevaux berrychons.

Mentionnons pour mémoire l'espèce bâtarde qui naît et se reproduit de hasard dans la localité même. Celle-ci n'est, bien entendu, l'objet d'aucune attention et vaut tout juste en raison de ce que l'on fait pour elle. Dans le canton d'Ardentes et vers la Châtre, on trouve une tribu plus corsée et plus haute. C'est une acquisition due à l'intervention des étalons de l'État accouplant des poulinières venues du Perche, de la Bretagne et du Poitou. Il y a là matière à amélioration et velléité de pousser au progrès. Dès à présent, d'utiles éléments sont réunis; quelques juments capables, suivies dans leurs productions, formeraient aisément le noyau d'une variété susceptible de s'étendre et de prendre bon rang dans la population. Vers Argenton, l'espèce la plus nombreuse rappelle un peu les caractères de la race limousine; il y a cependant plus de corps et d'étoffe, tandis que dans l'arrondissement du Blanc le cheval le plus répandu est celui de la Brenne dont nous devons esquisser le portrait.

Le cheval brennou mesure de 1ᵐ,40 à 1ᵐ,45 ; il a la tête carrée, mais un peu forte, chargée de ganache et mal attachée ; l'œil proéminent. L'encolure est courte et mince, le garrot est bas. L'épaule manque de longueur, mais elle joue librement. La côte est ronde, le ventre est volumineux et bas comme chez tous les animaux qui vivent d'aliments grossiers. Le rein est, malgré cela, court et bien soudé; la croupe est assez large, la queue plantée haut. La membrure est solide et courte dans ses rayons inférieurs; le pied est petit.

Le brennou naît et se développe presque à l'état demi-sauvage. On le fait descendre du cheval arabe, cela va sans dire. L'histoire n'en fournit-elle pas des preuves irrécusables? D'origine arabe ou non, il ne représente guère aujourd'hui qu'un portechoux ; car il ne ressemble qu'en laid au portrait que nous venons de tracer en beau : il est loin, bien loin des exigences du temps. Il faudrait vingt générations pour le faire arriver, et très-incomplétement encore, au niveau d'une race utile. On semble y renoncer et l'on fait bien. Le cheval brennou est de ceux qu'on abandonne et non de ceux qu'on améliore.

Il y a tout avantage à lui substituer une race mieux appropriée aux besoins du moment; celle-ci sortirait promptement de l'alliance du bon étalon de demi-sang, pris en Normandie, avec des juments choisies dans le Perche et en Bretagne. Le seul écueil à éviter, peut-être, serait de ne pas viser à une trop haute taille et de n'avoir en vue que le cheval moyen. Les ressources alimentaires de la localité ne comportent pas davantage, et commandent de se renfermer soigneusement dans ces limites. Au surplus, l'expérience est faite : il n'y a plus qu'à en suivre les leçons. Ces dernières ont appris que les bons résultats de l'accouplement que nous conseillons sont faciles à réaliser et qu'ils ont une immense supériorité sur le chétif brennou : celui-ci, pourtant, il faut lui rendre justice, se montre, en toute occasion, plein d'énergie; il est rustique comme tout ce qui a survécu à la misère, aux privations de toutes sortes.

Le type le plus répandu dans le Cher est celui du cheval de poste et de diligence, tantôt plus corpulent et plus haut, tantôt plus petit et moins corsé, suivant l'abondance et la richesse nutritive des fourrages qu'il reçoit. Toutefois, vers Châteaumeillant et Lignières (arrondissement de Saint-Amand), l'espèce prend la tournure et la figure du cheval de cavalerie légère. Vers Nérondes, au contraire, et dans une partie de l'arrondissement de Sancerre, on rencontre le cheval d'attelage fort ou léger, le genre de chevaux recherché pour la cavalerie de ligne, la gendarmerie et la cavalerie de réserve. La jument de ces dernières contrées a de la taille et de l'ampleur; le dessus est bon, le dessous est fourni ; quelques lignes sont courtes et communes, mais l'alliance avec l'étalon de demi-sang bien conformé donne, dès la première génération, un suffisant degré de distinction. Ce métissage a pour lui l'expérience; on peut le renouveler avec la certitude du succès. Le point de départ de la jument, devenue indigène à cette partie de la circonscription, paraît être le mélange, entre elles, des races poitevine, percheronne et bretonne, mariées aux étalons rouleurs du Nivernais et du Morvan. Cette diversité des sangs explique à merveille les succès qu'obtient ici l'emploi du métis anglo-normand bien choisi. Les mêmes effets se reproduisent, on le voit, sous l'influence des mêmes causes. Il faut bien croire aux théories qui ne sont venues qu'après coup, à celles qui, au lieu de précéder les faits, se sont établies par eux, et n'ont été, pour ainsi dire, écrites que sous leur dictée.

Les importations de pouliches, très-nombreuses autrefois dans le Cher, ne sont plus, en quelque sorte, qu'un accident aujourd'hui. Il n'y a plus guère que l'arrondissement de Bourges qui introduise encore des poulains mâles entiers; ceux-ci sont élevés en travaillant jusqu'à cinq ans, âge de la vente au profit des services publics.

Dans le Loiret, c'est la race percheronne qui domine, ou tout au moins le cheval gris, considéré comme type de l'espèce : on y trouve aussi des chevaux d'une taille moins élevée; ceux-ci viennent de la Sologne, du Berry et du Nivernais.

La population chevaline de Loir-et-Cher se compose, en majorité, de chevaux percherons. L'étalon de demi-sang, quand il réunit les conditions du père, quand il est né de plusieurs métisations successives et réussies, donne à ses produits plus de tournure et de légèreté que n'en montre le percheron issu de lui-même. Ce fait est déjà très-saillant dans l'arrondissement de Romorantin, où la cavalerie de ligne et les armes légères pourraient se procurer d'excellentes remontes. Mais le métis qui n'est point encore assez riche de sang, l'anglo-normand trop enlevé et grêle, jette le désordre dans la structure du percheron et de ses dérivés. Les produits en sont décousus et sans type; leur caractère bâtard nuit beaucoup à la vente : plusieurs générations sont quelquefois nécessaires pour rentrer dans les conditions d'une bonne et utile production. Le métissage de la percheronne et de l'anglo-normand exige une attention très-grande dans le choix des sujets à unir. C'est à coup sûr l'un des accouplements les plus incertains quant aux résultats à en attendre, à moins, répéterons nous, que le métis ne se présente avec un ensemble de qualités solides et intimes propres à rehausser les mérites d'une conformation exacte et régulière.

Il eût été difficile, on le comprend, de faire accepter ici un grand nombre d'étalons de pur sang; les cultivateurs élevaient en vue de services qui en repoussaient les produits, et recherchaient avec une faveur marquée des moteurs plus communs et plus corpulents. Cependant, à partir de 1841, l'effectif en a compté quelques-uns, sans que le nombre ait dépassé 4, jusque et y compris 1850. La moyenne des saillies, d'abord assez basse, s'est progressivement élevée jusqu'au n° 41. Ce succès témoigne certainement des bons résultats obtenus. Il est hors de doute que l'étalon de pur sang, bâti en père, réussirait mieux que tout autre à transformer utilement le cheval de trait, plus ou moins homogène ou bâtard, de cette circonscription; il influerait surtout par la puissance effective du sang. Dans ce cas, le rôle de la mère serait fort amoindri et réduit, en quelque sorte, à celui d'un moule à peu près inerte; les effets d'une alimentation riche et substantielle, les soins d'une hygiène bien entendue compléteraient l'œuvre et domineraient de haut l'influence annihilée de la poulinière. Mais l'ordre de ces trois grands facteurs de toute production animale change lorsque le père n'est pas de force à exercer sur le produit de la conception une influence supérieure; c'est alors celle de la mère qui prédomine, aidée qu'elle est aussi par les circonstances locales et tout ce qui constitue l'indigénat.

On sentira la différence et l'on s'expliquera parfaitement comment un étalon, plus loin, en apparence, du but à atteindre, peut y faire arriver plus vite et plus complétement qu'un autre dont le modèle extérieur semblerait promettre des résultats plus prochains.

Dans le Loir-et-Cher comme dans le Loiret, on rencontre beaucoup d'animaux de la race solognote, si l'on peut qualifier ainsi des sujets chétifs et rabougris, vivant, pour ainsi dire, à l'abandon, dans les landes et les marais de la contrée, sans qu'aucun système d'amélioration puisse jamais avoir intérêt à les toucher.

XVI.

Circonscription du dépôt d'étalons de Cluny. — Des ressources offertes à la production avant 1789, après l'organisation de 1806 et après les suppressions de 1832. — Population chevaline en 1789 et en 1850. — Statistique de la monte. — Population chevaline de l'Ardèche. — Ancienne race, propre au bât, du département de la Loire ; — comment elle a disparu et comment elle a été remplacée. — Population chevaline ancienne et nouvelle de l'Isère, — et de l'Ain ; — le cheval bressan. — Races morvandelle et charolaise. — Les transformations diverses de la population chevaline de la Nièvre. — Les chevaux dans le Bourbonnais.

Des cinq établissements fondés à Cluny, Grenoble, Parentignac, Corbigny et Auxerre, le premier seul est resté debout ; il a donc hérité d'une partie de la circonscription primitivement attribuée à chacun d'eux. Dans l'origine, trois départements avaient été placés sous son action : Saône-et-Loire, l'Ain et la Côte-d'Or. En 1832, ce dernier lui fut enlevé ; mais on lui annexa — l'Isère et l'Ardèche, qui dépendaient de Grenoble ; — la Loire, qui ressortissait à Parentignac ; — la Nièvre et l'Allier, qui, avec le Cher, avaient formé le territoire de Corbigny. Ainsi ont procédé les démolisseurs. Encore si, en lui donnant du champ, on avait proportionnellement accru les formes de son effectif, le dépôt de Cluny aurait eu, sans doute, quelque utilité, et l'on trouverait aujourd'hui, sur quelque point de la vaste étendue qu'il occupe sur la carte, des traces de son action, des résultats qui justifieraient les mesures de suppression prises en 1832, contrairement à l'intérêt judicieusement compris et des localités atteintes et de la France entière, si arriérée alors quant à la production du cheval à deux fins, dont la consommation allait pourtant devenir si active. Mais on n'ajouta pas un cheval à l'effectif du dépôt de Cluny, et l'on réduisit à moins de 50 étalons le nombre de 200 environ qu'entretenaient ensemble les cinq établissements. C'est du progrès à l'envers. Plusieurs départements furent alors déshérités et complétement abandonnés. Nous verrons bientôt que leur population chevaline ne s'en est pas mieux trouvée. On les maintint cependant pour mémoire dans la circonscription nouvelle. Il fallait bien, d'ailleurs, que les faits administratifs ressortissant au service des haras eussent un aboutissant quelconque, un point central intermédiaire entre l'administration et les administrés. Ce centre obligé, ce chef-lieu nécessaire fut Cluny, où les intéressés ont trouvé le représentant officiel du gouvernement; mais c'est là tout ou à peu près, car il était impossible, avec une moyenne de moins de 42 étalons (c'est le chiffre des vingt dernières années), d'arriver à quelque chose de sérieux, si l'on songeait à s'étendre aux huit départements de la circonscription.

Certes, la première organisation avait été bien entendue; elle prenait à partie toutes nos anciennes provinces, et les forçait à concourir pour leur part à l'œuvre commune de la satisfaction des besoins de tous. Les suppressions de 1852 ont plus rapidement accompli leur œuvre; elles ont frappé soudain de stérilité les anciennes races du pays. Par contre, elles ont favorisé à l'étranger l'industrie rivale; car nos voisins ont été appelés à remplir les vides occasionnés, chez nous, par la mise en jachère de plusieurs contrées autrefois renommées pour la valeur et le mérite de leur population chevaline. Et cette situation des huit départements dont nous allons nous occuper ressort d'une manière bien fâcheuse, quand on la compare à l'état des races propres aux localités qui n'ont point été, comme eux, déshéritées des éléments nécessaires à l'amélioration. C'est par là qu'on peut juger sainement de l'influence exercée par les haras partout où on leur a laissé quelques forces. Le parallèle est concluant et mérite de fixer la méditation de ceux qui cherchent en tout la vérité vraie.

L'organisation à laquelle nous venons de nous reporter

n'avait fait que rétablir, en quelque sorte, ce qui avait été détruit à la révolution de 1789. Sous l'ancien régime, en effet, il existait, dans le Lyonnais, la généralité de Grenoble et le Bourbonnais, près de 200 étalons royaux, provinciaux ou approuvés. Il y avait, en outre et en grand nombre, des haras particuliers dont les produits d'élite ont marqué à l'époque, et qui tous avaient disparu lors du rétablissement des haras, en 1806. Faut-il donc s'étonner si la population chevaline d'aujourd'hui ne se montre point haute en valeur ou simplement en progrès sur la situation des races locales au temps où le gouvernement s'en occupait avec une sollicitude égale à l'utilité et aux services qu'il en attendait?

La statistique générale et comparée établit que la France possédait, en 1850, un tiers moins de chevaux qu'en 1789. Si nous adoptons ces bases, nous trouvons que, avant la première révolution, les parties du territoire actuellement représentées par la circonscription du dépôt de Cluny nourrissaient une population de 79,000 chevaux environ, puisque le dernier recensement en a compté 118,541. Poussant au delà le parallèle, nous arrivons, pour le chiffre des existences en juments de l'âge de quatre ans et au-dessus, aux nombres que voici : 32,480 en 1789 et 48,267 en 1850. Il en résulte que l'ancienne administration entretenait un étalon de choix pour 162 juments, et l'administration actuelle un étalon pour 1,149 : la différence est grande. On ne dira pas que le gouvernement a exercé ici un monopole destructeur ; l'industrie privée avait les coudées franches. Elle n'a rien fait pour suppléer à l'absence de l'intervention directe de l'État dans la question ; elle n'a rien fait par impuissance, et ses réclamations et ses plaintes, incessamment renouvelées, n'ont pu être entendues ni accueillies. En vérité, messieurs du laisser-faire, vous êtes ou bien aveugles ou bien malveillants; par ignorance ou par mauvaise foi, peu importe, vous imposez des pertes incalculables au pays, sans compter l'imminence du danger où vous le jetteriez si

une étincelle, tombant quelque part, venait à embraser l'Eu·
rope.

Mais nous pouvons spécialiser davantage les services rendus, depuis vingt ans, à la reproduction par le dépôt de
Cluny. Grâce à l'ordre, qui est l'un des attributs des admi-
nistrations publiques, on peut toujours savoir ce qu'elles
ont fait ou ce qu'elles font. Voici les chiffres résumés en
moyennes quinquennales, à partir de 1831 :

Nombre d'étalons.	Juments saillies.	Moyenne par tête.
41	1,336	33
43	1,400	32
39	1,494	38
44	1,660	58

D'une manière absolue, ce sont là de faibles résultats : ils
sont bien moins appréciables encore lorsqu'on les étudie
sur le terrain et qu'on les cherche dans les flots de la population qui les submerge. 200 étalons répartis sur la même
surface atteindraient une moyenne de 60 juments par tête
et couvriraient ensemble 12,000 poulinières, c'est-à-dire
environ la moitié de celles qu'on livre annuellement au
mâle, dans la circonscription, pour opérer seulement le renouvellement de la population des huit départements. Ne
nous plaignons pas de notre infériorité, car c'est nous qui la
faisons. En vouant à la jachère la moitié des races chevalines du pays, on néglige de précieuses ressources et on
laisse improductifs des instruments de travail, qui devraient
tout à la fois accroître la richesse publique et assurer l'indépendance nationale.

Mais voyons, si c'est possible, ce qu'a été la population
chevaline dans les temps antérieurs et ce qu'elle est encore aujourd'hui.

Nous n'avons rien à dire des chevaux de l'Ardèche, complétement abandonnés à leur malheureux sort. Aussi bien,
taillé dans l'ancien Languedoc, ce département forme ici

hors-d'œuvre. Autrefois ses chevaux avaient quelque affinité avec la race navarrine, qui déteignait sur toute la population du midi de la France; mais depuis longtemps règnent sans partage les causes actives de l'abâtardissement, et depuis longtemps celui-ci ne laisse rien à désirer. Le fait hippique le plus saillant que nous puissions relever depuis dix ans, c'est une nouvelle réduction du chiffre déjà si faible des existences, et cette considération surtout que la diminution porte presque entière sur le nombre des produits de trois ans et au-dessous. Il n'y a plus là qu'une fin de vieille race désormais incapable de revivre. La jument qu'on livre au mâle appartient exclusivement, ou à peu près, au baudet; elle est mulassière.

Le département de la Loire n'occupe qu'un rang subalterne sur l'échelle hippique du pays. Les haras ont cessé d'y paraître. Ici la consommation ne laisse pas que d'avoir une certaine importance; mais, après le cheval de bât, qui a été pendant longtemps le cheval de ses besoins, elle est arrivée au cheval de gros trait, lequel remplit maintenant la plupart de ses exigences. Ç'a été une transformation assez soudaine, et, comme tout changement un peu brusque, celui-ci a amené quelque perturbation dans les habitudes et dans les intérêts.

C'était, sans doute, une race fort ignorée que celle du cheval de bât du Forez, cheval de plaine par sa naissance et de montagne par son élevage, car les choses se passaient ainsi depuis des siècles; mais il n'en était pas moins un produit essentiellement utile par son aptitude à remplir sa destination. Puis d'autres besoins surgissent, et voilà cette race utile tombée en non-valeur. Le fait a été constaté, en 1831, dans les termes suivants, par le rédacteur du *Bulletin industriel de Saint-Étienne* : « Le département de la Loire semble arriver à une de ces époques de transition où un peu d'aide de la part de l'administration produit les plus grands effets. Le temps n'est pas éloigné où les chevaux de bât y étaient le principal moyen de transport. Il y a cinquante ans qu'ils desservaient exclusivement la vallée du Gier, dans l'espace même où la construction récente d'un chemin de fer accuse aujourd'hui l'insuffisance d'un canal ; il y a quinze ans qu'ils approvisionnaient encore les ports à charbon de la Loire, où l'on n'en voit plus un seul.

« Les habitudes de l'agriculture se forment toujours sur la nature des besoins qu'elles ont à satisfaire, et un état de choses qui dure depuis plusieurs siècles a peuplé la plaine du Forez de juments qui ne sont bonnes qu'à produire des chevaux de bât. Mais, depuis quelques années, on entend les cultivateurs se plaindre de ce que l'ouverture des routes à travers les montagnes ôte tout prix aux bêtes de somme et ruine les pauvres muletiers. Leurs poulains, qu'on achetait autrefois, sont rebutés, et l'on préfère, à bien plus haut prix, ceux que des marchands éloignés amènent de la Franche-Comté, de la Bresse, du Charolais. Ces plaintes signifient que le moment est arrivé de changer la race de la plaine en une bonne race de trait et de diligence, et rien n'est plus facile, surtout si le gouvernement veut donner l'impulsion et favoriser l'essor. Les Anglais ont, pour ainsi dire, pétri leurs chevaux pour les besoins de leur commerce, en raison de l'état de leurs routes, des habitudes de leur agriculture. C'est dans l'étude des circonstances analogues que se trouve, pour nous, le secret de l'amélioration de nos races de chevaux, et c'est pour n'avoir pas suivi une marche si naturelle que nous sommes, en France, si honteusement arriérés dans cette branche de l'économie publique. »

C'est fort bien dit, assurément. Ces quelques lignes d'un économiste judicieux ont bien plus de sens et de valeur, bien plus de vérité surtout que les plaintes et les divagations des hippologues ou de nos savants hommes de cheval accusant l'administration des haras d'avoir, par de fausses doctrines et par anglomanie, causé la ruine de toutes les anciennes races françaises. En quelques mots on a constaté l'existence,

pendant plusieurs siècles, du cheval de bât de la Loire ; on
a dit sa raison d'être et les exigences nouvelles sous lesquelles
il avait forcément disparu ; on a enfin déterminé la nature
des nouveaux besoins et sollicité l'État d'aider l'agriculture
à entrer dans la voie la plus propre à les satisfaire. L'étude
est complète ; car, on le dit nettement, il faut remplacer l'ancienne population chevaline, devenue inutile, par une bonne
race de chevaux de trait et de diligence.

Le rôle de l'administration était facile : favoriser l'importation de juments de trait, mettre à la portée des cultivateurs
des étalons de même espèce, non pour reproduire avec ses
caractères propres telle ou telle de nos races de trait, ce qui
eût été impraticable, mais des individus bien conformés et
capables de remplir la destination en vue de laquelle on aurait dirigé les efforts de l'industrie. Il ne s'agissait point
d'acquérir une race étrangère à la contrée, mais une aptitude, des forces nouvelles. Envisagée ainsi, la question était
simple, pratique et d'une très-facile application. Mais les
idées étaient ailleurs. On imposa au service des haras de faire
partout le cheval de luxe, des carrossiers ou des chevaux de
selle ; on contraignit l'administration à vendre tous ses chevaux de trait et à complétement abandonner à elles-mêmes
toutes les localités qui n'utiliseraient pas convenablement les
étalons de sang qui pourraient leur être envoyés. L'administration des haras a été chargée d'imprécations pour avoir
ainsi fait ; elle n'était pas coupable cependant. Vaincue, elle
a subi la loi des faiseurs de l'époque, comme elle la subit en
ce moment. Le mal qui en résulte, elle le fait comme instrument, elle ne l'invente pas. Elle a toujours résisté, au
contraire ; mais, par moments, ses forces ont été violemment
brisées. Alors il a fallu des années pour rentrer dans les voies
sûres de l'expérience. Voilà sa vie ; telles ont été, dans tous
les temps, les conditions de son existence.

Quoi qu'il en soit au général, voici ce qui s'est passé, au
particulier, dans le département de la Loire. Les étalons

royaux, tous carrossiers légers ou propres à la selle, ont agi
sur deux natures de juments opposées et qui leur conviennent
aussi peu l'une que l'autre : — la petite jument de bât, qui
avait de profondes racines dans l'indigénat, — et la poulinière massive, d'espèce de trait et plus ou moins bâtarde,
que le commerce introduisait pour les besoins de la contrée.
Quand les résultats de pareils accouplements n'étaient pas
médiocres, ils étaient pitoyables, et voici ce qu'on en a dit
avec une certaine autorité au gouvernement :

« Lorsque l'état de l'agriculture, les habitudes des fermiers, et surtout les demandes du consommateur, tendent à
imprimer à l'éducation des chevaux une direction raisonnée,
pourquoi chercher à lui en donner une toute différente? Au
lieu d'exploiter au profit de tous les éléments de richesse qui
s'offrent de toute part, pourquoi établir des combinaisons en
dehors de toutes réalités? pourquoi marcher, en sens contraire des masses, dans une carrière où la communauté des
vues est une condition essentielle du succès? pourquoi enfin
opérer partout de même, sans tenir aucun compte des lieux,
des besoins spéciaux, de la position particulière du producteur et des commandes de la consommation? »

Parmi les gens qui, à travers les circonstances, ont eu
l'habileté de se faire les arbitres des destinées hippiques du
pays, combien veulent entendre ce langage? Ils ne voient
qu'une chose, bien triste à dire, leur intérêt personnel. Tout
est là. Or on sait tout ce qu'un pareil sentiment peut inspi-
rer d'hostile aux autres. La première de toutes les garanties
que puisse offrir un service public, n'est-ce pas que les
hommes qui en dirigent la marche n'aient personnellement
aucun intérêt, prochain ou éloigné, à faire prévaloir dans la
question? Telle a été, mais telle n'est plus, malheureusement, la position des hommes qui font ici, en ce moment,
et la pluie et le beau temps. Quand le gouvernement s'en
apercevra, nous le craignons, le mal sera tel, qu'il faudra
cinquante ans et plus pour le réparer,

En attendant, complétons l'étude qui avait été faite pour le département de la Loire et qui se serait si bien appliquée à une grande partie de la France. Après avoir repoussé l'envoi des étalons de selle ou de demi-sang léger, l'auteur cherchait, dans les circonstances locales, à déterminer ce qu'elles commandaient de faire au point de vue chevalin, et il s'exprimait ainsi :

« Le sol du département de la Loire et de tous ceux qui l'environnent est fort inégal : Lyon, St.-Etienne, Rive-de-Gier, Clermont-Ferrand, le Puy sont les principaux centres de mouvement aux besoins desquels il faut pourvoir ; un roulage immense sillonne les routes montueuses du Lyonnais, du Forez, de l'Auvergne, du Dauphiné, de la Franche-Comté ; la circulation des voyageurs correspond à celle des marchandises, et nous sommes encore loin du temps où les diligences cesseront d'être pesantes. Dans de pareilles circonstances, les bons chevaux de trait doivent être chers et recherchés ; c'est en effet ce qui a lieu.

« Il suffit de considérer la topographie et les besoins du pays pour comprendre que les chevaux massifs du pays de Caux et du Boulonnais, si précieux dans les plaines du Nord, réussiraient beaucoup moins bien dans nos montagnes ; il nous faut des chevaux de trait de taille moyenne, agissant par leur force musculaire plus encore que par leur masse, râblés, fortement membrés, ayant à la fois du train et de la résistance ; les conditions que l'artillerie exige dans un excellent cheval sont précisément celles qui le constitueront tel à nos yeux, et le cheval qui les réunira sera encore un bon cheval de selle à Saint-Etienne : en effet, ceux que le commerce de cette ville consomme en très-grand nombre sont destinés à parcourir les montagnes environnantes, chargés d'un cavalier et d'un énorme portemanteau plein, au départ, de soie, et, au retour, de rubans. Ainsi les étalons qui conviendraient au département devraient se choisir parmi les meilleurs *diligenciers* de moyenne taille, lestes et trapus et dont le type le plus élevé se trouverait peut-être en Bretagne.

« Si le pays en était fourni, le cultivateur serait sûr de vendre 6 à 800 fr. au moins le cheval de cinq ans provenu des étalons du gouvernement, et un encouragement aussi efficace produirait toutes ses conséquences naturelles.

« La division du travail est établie dans l'éducation des chevaux ; les juments poulinières sont très-répandues dans la plaine. Dans le pays des coteaux environnants, les cultivateurs préfèrent acheter des poulains qu'ils revendent chevaux ; il serait impossible de les décider à acheter des poulains de selle. En présence d'étalons de diligence, les fermes de la plaine se recruteraient promptement en fortes juments suisses ou comtoises ; les produits de ces appareillements seraient extrêmement recherchés. Il n'y a ni prix ni emploi pour les chevaux fins.

« Il y a plus : si la production de ceux-ci était l'unique but du gouvernement, l'impulsion directe qu'on cherche à donner aujourd'hui serait le plus mauvais moyen de l'atteindre ; et, pour y parvenir, il faudrait commencer par transformer notre race grossière et négligée en une race plus grande et plus forte. Des chevaux de prix ne sauraient se greffer, si l'on peut ainsi parler, sur la race actuelle ; il faut la grandir, la corriger, la renforcer de membres, et, quand ce premier degré sera franchi, il sera aisé d'en monter un autre. Cette marche progressive ne serait pas seulement la plus sûre, elle serait aussi la plus rapide, et préparerait aux améliorations à venir la base large et féconde, sans laquelle il est impossible de rien édifier. On peut ajouter que, dans l'état où sont, en France, les routes, les voitures, les habitudes des cochers, postillons, palefreniers et voituriers, une race essentiellement nerveuse et légère, telle qu'est la race anglaise, par exemple, ne serait nullement appropriée à nos besoins, et bien des années s'écouleront avant qu'il en soit autrement. »

Voilà ce que disait la pratique éclairée et ce que conseillaient les saines idées. L'esprit de système a été plus fort, il l'a emporté. Il en est résulté que les étalons de l'État, repoussés par l'agriculture, ont été retirés du département de la Loire, où ils séjournaient sans aucune utilité; l'ancien Forez, fort bien placé, d'ailleurs, pour produire et élever de bons chevaux, a, dès lors, renoncé à cette importante spéculation. Il s'est fait consommateur et, malheureusement, consommateur de chevaux suisses. Il a ainsi offert, à son propre détriment, un nouveau débouché à l'industrie rivale. Le chiffre des importations de chevaux étrangers s'est accru, mais ce fait n'a jamais pu toucher ni les faiseurs ni les sportsmen français. Seule, l'administration des haras en a souffert et en souffrira parce qu'il a été, parce qu'il sera toujours à l'encontre de la mission qui semble lui être dévolue. Quand donc aura-t-elle enfin voix au chapitre? Pourra-t-elle jamais chasser les marchands du temple? Nous le souhaitons bien plus que nous ne l'espérons dans l'intérêt de la France.

Tout ce qui précède est fort applicable au Lyonnais. Sous le rapport chevalin, cette petite contrée et le Forez peuvent aisément être confondus. L'un et l'autre travaillaient, avant 1789, pour la satisfaction des besoins généraux et vendaient, a dit M. Huzard père, pour 4 à 500 fr., des chevaux de cavalerie d'une race — sensiblement améliorée. Il n'y a rien de semblable aujourd'hui ni dans le Rhône ni dans la Loire. Nous avons rejeté sur qui de droit la responsabilité de l'infériorité actuelle.

Voyons maintenant les autres parties de la circonscription.

Et d'abord, le département de l'Isère, formé du Dauphiné. « Cette province, écrit encore Huzard père, avait autrefois une grande quantité de juments poulinières et donnait de bons chevaux pour la cavalerie légère. Le roi de Sardaigne y faisait faire des remontes; quelques autres États d'Italie en tiraient aussi des chevaux. »

Cette situation concorde avec les ressources qu'entretenait sur ce point l'ancienne administration des haras. Avec cette dernière a disparu la prospérité chevaline de la contrée. L'industrie privée n'a rien mis à la place. Le conseil général s'est imposé des sacrifices, il a tenté de suppléer à l'absence des haras de l'État. Il a poussé au remplacement du cheval léger par le cheval de gros trait. Si l'œuvre avait été poursuivie avec une meilleure entente et des connaissances plus spéciales, il en serait sorti une plus grande utilité. Mais tel est le bénéfice d'une idée appliquée avec suite, qu'elle vaut mieux qu'une complète abstention. L'Isère s'est donc enrichi, par des importations successives et le fait même de la reproduction opérée entre celles-ci, d'une population nouvelle toute différente de celle qu'il a possédée jadis. Inutile d'ajouter sans doute que la nouvelle appartient à l'espèce de gros trait. C'est ainsi qu'on a laissé envahir par le gros cheval une province qui donnait autrefois d'excellents chevaux de cavalerie légère ; c'est là tout ce que peuvent et seulement ce que parviennent à faire les efforts simultanés des conseils généraux et des particuliers. La direction des haras aurait pu conduire à mieux; elle aurait peuplé l'ancien Dauphiné d'une espèce moyenne dont les produits seraient arrivés aux conditions qui font le bon cheval de ligne, le moteur usuel par excellence de ce temps-ci.

Le département de l'Ain nous reporte dans la Bresse et la Dombes. Ces deux contrées produisaient, dans les temps antérieurs, dit la tradition, des chevaux de selle qui n'étaient pas sans mérite, car ils tenaient une bonne place parmi les races légères de l'époque. C'est toujours la même histoire ; un vague souvenir et rien de positif. Nous avons donné au tome II de la première partie de cet ouvrage, page 130, le seul témoignage qui, à notre connaissance, dépose en faveur du passé. Il paraît, néanmoins, que la Dombes et la Bresse ont offert autrefois quelques ressources à la remonte de la cavalerie. Il y a de cela bien longtemps sans doute, car la population actuelle est loin du genre du cheval d'armes. La situation chevaline du département de l'Ain présente beaucoup d'analogie avec celle de l'Isère. On a tenté, en l'absence des haras, de faire une race en rapport avec les besoins du moment. Les éléments en ont été demandés à l'espèce de gros trait, et l'on a mêlé entre elles, en pays étranger, les variétés de chevaux suisses, percherons et cotentins. Les résultats ont été plus ou moins manqués; on a obtenu des individus très-dissemblables et ne rappelant en rien leur origine : ce n'est point ainsi qu'on crée les races. La chose est tout à la fois moins simple et moins aisée. Des affections inconnues jusque-là, et notamment la fluxion périodique, se sont montrées sur les produits sortis de cet étrange amalgame. La jument indigène n'a pas donné meilleur que la poulinière importée. Quoi qu'il en soit, et malgré l'emploi d'animaux de grande taille et de forte corpulence, la population actuelle, prise en masse, arrive à peine à la taille moyenne, et elle n'a aucune régularité dans les formes. Chez le cheval bressan, la tête, plus ou moins lourde, n'a pas d'extension et se montre surtout mal coiffée; l'encolure est grêle; l'épaule est courte et peu musclée; le poitrail est étroit, mal accusé; la poitrine manque de profondeur; le ventre est gros comme dans toutes les races qui ont peu de vitalité; le rein est mou, la croupe est serrée; les membres sont étroits et minces, les extrémités communes et chargées de longs poils; la robe dominante est le bai.— Il y a fort à faire pour arriver à une bonne souche.

Dans Saône-et-Loire et dans une partie de la Nièvre, nous nous trouvons en présence de deux vieilles existences. Le cheval du Morvan et le cheval charolais ont eu l'un et l'autre de la réputation; c'étaient des variétés de l'espèce de selle : on les fait descendre toutes deux du cheval arabe, cela va de soi. Elles étaient reproduites avec plus de soins et d'art qu'on n'en apporte généralement aujourd'hui; mais elles vivaient en toute liberté et se développaient à l'état demi-sauvage. Les produits n'en étaient mis en service qu'à l'âge de sept et huit ans. Ils ne prenaient aucune part aux travaux de l'agriculture ; c'étaient des aristos. La révolution de 1789 ne s'est pas contentée d'enlever à ces races les éléments d'amélioration qui les maintenaient à leur hauteur respective, elle les a épuisées comme tant d'autres. Les réquisitions ont passé par là. Les troupes légères et la gendarmerie, dit Huzard père, ont trouvé en elles des ressources fort appréciées. Cependant, ajoute-t-il, ces chevaux étaient plus recommandables par les qualités que par la beauté ; ils étaient de taille moyenne, mais étoffées, robustes, résistants et peu difficiles sur la nourriture. Dans les dernières années de l'ancienne monarchie, le despotisme des gardes-étalon avait déjà beaucoup nui à la distinction de leurs formes ; les guerres de la révolution et de l'empire ont consommé leur ruine. Ces races donnaient un cheval éminemment propre au transport du voyageur lourdement équipé, dans un pays très-accidenté et dépourvu de voies de communication, car il se tirait à merveille d'un bourbier, et cheminait ainsi dans l'eau et la boue pendant des jours entiers. Il était certainement l'expression des besoins du temps ; il avait bon pied, bon œil : ces deux mots résumaient les qualités essentielles du cheval le plus utile à l'époque qui a précédé la dernière, celle d'où nous sortons à peine et qui exigeait des aptitudes toutes différentes.

Nous avons encore vu les rejetons affaiblis du cheval morvandiau et de la variété charolaise ; c'étaient de vénérables bêtes, précieuses en cela qu'elles nous ont permis de reconnaître la stérilité des regrets qui pourraient s'attacher à la disparition de la race, laquelle n'a plus sa raison d'être aujourd'hui. Il s'agit bien, en effet, d'escalader des côtes à pic ou de se tirer d'une fondrière. Le pays n'est-il pas, maintenant, percé, ouvert dans tous les sens, sillonné de bonnes routes qui ont aplani et tourné tous les obstacles ? Le cheval de l'époque doit donner en vitesse la somme d'efforts qu'il aurait dépensés à se dégager d'un terrain mou, gras, pro-

fond, ou bien à gravir des montagnes boisées et rudes. Telle
était la destination en vue de laquelle il y avait lieu de modifier les deux variétés de race qui ont marqué sur ce point.
L'insuffisance des ressources offertes par les haras n'a
permis que d'atteindre très-imparfaitement ce but. Une
partie de la population, en effet, la plus considérable par
le nombre, livrée aux seuls efforts des particuliers, a suivi
une autre tendance et s'est faite peuple, tandis que l'autre, se
transformant dans le sens des nouveaux besoins, restait aris-
tocratique, s'élevait sur l'échelle, et développait ses moyens
et son action.

C'est ici que l'étalon de pur sang et le cheval de demi-sang
bien choisis ont rendu des services incontestables ; ils ont
haussé la taille sans découdre les formes, donné de la distinction sans amincir, de la tournure, un air propret qu'on ne
connaissait plus chez les produits de la localité ; les lignes
se sont allongées sans perte aucune pour l'ensemble, qui ne
cesse pas de représenter un cheval étoffé et fort ; il y a enfin
des aptitudes plus conformes aux exigences du jour. La tête
est belle, fine et expressive ; l'encolure ne manque pas d'une
certaine grâce ; la ligne du dessus est bien soutenue ; la
croupe a suffisamment de largeur et donne de la puissance
au train de derrière ; la poitrine est convenablement développée ; les membres antérieurs sont assez fournis ; le pied
est bon et sûr ; les allures se développent vives et rapides.
Ce qui est le plus à désirer maintenant, c'est une éducation
rationnelle qui familiarise de bonne heure les produits avec
la nature de travail qu'ils devront accomplir. Le dressage,
malheureusement, est tout à fait ignoré dans la contrée.

Les étalons d'espèce commune, introduits dans la race
morvandelle et la race charolaise, y ont apporté le désordre
et la confusion. Ils avaient pour eux l'avantage du nombre
et le goût des cultivateurs, deux obstacles immenses au développement des améliorations qu'auraient apportées des reproducteurs mieux doués et bien nés. Ceux-ci donc n'ont été

qu'une faible barrière impuissante à empêcher le mal. On peut regretter que les haras se soient trouvés, sur ce point, réduits à une semblable infériorité, et que les avantages du sang n'aient pu être étendus au grand nombre. S'il en avait été ainsi, la nouvelle population chevaline du Morvan et du Charolais, beaucoup mieux appropriée que l'ancienne aux services de l'époque, aurait fait complétement oublier le passé, vers lequel on revient, parfois encore, avec l'expression du regret. Les chasseurs sont nombreux dans cette partie de la circonscription ; presque tous ils se remontent dans la localité ; ils recherchent les fils des étalons de pur sang, et en apprécient haut la solidité, la franchise et le fonds. La cavalerie légère ne connaît plus ni les chevaux morvandiaux ni les chevaux charolais : elle se recrute ailleurs, et trouve au delà de ses besoins ; mais, le jour où il serait nécessaire de demander à ces contrées leurs produits, l'armée les estimerait à leur prix, et en ferait grand cas. Peut-être alors on sentirait mieux la nécessité d'agir plus largement sur une population trop abandonnée à l'espèce commune.

Voyons donc quelle a été l'action de cette dernière sur la majorité de l'espèce indigène. A côté de l'exception, nous poserons la règle ; car c'est de l'exception que nous venons de parler. L'étude est intéressante à plus d'un titre ; elle a été fort bien faite par un observateur consciencieux, à qui nous emprunterons une partie de son travail.

« Les cultivateurs du Nivernais, dit M. O. Delafond, se livraient, autrefois, à l'élevage de chevaux légers, rustiques et excellents, connus sous le nom de chevaux du Morvan. Les très-nombreuses remontes faites dans la localité pendant les guerres de la république, du consulat et de l'empire, la rénovation qui s'est opérée depuis ces époques dans l'agriculture, le percement de nouvelles routes, l'ouverture du canal du Nivernais, l'exploitation des futaies, la clôture des prairies, enfin, et surtout, l'utilisation des pâturages à l'élève et à l'engraissement du gros bétail, tels sont les motifs qui ont fait abandonner le cheval léger ou bidet du Morvan pour y substituer le cheval de gros trait, dont la vente devenait plus facile et surtout plus lucrative. Tant il est vrai que la production des animaux est toujours en rapport avec la nature des débouchés ouverts par la consommation. »

M. Delafond constate alors que la nature des besoins à satisfaire provoqua l'introduction et la multiplication de la race franc-comtoise dans le Nivernais. On trouva, dit-il, qu'elle était excellente pour les travaux des champs et les charrois divers. Nous voilà loin du cheval propre à la cavalerie légère ; mais, la recherche de celui-ci étant devenue très-rare, le placement en était difficile, tandis qu'on vendait entre 350 et 400 fr. les poulains de gros trait de race franc-comtoise à l'âge de quinze et dix-huit mois.

« Dès ce moment, continue M. Delafond, la production et l'élève du bidet du Morvan se ralentit, diminua annuellement, et bientôt finit par disparaître.....

« L'industrie de la production et du premier élevage du cheval de gros trait se soutint avec avantage pendant vingt-cinq ans. Mais, à dater de l'époque où, par toute la France, le bon entretien des routes nationales et l'ouverture d'un très-grand nombre de routes départementales provoquèrent une accélération marquée dans le service des postes, les voitures publiques et le roulage accéléré suivirent forcément l'impulsion, et employèrent le cheval de trait léger. Ce fut au tour du cheval de gros trait à perdre. Sa production fut modifiée, transformée. Les grosses juments à croupe courte, double et avalée, si prisées jusque-là, durent être allégées, dans leurs produits, par l'influence répétée du croisement au moyen d'étalons moins lourds et plus allants. On pensa au cheval percheron, bien autrement rapide et résistant que le cheval franc-comtois, et on l'employa avec avantage.

« Les descendants métis des étalons de cette race ayant été vendus facilement et à beau prix, les premières tentatives de croisement furent promptement généralisées, et le croisé percheron devint la source d'une production nouvelle et profitable dans la Nièvre.

« Les parties du département où la culture est plus facile élèvent en grand le métis issu du percheron ; elles le prennent à celles qui le font naître, dès l'âge de six mois, au prix de 200 à 350 fr., le gardent un an dans les riches prairies dites *prés d'embouche*, et les revendent ensuite, de 380 à 500 fr., à des cultivateurs, qui les utilisent encore pendant quatre à six mois, après quoi ils passent, dans la vallée de la Seine, pour des prix qui flottent entre 500 et 800 fr.

« A trois ans donc, le poulain plus ou moins percheron a successivement passé par les mains de trois cultivateurs, qui, tous, l'ont vendu à bénéfice. Il suffit d'énoncer ces faits pour faire comprendre quel intérêt trouva l'éleveur du Nivernais à spéculer sur l'éducation de cette espèce de chevaux. Rien d'étonnant alors qu'elle se soit répandue dans toute la contrée, et qu'on livre avec empressement à l'étalon percheron la jument de trait la plus légère et la plus résistante à l'allure du trot.

« On ne saurait trop encourager les éleveurs à persister, encore pendant quelques années, dans ce mode de croisement, commandé par les exigences du temps. L'habitude prise d'aller en voiture légère, l'inutilité du cheval de gros trait qui va se faire sentir de plus en plus, à cause du transport des marchandises sur les chemins de fer, le besoin impérieux, pour le gouvernement, de remonter sa cavalerie et son artillerie en France, enfin l'utilité bien reconnue aujourd'hui d'employer les chevaux aux travaux de culture, afin de pouvoir soumettre le bœuf à l'engrais dès l'âge de trois, quatre et cinq ans au plus, sont de puissantes raisons qui doivent engager les cultivateurs à persister dans l'élève du percheron, cheval de trait léger, et à l'étendre sur la plus grande échelle possible. Les communications nombreuses et faciles de la Nièvre avec les principales villes de France en assurent le prompt écoulement. »

Ces observations datent seulement de 1848, et déjà elles ont vieilli. A notre époque, les faits, — comme les morts, — vont vite. Le croisement avec le cheval percheron n'est plus de saison, et le cultivateur n'a plus intérêt à suivre le conseil donné par M. Delafond. Et, d'ailleurs, ce cheval lui-même s'en va, et se transforme sous l'influence des causes qui ont fait abandonner, dans la Nièvre, le cheval franc-comtois. Le Perche, lui aussi, avait grossi et alourdi sa race; maintenant il revient forcément sur ses pas; il modifie la structure ronde et courte de son cheval pour en accroître l'aptitude, l'utilité et la valeur, trois choses qui se tiennent dans une étroite dépendance. On est donc à l'œuvre pour allonger les lignes chez le cheval percheron, pour ouvrir et étendre le compas, donner plus de vitalité, augmenter la dose d'innervation afin d'obtenir des allures plus longues, plus rapides et plus soutenues, plus de légèreté et de résistance sous le même volume et le même poids, plus de distinction aussi, autant de *gros* et moins de *commun*, plus de véritable énergie enfin. Quand cette transformation sera complète, le cheval percheron redeviendra cheval de croisement utile pour produire des mères capables, et des chevaux de service résistants, forts et suffisamment rapides.

L'histoire des transformations successives auxquelles la nécessité a soumis la population chevaline de la Nièvre n'est que le côté économique de la question. C'est le seul point de vue qu'ait envisagé M. Delafond dans ses études locales. Il en est un autre qu'il ne faut pas négliger, et celui-ci est du domaine de la science, c'est de faire prendre les devants aux races mères, pour ainsi dire, à celles dont les produits les mieux réussis doivent agir sur les populations mêlées. Ces dernières ont pour rôle plus spécial de fournir en suffisance les divers moteurs que réclament les diverses exigences de la société. Ce serait folie que de songer à rétablir les vieilles races, que de tenter d'en créer de nouvelles dans la circonscription où nous sommes. Il y a mieux à faire, et l'on arrivera au mieux en dirigeant la reproduction vers la satisfaction des besoins de l'époque, sans souci de race : obtenir des individus capables, tel est le but ; employer avec intelligence, à cette fin, les éléments que les circonstances et les ressources du pays mettent sous la main , tel est le moyen. En deçà et au delà, il n'y a rien de pratique, rien de profitable, par conséquent.

Le département de l'Allier se présente à nous maintenant : c'est l'ancien Bourbonnais. Quel rang cette contrée a-t-elle occupé autrefois sur la carte hippique du pays? Nul ne le sait sans doute, car nulle part on ne voit trace d'existences chevalines recommandables. Cependant Huzard père mentionne le Bourbonnais, à côté du Nivernais, comme ayant élevé jadis de bons chevaux de trait pour les différents services de l'armée. Il faut que les choses aient bien changé. L'Allier a très-certainement été, s'il n'est plus, l'un des départements de France les plus pauvres au point de vue chevalin. Nous pouvons ajouter, en faveur du passé, que l'ancienne administration entretenait, en 1789, dans le Bourbonnais, 46 étalons, parmi lesquels 14 avaient été confiés par elle à des gardes ; les 32 autres n'étaient qu'approuvés. Ce fait dépose assurément contre le présent, et nous devons croire que la population chevaline des temps antérieurs était de beaucoup supérieure à celle que nous connaissons. Cette dernière mérite peu qu'on s'y arrête, encore bien qu'elle soit en voie d'amélioration ; mais il n'y a pas de race à former non plus sur ce point. La tâche à s'imposer consiste à élever, par une nourriture plus abondante, de meilleurs soins et des étalons capables plus nombreux, la population actuelle de quelques degrés sur l'échelle hippique. Il y a ici beaucoup à faire pour réaliser un progrès appréciable ; raison de plus pour se mettre en marche. Il n'y a point à désespérer du succès ; mille forces y poussent ; aidons seulement à sortir le char du bourbier dans lequel l'abandon le tient enrayé depuis si longtemps.

XVII.

Circonscription du haras du Pin et du dépôt d'étalons de Saint-Lô. — Recherches sur l'époque de l'apogée des anciennes races normandes. — Études sur l'importance numérique de la population chevaline dans le passé et de nos jours, eu égard aux ressources offertes par l'état à l'amélioration des races.—En Normandie, l'avenir de la famille, contrairement aux règles de la nature, est bien plutôt mis sous la dépendance du mâle que de la femelle. — Insuffisance des étalons de l'État. — Des inconvénients attachés à l'emploi des mauvais reproducteurs. — Le système des étalons approuvés manque ici complétement le but.—Les anciennes races du Merlerault, —du Cotentin, — de la Hague. — Le bidet d'allure. — Nature et races des étalons fournis à la Normandie antérieurement à 1789. — Effets des croisements divers sur l'homogénéité de la race. — Situation pendant la période révolutionnaire et à la chute de l'empire. — Composition de l'effectif du haras du Pin et du dépôt de Saint-Lô à partir de 1806. — Résultats obtenus. — Justice rendue aux étalons de sang anglais. — Conditions de l'indigénat en Normandie. — Pourquoi les chevaux du Nord n'étaient point aptes à maintenir hautes en valeur les anciennes races normandes. — Système d'amélioration par le sang.— Les prétendus étalons normands.—Tableau de la population chevaline et situation du commerce des chevaux vers 1833. —Nouvelle composition de l'effectif des étalons au haras du Pin et au dépôt de Saint-Lô.—Le but qu'on s'est proposé, c'est la production de l'étalon de demi-sang. — De la part prise à cette œuvre par le cheval pur et par l'étalon non tracé. — Les deux influences héréditaires. — Des qualités nécessaires chez l'étalon de pur sang et son dérivé, le reproducteur de demi-sang. — Opinion de M. le vicomte d'Aure sur l'emploi simultané des deux ordres de reproducteurs à l'amélioration des races. — Le cheval de pur sang et le cheval de demi-sang dans le Merlerault et dans la vallée d'Auge. — Une digression à propos du Hanovre. — État actuel. — Famille anglo-normande.—Nécessité de grossir les mères. — État civil de la nouvelle race.

Nous réunissons dans le même article l'étude que nous allons faire de la population chevaline dans les circonscriptions actuelles de l'ancien haras du Pin et du dépôt d'éta-

lons de Saint-Lô. Il y a nécessité de procéder ainsi, afin d'é-
viter la confusion et les redites. Nous éprouverons de réelles
difficultés à sortir des terres dans lesquelles nous voilà engagé. Après lecture de tout ce qui a été écrit sur la Normandie chevaline, nous sommes fort embarrassé de fixer
nos idées sur ce qui a été. Cette question des anciennes races
équestres de la France est un problème dont la solution est
presque aussi aisée que celui de la quadrature du cercle.
Nous défions l'hippologue le plus érudit de faire les preuves
du passé. Pourtant la tradition n'hésite pas ; c'est la renommée aux cent bouches, et rien n'est beau, rien n'a été
précieux comme ce qu'elle répète à tout venant. En vain
nous avons cherché le point de départ, si, avant qu'on fouille
dans les temps antérieurs, on ne parvient point au fait, qui
échappe, qui fuit toujours. Aucune date n'est indiquée sans
être aussitôt effacée par une autre qui la dément ; aucune
description ne donne les traits des races qu'on vante le plus.
Tout ce qu'on trouve, c'est un nom ; puis des regrets, des
souvenirs qui font de ce nom une richesse perdue et une
gloire qui se renouvelle sans cesse sous la plume des écrivains. Un autre, avant nous, a déjà constaté cette impossibilité de saisir l'époque de la prospérité hippique de la Normandie. Jetant un coup de sonde hardi dans les temps anciens, M. Person apostrophait en ces termes les éleveurs normands en 1840 : « Vous dites, nos chevaux, autrefois, étaient
en grand renom ; on venait, de toutes parts, nous les acheter. Aujourd'hui personne n'en veut plus ; cela vient de ce
qu'ils sont dégénérés, et ils sont dégénérés parce que l'administration nous fournit de mauvais producteurs. Qu'elle
nous rende nos étalons normands, et nous rétablirons notre
race dans sa pureté primitive. Pourriez-vous nous dire où ils
sont les étalons normands qui doivent opérer cette cure mi-
raculeuse ? Quant à nous, nous n'en connaissons pas d'autres que les fils de ces mauvais pères que vous fournit l'administration. Voudriez-vous, en même temps, nous dire ce

que vous entendez par les mots *race normande?* car nous avouerons notre ignorance à cet égard. Qu'il y ait une province qui porte le nom de Normandie, que cette province possède d'abondants pâturages, un sol fertile, des fourrages succulents, un climat tempéré, toutes conditions favorables au développement des formes et des qualités que réclament de l'espèce du cheval nos habitudes et nos besoins : voilà ce que nous savons. Que le cheval, à l'état de domesticité, y ait été importé par nos aïeux; qu'au moyen de soins assidus et intelligents, secondés par l'influence du sol et du climat, ils l'aient amené à un degré quelconque de perfection : voilà ce que nous comprenons. Mais qu'il y ait eu, qu'il y ait une race normande, produit spontané du pays, qui se trouve là et non ailleurs; que cette race soit capable de se suffire, bien plus de se régénérer elle-même : c'est ce que nous ne pouvons accorder. »

Mais cette opinion tranche la question scientifique seule; elle n'atteint pas, elle confirmerait plutôt le fait d'une existence élevée sur l'échelle hippique, car elle admet, jusqu'à un certain point, que la population chevaline a été, autrefois, plus ou moins perfectionnée en Normandie.

Cherchons donc ailleurs.

Pichard, un homme de cheval qui a marqué, écrivait en 1812 : « Il fut un temps où la race normande, bonne encore, pouvant se suffire à elle-même, n'avait besoin que de se conserver pure par l'accouplement des mâles les plus distingués avec les femelles de même sorte; mais aujourd'hui elle est complétement détériorée autant par des appareillements disparates que par des tares héréditaires qu'on a laissées se propager, au point que nous ne connaissons pas, en Normandie, dix mâles en état de soutenir la race. A quoi pourraient nous servir des étalons d'espèce abâtardie et décomposée....... »

Ceci est net. Les Normands de 1840 regrettaient la situation antérieure. Ce n'était pas, selon toute apparence, celle de 1812 ; ce n'était pas davantage celle de 1787, car Pichard a tout simplement répété, et presque dans les mêmes termes, ce qu'avait dit alors le chevalier de Civrac. Cependant, au dire de Pichard encore, lequel était si bien placé pour bien voir et bien observer, « les étalons manquaient bien moins que les bonnes juments, puisque sans elles les meilleurs étalons ne peuvent donner que des produits médiocres ou tarés. Or le fameux *Éclipse* d'Angleterre viendrait en Normandie, qu'il n'y aurait pas dix juments à mettre en rapport avec lui. »

Voilà, certes, une excessive pauvreté. Elle était, néanmoins, de date récente, car le même écrivain constatait en même temps le mérite des générations qui avaient précédé : « le degré de perfection qui les distinguait encore trente ou quarante ans auparavant. » Ceci nous fait remonter à 1782 et 1772.

Nous venons d'accuser, avec le chevalier de Civrac, la situation de 1787.

En 1768, Bourgelat publiait son *Traité de la conformation extérieure du cheval* ; écoutons-le : « Si les haras n'étaient pas, parmi nous, au point de dépérissement où ils sont, nous parlerions de l'avantage que nous pourrions retirer pour la multiplication, et même pour la perfection de l'espèce en chevaux de selle, des étalons limousins, des étalons normands et d'une infinité d'autres.....; mais tous nos établissements sont, en quelque sorte, détruits, et les races françaises sont absolument éteintes. Le cheval limousin n'existe plus, pour ainsi dire..... Le normand, plus étoffé et ayant originairement plus de dessous, s'est abâtardi ; la beauté de ses membres semble avoir totalement disparu, et cette race, bien plutôt capable de service que le limousin....., s'est aujourd'hui absolument démentie. On ne tire plus de cette partie de la France, en chevaux de distinction, que des fruits informes d'un accouplement prématuré et peu réfléchi, c'est à-dire que des résultats de poulains de deux ans et de juments vieilles ou jeunes, qui leur sont appareillées indistinctement et sans choix. Enfin, de chevaux d'attelage, cependant, il nous reste encore quelques germes précieux dans la race cotentine. »

Si telles étaient les races normandes du Merlerault et du Cotentin en 1768, il est impossible qu'elles répondissent, en 1772, au caractère de perfection que leur attribuait la renommée sous la plume de Pichard.

Cependant le tableau tracé par Bourgelat est tout en faveur d'une supériorité incontestée; seulement il en recule l'époque.

Un mémoire déposé en juillet 1756 dans le *Journal d'agriculture d'Alençon*, et délibéré en commun par les membres de la Société d'agriculture de la même ville, détermine sous ce titre, — *Causes du dépérissement des chevaux normands*, une situation qui semblait peu enviable, appelait un remède prompt et efficace, et laissait supposer que, dans le passé, la population avait été beaucoup mieux douée.

Il serait inutile de remonter plus haut, nous retomberions dans les faits généraux que nous avons déjà établis au tome 1er de la 1re partie de cet ouvrage. Revenons donc sur nos pas et voyons quelles ressources étaient offertes par l'État à l'industrie privée en 1789, peu avant la suppression des haras et à partir des vingt dernières années qui peuvent être considérées comme formant le présent.

L'ancienne administration entretenait ou primait en Normandie 282 étalons. Dans ce nombre, 130 appartenaient à l'État, 152 étaient la propriété des gardes. 7,500 juments environ leur étaient annexées. Combien alors étaient en dehors du service officiel? Nul ne saurait le dire. Nous n'osons hasarder aucun chiffre, car une assertion émise par un hippologue sérieux jette sur ce point une certaine obscurité. Dans un mémoire écrit en 1849, M. Person avance en toutes lettres cette énormité : « La Normandie, aujourd'hui même, produit à peine le quart de ce qu'elle produisait il y a quarante ans. » Le recensement de 1850 a compté dans les quatre départements de l'Orne, du Calvados, de la Manche et de l'Eure, qui forment les deux circonscriptions du Pin et de Saint-Lô, 293,872 têtes de chevaux. Si M. Person était dans le vrai, s'il fallait quadrupler ce nombre, les quatre départements cités, les seuls dont il ait voulu parler, bien certainement, auraient nourri, en 1809, une population chevaline de 1,175.000 têtes et plus. Il y a là une formidable erreur. En 1789, la statistique constatait, dans nos 86 départements, 2,048,000 existences ; et, en 1812, la France de l'empire ne comptait encore que 2,285,312 chevaux. L'exagération commise par l'hippologue normand est grosse comme une maison ; eh bien ! personne ne l'a relevée ; le mémoire de M. Person a été couronné par une société scientifique qui l'a sanctionnée, et la voilà en mesure de faire son chemin sans que rien l'arrête. Une bonne vérité mise à la place, d'où qu'elle vienne, n'aura pas les mêmes facilités ; elle mourra étouffée sous les mauvais germes qui poussent et croissent à l'abri de certains noms.

Que, si nous cherchons à nous expliquer comment un homme aussi compétent a pu se laisser aller à une pareille exagération, nous ne savons où en trouver le motif, le point d'appui. Loin de s'affaiblir par le nombre, en effet, la population chevaline de la Normandie s'est considérablement accrue de 1825 à 1850. Trois recensements ont été faits durant cette période de vingt-cinq ans ; or celui qui a suivi a toujours marqué un progrès sur le précédent. Voici les chiffres pour chacun des quatre départements qui nous occcupent :

DÉPARTEMENTS.	RECENSEMENT.		
	De 1825.	De 1840.	De 1850.
Orne................	52,614	52,425	64,140
Calvados............	52,854	60,172	81,866
Manche.............	85,578	91,811	98,756
Eure................	44,863	51,151	49,110
TOTAUX........	235,909	255,559	293,872

L'augmentation est de plus de 20 pour 100 entre les nombres accusés par la statistique comparée de 1850 à 1825. Comment ce fait a-t-il échappé à M. Person?

Mais voici un autre résultat; celui-ci touche de plus près à la production dont a particulièrement voulu parler M. Person. Les termes de comparaison nous manquent pour 1825. A cette époque, les tableaux n'ont pas offert les mêmes divisions que lors des recensements ultérieurs. En 1840 donc, la catégorie des produits de trois ans et au-dessous ne porte que 31,780 têtes de poulains et pouliches, tandis qu'elle s'élève à 73,679 pour 1850. Nous ne donnons pas les chiffres de 1840 pour aussi rigoureux que les derniers, par la raison qu'ils ont été relevés par les maires, gardes champêtres ou tous autres agents plus ou moins étrangers à la spécialité hippique. Le dénombrement de 1850, au contraire, a été exécuté par les soins de l'administration des haras et confié à des hommes spéciaux. On peut, dès lors, avoir confiance dans les résultats qu'il accuse. Quoi qu'il en soit, néanmoins, il y a assez de marge entre les deux chiffres pour qu'on ne puisse pas supposer que la production a perdu de son activité ou de son importance. Elle a pour base plus de 110,000 juments de quatre ans et au-dessus. Toutes ne sont pas poulinières, assurément ; mais, dans un nombre de femelles aussi considérable, celui des bonnes matrices ne saurait faire défaut. Tout au moins, sommes-nous loin de l'extrême pauvreté dénoncée en 1812 par Pichard. Si difficile ou si exigeant qu'on veuille être, il y a bonne foi à reconnaître, dès qu'on descend sur le terrain de la pratique, que les mères capables sont nombreuses, et que ce qui leur manquerait aujourd'hui, peut-être, au rebours de ce qui était en 1812, c'est le nombre des étalons de choix, de beaucoup inférieur à celui des besoins.

Voyons quel il a été.

En réorganisant les haras en 1806, l'empereur avait donné un haras et deux dépôts d'étalons aux cinq départements découpés dans l'ancienne Normandie. L'effectif, en étalons, de ces trois établissements devait être porté à 200 têtes. C'était déjà un tiers de moins qu'en 1789. Les suppressions opérées en 1833 ont emporté le dépôt du Bec, situé près de Bernay, dans l'Eure. A partir de ce moment, la Seine-Inférieure a été détachée de la province ; les quatre autres départements sont restés sous la sphère d'action du haras du Pin et du dépôt de Saint-Lô.

Nous ne saurions dire quelle a été l'importance de leurs effectifs réunis jusqu'en 1850 ; mais voici les moyennes quinquennales officiellement constatées de 1831 à 1850 :

	Étalons.	Juments saillies.	Moyenne par tête.
De 1831 à 1835,	132 ;	3,979 ;	30.
De 1836 à 1840,	117 ;	4,451 ;	38.
De 1841 à 1845,	142 ;	6,478 ;	46.
De 1846 à 1850,	183 ;	9,465 ;	52.

Ces chiffres ont certainement une haute signification ; ils témoignent d'un progrès constant en faveur de la production de la race normande, comme on disait autrefois, en faveur de l'augmentation du nombre des familles de chevaux destinées à alimenter les services du luxe et une partie des besoins de l'armée. L'effectif accordé à la province par le décret impérial n'est pas encore atteint. C'est grand dommage; car il n'y a rien à attendre des étalons qui restent aux mains des particuliers, quels que soient, d'ailleurs, les sacrifices que le gouvernement s'impose pour primer les meilleurs. Il faut savoir, en effet, comment les choses se passent dans cette partie de la France. Le loyer de la terre en est si cher, et le capital engagé dans la possession d'une poulinière est relativement si considérable, que le prix de revient du cheval ressort à un taux plus élevé que dans une autre contrée de la France et peut-être de l'étranger. Il en résulte qu'on ne fait naître et qu'on n'élève que pour vendre; ce besoin même est tellement impérieux, que des primes de 500 et de 400 fr., accordées à la conservation des poulinières d'élite, n'ont jamais empêché de livrer au commerce celles qui n'avaient point été fécondées. En cela, il y a un immense obstacle à l'amélioration systématique et raisonnée d'une race, à son épuration continue : la reproduction alors s'appuie presque exclusivement sur le mérite des mâles, lesquels prennent, par le fait, une prépondérance que la nature a voulu placer d'une manière plus complète chez la femelle. Quoi qu'il en soit, des habitudes que rien ne paraît devoir modifier, parce qu'elles sont un peu imposées par la nécessité, font disparaître de très-bonne heure les matrices les mieux douées. Celles-ci remettent donc sans cesse aux plus jeunes, aux dernières venues le rôle qu'elles devraient conserver elles-mêmes dans l'intérêt de l'amélioration de la famille. Les racines de la race, au lieu d'être larges et profondes dans les mères, se concentrent alors presque exclusivement dans l'influence trop restreinte de quelques étalons de tête. La création des races, déjà si lente et si difficile quand tous les éléments concou-

rent au but, exige beaucoup plus de temps et marche avec
bien moins de certitude quand les choses se passent de la
sorte. Toujours est-il que les étalons, et surtout ceux qui ont
de la valeur, sont constamment à vendre, sont toujours offerts. Et, d'ailleurs, la contrée est faite pour ce genre de
spéculation. Il y a bien longtemps déjà qu'on a appelé la
Normandie — le haras de la France; mais cette qualification
n'aura jamais été mieux justifiée que dans le présent. Par son
ancienneté et sa nature, sa construction, sa taille, sa tournure,
son tempérament, son caractère, ses aptitudes, la famille de
chevaux reproduite avec soin et avec suite en Normandie
est et restera la pépinière la plus féconde et la plus riche
des éléments de reproduction à fournir à la plus grande partie
de la France. De toutes nos races, en effet, celle qui existe
actuellement dans l'Orne, le Calvados et la Manche n'est pas
seulement l'une des plus élevées par le mérite et les qualités
sur l'échelle de la population, elle est surtout la mieux appropriée aux besoins de l'époque ou plutôt aux exigences de
la civilisation actuelle. C'est donc là qu'on vient et que l'on
viendra plus encore, dans l'avenir, chercher des reproducteurs mâles, les étalons de second ordre destinés à la production du cheval usuel dans beaucoup de contrées moins
heureusement situées ou moins favorisées.

Cela étant, on comprend qu'il ne reste, en Normandie,
que les étalons médiocres et ceux dont l'éleveur n'a pas
trouvé à se défaire. Employés, cependant, faute d'autres,
ces derniers nuisent au progrès et entravent la marche ascendante de l'amélioration produite par les étalons de l'État;
aussi n'y a-t-il pas grand bien à attendre ici des étalons privés, même des meilleurs, de ceux que les haras approuvent
et dotent d'une prime annuelle : leur concours est loin,
bien loin d'être efficace; l'expérience ne l'a que trop prouvé.
En effet, on ne cite pas, dans toute la Normandie, un seul
étalon particulier dont le nom soit resté comme un éloge
ou comme un regret. Par contre, combien n'ont laissé que

des traces fâcheuses de leur passage! C'est dans une contrée comme celle-ci, sur une population chevaline semblable, que les mauvaises influences sont particulièrement désastreuses, puisque le mal n'est pas limité, circonscrit à la race elle-même, mais étendu à plusieurs autres et reporté à la fois dans la plus grande partie du pays. Que de générations peuvent ainsi être infestées avant qu'on ne soit parvenu à arrêter l'action du poison! On a souvent crié au monopole exercé par les haras en fait de reproduction; plût à Dieu qu'on ait dit vrai et que l'administration ait pu agir seule ici, dominer la situation, être maîtresse absolue du terrain! Depuis longtemps nous serions au terme du voyage, et la population chevaline de la Normandie se montrerait puissante et forte tout à la fois par la distinction et les plus hautes qualités. Mais il n'en est point ainsi. A côté des étalons entretenus au Pin et à Saint-Lô, insuffisants par le nombre, il ne faut pas seulement souffrir les étalons nuisibles, il faut admettre encore ces reproducteurs indignes qui, sous le nom d'*étalons approuvés*, retardent l'avancement et le progrès sous la garantie du gouvernement. Il est pourtant, dans notre pays, des gens qui ne rêvent rien autre que le développement de l'industrie privée et font semblant de croire à l'âge d'or pour nos races à partir du moment où il n'y aura plus un seul étalon dans les établissements de l'État. De ces gens il y en a toujours eu, comme il y a toujours eu des préjugés, comme il y aura toujours de mauvaises passions et des plantes malfaisantes.

Pichard, en 1812, combattait déjà le système des étalons approuvés en Normandie. « Pourquoi, demandait-il, approuver des animaux qui ne restent aux mains des détenteurs que parce que personne n'en a voulu, ni les haras ni le commerce? C'est pensionner des étalons qui travailleront à perdre la race. Craint-on de les voir livrer à l'opérateur? Certes, ce serait le plus grand bonheur qui pourrait nous arriver..... Que les partisans de leur approbation se rassurent ; on ne les approuverait point, qu'ils ne seraient pas coupés. Comme ils se vendront mal, ils seront consacrés à la reproduction et détruiront le bien qu'auront pu faire les étalons de choix donnés par l'État à l'industrie. C'en est fait de la race normande, si pour la relever on ne trouve pas un autre moyen que celui-là. »

Ainsi parlait Pichard ; mais Pichard n'était qu'un plagiaire. Un autre hippologue avait déjà touché cette question délicate du bout de sa plume. « C'est un grand abus, avait dit Figaro, de laisser des chevaux non primés empoisonner la source de la production. — Est-ce pas, reprenait Bride-Oison, on ferait bien mieux de les primer pour cela ? »

Les approbations d'étalons, qu'on le sache bien, n'ont jamais rendu aucun service avouable dans les contrées où les races, appelées à régénérer en quelque sorte des populations moins avancées, exigent surtout des reproducteurs du plus grand mérite. Ceux-ci, les particuliers ne les gardent pas, ils ne les font même que parce qu'il y a là, tout près, une administration pour les acheter. Supprimez ce débouché, cet encouragement, cette excitation profitables à la race, les bonnes qualités de cette dernière disparaissent aussitôt, les types du perfectionnement ne se retrouvent plus nulle part. A la place, on aura de mauvais étalons avec prime, au lieu de les avoir gratis, comme le fait si judicieusement remarquer Bride-Oison. On retombe dans le système si commode de la reproduction d'une race par les pires produits de cette race, et l'on descend rapidement tous les degrés de l'échelle. Ce n'est pas en greffant une mauvaise espèce sur une autre que l'on obtient meilleur qu'elle. Nous fournirons nos preuves en temps et lieu.

Malgré cela et quoi qu'il en soit, l'administration prime tous les ans, dans les circonscriptions du haras du Pin et de Saint-Lô, 80 ou 100 étalons qui peuvent saillir 4,500 juments environ. C'est donc près de 14,000 poulinières sur lesquelles s'exerce annuellement, d'une manière plus ou

moins directe, l'action des haras publics dans les quatre départements normands.

La question chevaline n'est pas seulement importante par
ce côté en Normandie; elle l'est surtout par la nature même
de la population chevaline, le rang que celle-ci occupe et le
rôle que ses meilleurs produits sont destinés à remplir soit
dans la reproduction générale, soit dans la satisfaction des
besoins divers. Tout ce qui est science ou institution ressor-
tit à elle; aucun détail théorique ou pratique ne lui est
étranger; tout aboutit à ce centre, et rien ne lui échappe.
Il y a donc nécessité de se contenir quand on parle de cette
province au point de vue hippique, sous peine de reprendre
en sous-œuvre la science hippique tout entière.

Revenons donc sur nos pas, et cherchons à refaire le portrait des anciennes races, car il y en avait plusieurs.

La première qui s'offre à l'étude est celle du Merlerault;
elle appartenait au type du cheval de selle, et figurait parmi
les plus nobles de France. Sa réputation, à ce que l'on assure,
a été immense et méritée. Ce fait est consigné dans tous les
livres et dans toutes les brochures. Cela dit pourtant, il n'y
a plus rien ni sur son origine, ni sur ses caractères, ni sur
ses moyens de reproduction. Son histoire tout entière est
dans le fait seul, dans le fait isolé d'une renommée acquise.
C'est un renseignement, un souvenir stérile, car il ne porte
avec lui aucun enseignement utile, aucune indication pratique. Ceux-là qui ont tour à tour jeté des fleurs de rhétorique
sur la ruine de notre richesse hippique dans un de ces âges
qu'on ne parvient pas à fixer auraient été bien mieux avisés,
s'ils avaient discuté les doctrines ou décrit les procédés à la
faveur desquels naissaient et se renouvelaient ces productions luxueuses et brillantes, s'ils s'étaient attachés à faire
revivre par la pensée les beaux modèles qu'un art savant,
une culture bien entendue parvenaient à réaliser aux mains
de nos heureux devanciers ou de nos aïeux. Les contemporains auraient, sans doute, tiré avantage d'une étude ainsi

faite. Imitant le passé, adoptant avec soin et intelligence les méthodes éprouvées de nos anciens à la production et à l'élève des races modernes, il est à croire qu'ils auraient réussi à leur donner autant de valeur, la même valeur qu'autrefois. Au lieu de cela, rien, rien que des lamentations et des regrets, puis force plaintes, un blâme sévère et sans cesse renouvelé pour le présent. Un seul auteur a donné les caractères de la race ; mais à quelle époque se rapporte ce portrait ? on ne le dit pas.

Quoi qu'il en soit, il faut bien s'en tenir à ce qu'on a quand il est de toute impossibilité d'avoir plus ou mieux. Voici donc, d'après Grognier, les principaux traits auxquels on distinguait la race de selle normande dite du *Merlerault*, la plus fine et la plus distinguée de celles que produisait la province :

Elle descend, selon toute apparence, de l'ancienne race normande-armoricienne, formée par le sang oriental avant les croisades et à l'époque de l'inondation des Maures. Elle a la tête carrée, l'œil intelligent, le chanfrein droit, les naseaux ouverts ; l'encolure droite et légère, comparativement aux autres races de Normandie ; le garrot élevé, le dos droit, le rein court ; la croupe tranchante et la queue bien attachée ; la peau fine et recouverte de poils assez fins ; les veines sous-cutanées apparentes ; les formes plus anguleuses qu'arrondies.

On peut lui reprocher d'avoir les épaules un peu plates et les réactions dures, de se développer lentement et de n'être guère faite avant six ou sept ans. Élevé en toute liberté jusqu'à cet âge, le cheval du Merlerault présentait certaines difficultés au dressage, ce qu'on exprimait en disant qu'il était *vert*. Il avait beaucoup de nerf et de fond ; il était susceptible d'avoir ce qu'on appelle les épaules chevillées et, par conséquent, d'être roide, ou froid, au sortir de l'écurie.

Tel est, ou à peu près, le portrait tracé par Grognier. Il

représente assurément un bon modèle; on comprend à merveille qu'un pareil cheval, mûri tout à la fois par l'âge et les conditions d'un élevage rustique, fasse un excellent serviteur et acquière un nom. Mais, nous l'avons déjà demandé, au cheval de quelle époque viennent plus particulièrement s'appliquer ces caractères?

Et ce n'est pas tout. À qui Grognier a-t-il emprunté ce portrait? Il n'a pas vu l'ancienne race du Merlerault, il ne l'a pas connue, et nous voici presque autorisé à dire qu'il a créé une fiction, qu'il s'est fait un cheval imaginaire sur la foi des traités. Eh bien! nous n'avons pas la foi des traités, et comment l'aurions-nous? Est-ce qu'il ne place pas le berceau, le principal foyer de la race dans le Calvados, aux environs de Bayeux? est-ce qu'il ne donne pas à son produit une tournure anglaise? Et puis ne s'avise-t-il pas de le faire élever dans les bois, à l'état demi-sauvage. Or le Merlerault est dans l'Orne; le cheval y est élevé dans les pâturages si renommés de la contrée, et ces pâturages ne datent pas d'hier; enfin les descendants directs du cheval oriental, entretenus à l'état demi-sauvage dans les bois, ne prendraient jamais ni la structure ni les formes du cheval anglais, qui résume en lui tous les résultats de l'élevage domestique par excellence.

Bourgelat n'a été ni plus heureux ni mieux renseigné que Grognier; il est évident pour nous qu'il a confondu, tout en voulant les distinguer, les deux races du Merlerault et du Cotentin. Combien d'autres sont venus qui n'en savaient pas autant que Bourgelat, dont on a pu dire pourtant avec justice qu'il avait été, tout à la fois, le plus savant homme de cheval et l'homme de cheval le plus savant de son temps!

L'ancienne race du Merlerault, éminemment propre au manége et à la chasse, n'a jamais constitué une tribu importante par le nombre, car elle n'occupait qu'un espace très-borné. M. Yvart nous paraît avoir mieux apprécié son

mérite et sa valeur dans les années qui ont précédé la suppression des haras. Voici comment il s'exprime à ce
sujet :

« La taille du cheval du Merlerault est moins haute que
celle des autres races normandes, en raison de la nature des
pâturages, qui sont substantiels sans être très-abondants.
De tous temps il a été nourri à l'état de liberté, si ce n'est
pendant les jours les plus rigoureux de l'hiver, et sans travail jusqu'à l'âge adulte. Sous l'influence de ce régime,
l'ancienne race donnait de bons chevaux de selle, assez
corsés, fort estimés, dont un grand nombre était acheté
pour les écuries du roi et des princes. Cet état de prospérité,
qui diminuait déjà à la fin du dernier siècle par suite de la
mode qui faisait rechercher les chevaux anglais, reçut un
rude échec en 1789 et dans les années suivantes. »

Voilà encore une race à qui la destruction des haras a été
fatale. Elle était placée, en effet, sous l'action directe, soutenue et presque exclusive des étalons du haras du Pin,
situé à l'extrémité du Merlerault, à 12 kilomètres seulement du chef-lieu de canton dont la race porte le nom.
Nous compléterons le tableau qui la concerne en constatant
que la fluxion périodique, la pousse et le cornage, ces péchés
mignons qui détériorent et déprécient d'une manière si fâcheuse d'autres divisions de l'espèce, sont tout à fait ignorés
ici. L'absence de ces vices ou maladies parle haut en faveur
de la bonne constitution des produits du Merlerault, dont la
rusticité a toujours été, d'ailleurs, l'un des principaux caractères.

Quel hippologue n'a pas vanté, qui n'a pas connu l'ancienne race cotentine? A ce nom seul les partisans de nos
vieilles races relèvent la tête. C'était une illustration et une
richesse. Parmi les produits de nos races légères, le cheval
du Merlerault avait des émules. Comme carrossière, la race
cotentine était sans rivale en France; elle a fourni leurs plus
brillants attelages à la cour et à la ville. Ce fait est attesté

par tous les hommes qui ont pris une plume à la plus grande
gloire de l'hippologie française. Seulement on n'est point
d'accord sur l'époque de la prospérité de la race complètement éteinte, cela va tout seul, à partir du moment où les
publicistes se sont mis à la recherche d'une position sociale
meilleure pour notre population chevaline. Or cette prétention est déjà bien vieille, ainsi que nous l'avons précédemment établi. Nous aurions, à cet égard, à répéter des
dates et des preuves, à opposer les derniers venus aux pré-
décesseurs. A quoi bon? On peut bien maintenant me croire
sur parole.

Mais quelle était donc cette race cotentine si connue?
Ici l'embarras commence, et il n'est pas mince; car nos
savants et nos érudits ont tous été, sur ce point, d'une parfaite discrétion. Grognier seul s'est aventuré. Or nous savons à quoi nous en tenir sur le degré de créance que méritent ses descriptions plus ou moins rétrospectives. En ce qui
touche le cheval cotentin, nous avons, pour douter de son
entière exactitude, les mêmes motifs que pour la race du
Merlerault. En effet, son premier mot est une erreur. « Les
principaux foyers de cette race, dit-il, sont dans les plaines
de Caen et d'Alençon. » Certes, les produits du Cotentin
ont souvent été importés dans la plaine de Caen; mais l'arrondissement d'Alençon n'en a probablement jamais élevé
un seul. « La robe, continue Grognier, offrait les diverses
nuances du bai, avec des étoiles et des balzanes; rarement,
au contraire, l'alezan pur. » — Le manteau du vrai cotentin
était de couleur noire. A défaut d'autres cependant, il faudra
bien que nous nous servions du portrait donné par l'ancien
professeur de l'école vétérinaire de Lyon.

Le Cotentin avait pour chef-lieu Coutances; il comprend
aujourd'hui l'arrondissement de Valognes et une partie de
celui de Saint-Lô; il est donc situé dans la Manche, et loin
d'Alençon. Un hippologue qui a été en position d'étudier
de près la race cotentine, et qui trouvait l'occasion de la faire

connaître à fond, a passé à côté de la difficulté, et s'est tiré
d'affaire, qu'on nous pardonne l'expression, par une gas-
connade. Il se reconnaîtra, car nous allons le copier. Il se
proposait de répondre à ce point d'interrogation : *Qu'est
devenue la race du Cotentin ?* — Voici sa réponse : « Il faudrait d'abord savoir ce que c'était que la race du Cotentin,
et c'est ce que me paraît ignorer l'auteur de la question ;
le temps et l'espace nous manquent pour le lui apprendre.
Je dirai *seulement* que les chevaux de la race principale du
Cotentin étaient noirs et connus, dans toute l'Europe, sous
le nom de doubles bidets; que cette race, dont je suis grand
admirateur, était effectivement doué des plus éminentes
qualités, mais qu'elle ne répondrait pas maintenant aux
besoins de l'époque.....; etc. » Le temps et l'espace n'ont
pas manqué pour les divagations et les hors-d'œuvre. Une
étude sérieuse eût été plus malaisée ; elle aurait eu plus
d'utilité. L'utilité, sans doute, est ce dont on se pique le
moins quand on est pris d'une belle passion pour l'idéologie
hippique.

La race du Merlerault ne se concentrait pas sur l'étroit
espace qu'on désigne sous ce nom; on la retrouvait avec
quelques variantes vers Courtomer, vers Sécz et dans la
plaine d'Alençon. Il en est de même de la race cotentine,
qui avait plusieurs branches dans le Bessin et les différentes
vallées du Calvados. Dans ces dernières, la robe était baie,
la taille souvent plus élevée et les formes quelque peu différentes. C'était toujours la race carrossière normande, mais
ce n'était plus le vrai cotentin, ce que les hippologues émé-
rites ont qualifié de race pure cotentine.

Au milieu de tout cela se trouvait encore la campagne,
ou ce que nous appelons aujourd'hui la plaine de Caen.
Celle-ci était alors, comme à présent, un centre d'élève
non-seulement pour un très-grand nombre des produits du
Cotentin, du Bessin et des vallées environnantes, mais encore plus pour les diverses variétés de la race du Merlerault.

Soumis, sur ce point de la Normandie, à un régime tout autre, ces produits variés d'une même province prenaient en se fondant, si l'on peut dire, en se rapprochant les uns des autres, plus qu'on ne le croirait de prime abord, une tournure différente et une quasi-homogénéité qui les séparait de leur propre tribu. Il en était ainsi encore d'une foule d'autres animaux importés, en jeune âge, de la Vendée et du Poitou, et qui devenaient, par cela même, plus ou moins normands. Tout cela constituait en quelque sorte une race dans la race, et le fait était si marqué, qu'un nom nouveau était appliqué à ces produits d'origines diverses, mais courbés pendant la plus grande partie de l'élevage sous les mêmes influences de nourriture et de travail. On les confondait sous le même nom ; c'étaient les chevaux de la plaine de Caen, ou plutôt la race normande, expression générique qui ne spécialisait qu'un fait, — l'effacement des traits propres à chacune des variétés chevalines de la province au profit d'une teinte — uniforme, qui, encore une fois, faisait de ces variétés une seule et même race, — la race normande. Ceci explique les erreurs et la confusion signalées par nous et commises par des hommes qui n'avaient pas de la localité une connaissance assez approfondie.

Essayons pourtant de retrouver la silhouette de l'ancien cheval noir du Cotentin. Il était compacte et bien roulé, c'est-à-dire de formes régulières, étoffées, arrondies, et jusqu'à un certain point gracieuses. Il faut néanmoins excepter de cet ensemble harmonique la tête, qui était généralement trop forte, un peu étroite et souvent un peu courbée au chanfrein. Cette imperfection s'aggravait beaucoup dans le Bessin et les vallées, dont les produits étaient affreusement busqués (1).

---

(1) M. Numa Marie, en parlant du cheval normand, a écrit quelque part cette phrase sur l'origine des têtes busquées :

« ..... On nous dit avec raison : — Corrigez les têtes de vos chevaux. — Nous y travaillons de notre mieux ; mais ne nous blâmez

Les yeux étaient petits, sans grande intelligence, mais doux ;
les lèvres étaient grosses et les oreilles un peu longues. Cette
partie, — la tête, — laissait donc beaucoup à désirer, et ne
dénotait pas de noblesse dans la race. L'encolure s'élevait
hardie et fortement rouée ; le garrot était bas ; le poitrail
était ouvert comme il convient qu'il le soit chez le cheval
propre au tirage ; les côtes étaient bien tournées et donnaient
de l'épaisseur au corps ; le rein était long ; la croupe s'arron-
dissait avec quelque grâce ; la queue était belle, touffue et
bien portée. Les épaules, plus courtes que longues, mais
très-musculeuses, offraient un puissant appui au collier ; l'a-
vant-bras, très-fourni, péchait par trop de brièveté. La région correspondante, dans le membre postérieur, n'avait pas
non plus assez de longueur, mais elle était large et forte ; le
jarret, ample et bien évidé, portait l'empreinte de l'énergie ;
les canons étaient longs ; toutes les articulations étaient
fortement accusées ; le pied était très-beau, quoiqu'un peu
haut, dit Grognier. Cette conformation en général, la disposition particulière des rayons des membres, courts dans le
haut et longs dans le bas, déterminaient le genre des allures.
Celles-ci, relevées et raccourcies, donnaient à la démarche
quelque chose de majestueux et compassé, surtout lorsque
la taille était élevée ; or elle mesurait, parfois, jusqu'à $1^m,66$.

Le cheval cotentin avait la physionomie douce, le caractère docile et franc ; il avait de la gravité. Bien que son développement fût précoce, il n'avait toute sa maturité qu'à
six ou sept ans. Facile au dressage, il se montrait, en tout,
bonne personne ou bonne bête ; son tempérament lymphatique ne lui permettait ni la mauvaise humeur ni trop d'ardeur. Grognier le suppose sorti du cheval danois, introduit

pas trop à cet endroit, car qui nous les a imposées, ces têtes que nous
critiquons comme vous ? — La fashion d'alors, qui, pour plaire à la
comtesse Dubarry, laquelle avait reçu en cadeau d'un ambassadeur
des chevaux danois, voulut avoir aussi des têtes busquées. »

dans la contrée lors de sa conquête par les hommes du Nord

Ce portrait est-il ressemblant? Nous le donnons pour ce qu'il vaut. Nous avons été consciencieux; nous avons fait de notre mieux pour être exact. C'est tout ce que nous pouvions.

Arrivons maintenant à la race haguarde ou hogaise, car l'un et l'autre se dit ou se disent. On la trouve, au nord de Valognes, sur une partie de l'arrondissement de ce nom et sur celui de Cherbourg en entier. Les anciens auteurs ou ne l'ont pas connue ou ne l'ont pas jugée digne d'être mentionnée. Aucun n'en parle. Tout au plus en est-il question dans une vieille chronique de 1050 ou environ, laquelle a fait passer à la postérité un cheval de la Hague conduit en Sicile par un compagnon de Tancrède. Ce cheval était si petit, dit le chroniqueur, que les pieds du héros traînaient à terre; il n'en fit pas moins, ajoute-t-il, l'admiration de l'armée par sa force et son énergie.

Les modernes paraissent avoir gardé meilleur souvenir des mérites de cette race. Nous avons lu, en effet, dans un journal de Caen, à la date de février 1835, une note fort explicite à ce sujet. « Cherchez, disait l'hippologue du cru, cherchez dans la Manche les chevaux de la Hague, courts, petits, nerveux, infatigables, durs et solides comme le granit sur lequel ils étaient élevés, possédant beaucoup de qualités et la physionomie des chevaux turcs dont ils descendaient. Cette race est éteinte. »

Est-ce que vous n'êtes pas frappés de ce fait, qui revient toujours, la disparition des races chevalines dont les formes, la taille et l'aptitude ne répondent plus aux exigences du temps? Nous nous lassons à redire toujours la même chose, à constater toujours et partout les mêmes effets invariablement dus aux mêmes causes. Cependant nous ne pouvons rester à mi-côte; nous sommes tenu d'aller jusqu'au terme du voyage.

Qu'était donc la race haguarde dont les anciens n'ont rien

dit et que les contemporains semblent si fort regretter? Laissons parler l'un d'eux, M. Numa Marie. Il écrivait en 1844. Voici en quels termes il faisait connaître le cheval de la Hague, qu'on a tenté de mettre, un jour, au niveau des races cotentine et du Merlerault. C'était, croyons-nous, donner à sa tribu une importance qu'elle n'a certainement jamais eue.

Quoi qu'il en soit, « la race haguarde, dit M. Numa Marie, acclimatée de temps immémorial dans les contrées montagneuses et les terrains arides du pays, doit être, d'après sa conformation, d'origine arabe : les haguards ont, comme les chevaux arabes, de beaux yeux, le front large, la tête courte, les naseaux bien ouverts ; ils rappellent encore cette race distinguée par la force des membres, la netteté des jambes, et par leur sobriété et leur énergie. Nos haguards ont quelque ressemblance aussi avec les percherons, mais avec la taille de moins et la vitesse de plus.

« Toutefois ce n'est pas à titre de chevaux de galop, mais principalement comme trotteurs, que les chevaux de la Hague se recommandent. Si, à une autre époque, la race de la Hague possédait, comme ses ancêtres, le mérite du galop, les besoins du pays, l'état des chemins que les chevaux avaient à parcourir ont fait donner à leur excellente nature une autre application ; ainsi les éleveurs ont dû, avant tout, travailler à développer dans ces chevaux la force musculaire, parce que c'était surtout aux travaux de force qu'ils étaient destinés.

« Pour eux, en effet, il ne s'agissait pas de franchir avec vitesse de grandes distances. Dans un pays tel que celui où ils avaient à vivre et à se rendre utiles, ce que l'on a dû exiger d'eux, c'était un pied sûr pour marcher dans des chemins pierreux, inégaux, et, en outre, autant de vitesse au trot qu'ils en pouvaient développer. Ce qu'on leur demandait, c'était de traîner, surtout de porter de lourds fardeaux, et de monter avec leur charge des collines rapides et des falaises escarpées.

IV.   8

« Si l'axiome des Arabes est vrai, que Dieu a fait les chevaux pour galoper, on comprend combien il a fallu contrarier, violenter la nature de cette race pour l'amener à l'humble condition de travail qui lui est imposée. Du reste, la seconde nature qu'on a faite aux haguards, — et en cela le sol de la contrée a dû avoir une puissante influence sur le résultat, — est telle aujourd'hui, qu'avec les améliorations que cette race est susceptible de recevoir on peut en espérer toute espèce de bon service. »

Et l'auteur ajoute aussitôt :

« Les courriers de la malle-poste en retard connaissent bien les relais où se trouvent des chevaux de la Hague, qui leur feront regagner le temps perdu. »

Voilà des qualités qui s'excluent un peu. Si nous y regardions de bien près, nous aurions plus d'une contradiction à relever dans ces quelques lignes. A quoi bon ? Si le cheval de la Hague a été autrefois intelligemment pétri pour une destination qui n'existe plus, il est évident qu'il n'a plus la même utilité aujourd'hui, et qu'il a dû — ou s'effacer devant des races mieux adaptées aux nouvelles exigences, — ou se modifier dans le sens de ces dernières, pour devenir apte, lui aussi, à les remplir. Eh bien ! et en raison de ses qualités, on s'est mis à le vanter et à le regretter du moment où d'autres ont pris la place qu'il occupait jadis ; mais il faut bien qu'on sache, une fois pour toutes, que la production n'abandonne jamais les voies qui lui sont profitables. Si l'agriculture a cessé de multiplier la race haguarde aux formes courtes et exiguës, c'est qu'elle n'a plus trouvé avantage à le faire ; si elle a cherché, au contraire, à modifier cette conformation impropre aux services d'une civilisation plus exigeante, c'est qu'elle a reconnu l'inutilité de l'ancienne race et la nécessité de développer chez elle de nouvelles aptitudes. Elle a pu s'y prendre mal et échouer, mais c'est un autre côté de la question ; nous y reviendrons plus tard,

La taille des chevaux de la Hague, race essentiellement montagnarde, variait de 1ᵐ,40 à 1ᵐ,48.

Au beau milieu de la race cotentine et de sa variété la plus rapprochée, dans le Bessin, mais sans foyer spécial, sans point de départ marqué, vivait une autre race très-distincte, très-nombreuse et fort peu connue, bien qu'elle rendît les meilleurs services; c'est la race des bidets d'allure. On a dit qu'elle était d'origine normande, et on l'a citée comme se reproduisant toujours la même par elle-même, sans secours extérieur et sans détérioration; sa taille arrivait à 1ᵐ,57; sa reproduction était soumise à des règles invariables, mais sûres. — Une jument d'allure était livrée à un étalon d'allure; nul n'allait au delà: c'était simple comme bonjour. Le mode d'élevage n'offrait pas beaucoup plus de difficultés; père, mère et lignée étaient presque exclusivement nourris de vert, à l'écurie ou dans l'herbage. La destination, enfin, était une. Le bidet d'allure était le cheval des longues routes; il transportait aux marchés et aux foires ces nombreux herbagers allant au loin chercher les bêtes maigres ou se défaire des bestiaux gras; il était éminemment propre à ce genre d'emploi et résistait admirablement à la fatigue; il n'était pas sans exemple de lui voir accomplir, en peu d'heures et presque d'un trait, des étapes de 50 et 40 lieues. La Normandie ne consommait pas tous les produits de cette race, recherchés par les nourrisseurs d'autres localités, qui les appliquaient au même service. Nul ne s'est plaint de son abâtardissement ni de sa disparition; cependant elle n'existe plus. D'où vient cela? Les seules qualités qu'on exigeât d'elle se résumaient dans ces deux choses, — aller de pas relevé ou marcher l'allure, et suffire aux étapes qu'on lui infligeait de temps à autre. L'allure était un fait héréditaire: on ne se serait pas avisé de donner à une poulinière de cet ordre un mâle aux allures régulières; le résultat de l'accouplement eût été un produit bâtard, moins apte que la mère. Or c'était celle-ci qu'il s'agissait de répéter. On alliait donc la jument à un étalon de sa race ; on la mariait à un bidet d'allure purement et simplement. Quant à la résistance au travail, elle était tout à la fois dans la question d'hérédité et la conséquence du mode d'élevage, lequel restait invariable. La dureté à la fatigue passait forcément des ascendants aux produits, car le père et la mère n'étaient point soustraits au travail. C'est en revenant des longues routes, tout en remplissant leur destination, qu'ils étaient unis. La race ne se partageait pas, comme tant d'autres, en aristocratie et peuple; elle n'avait pas de privilégiés ; tous vivaient des mêmes peines, en accomplissant le même labeur. Sous l'influence de causes ainsi répétées de générations en générations, et jamais détournées, la race ne pouvait se démentir, car elle était fille de ses œuvres, l'effet nécessaire des mêmes causes, en dehors de toutes influences quelconques de climat, de mode ou de système. Aussi longtemps donc qu'elle a eu sa raison d'être, elle a été ; puis, quand sont venus, en grand nombre, les diligences et les chemins de fer, les herbagers se sont mis en voiture, eux, leurs chiens et leurs sacoches : alors le bidet d'allure s'en est allé sans que personne lui ait dieu adieu, ait songé à jeter une fleur sur sa tombe. Que la terre lui soit légère ; ce n'est pas nous qui remuerons ses cendres. Il ne tenait qu'à un emploi bien déterminé, il n'était produit qu'en vue d'un service spécial ; il a disparu non parce que le service ne se fait plus, car il n'a jamais eu autant d'activité, mais parce que le service a trouvé des voies plus larges et plus commodes, qui lui ont permis d'abandonner les vieux errements.

Telles étaient donc, autant qu'il est possible de les faire revivre, les diverses branches de la production des chevaux en Normandie, dans les temps antérieurs ; car nous laissons intentionnellement à l'écart l'espèce de trait moins ancienne, et dont aucun hippologue d'autrefois n'a parlé.

Voyons, maintenant, sous quelles influences ces races ont

été modifiées ou transformées, et cherchons à dégager la situation actuelle des obscurités que la divergence des opinions ou l'insuffisance des connaissances locales pourraient encore laisser planer sur elle.

A l'exception de la race des bidets d'allure formée et entretenue dans des vues toutes spéciales, pour une destination unique, et qui était exclusivement reproduite *in and in*, en dehors de toute idée de beauté, d'amélioration des formes ou de développement d'aptitudes diverses, les autres races normandes, depuis plus de deux cents ans peut-être, ont toutes été mêlées, ont toutes reçu du sang étranger à leur propre famille, ont toutes été soumises, en un mot, à ce déplorable système du *croisement* des races, imaginé par Buffon et patronné par Bourgelat. C'est ici, peut-être, qu'il a causé le plus de désordre et le plus nui à la bonne production des chevaux français.

Les étalons fournis à la Normandie par l'ancienne administration des haras, puisés à des sources très-variées, formaient donc une étrange colonie d'animaux dissemblables par le sang et par la conformation, par les qualités et par les aptitudes.

Qu'on en juge. C'est M. le vicomte de Tocqueville, propriétaire dans la Manche, qui nous apprendra ce qui se passait alors. Il dit, en effet, dans un *Mémoire sur l'amélioration des chevaux normands* :

« La Normandie fut souvent peuplée de chevaux de diverses natures ; on y plaçait, suivant les idées du moment, des étalons du Holstein, du Mecklenbourg, des reproducteurs anglais plus ou moins distingués, des chevaux hanovriens, des espagnols, des turcs, des barbes et des arabes.

« Ces étalons se combinaient très-bien avec les juments du pays et soutenaient, dans leurs produits, la réputation du sol. »

C'est l'opinion de M. le vicomte de Tocqueville ; on comprendra que nous la lui laissions entière. Dans notre conviction, cette macédoine hippique ne pouvait que conduire à mal; les faits viendront bientôt le démontrer. D'ailleurs M. de Tocqueville lui-même prend soin de le constater; car il continue ainsi :

« Mais, plus tard, des précautions négligées amenèrent la dégénération de l'espèce. On laissa pénétrer en Normandie des étalons danois, qui y apportèrent leurs têtes lourdes et leurs chanfreins busqués. Par suite de ces croisements multipliés, et l'abandon de tout système, on a fini par amener la destruction de races indigènes. »

L'origine du mal est ainsi mise à nu. Quiconque a la moindre notion des lois qui régissent la production des êtres sait à quel degré d'abâtardissement conduisaient nécessairement de semblables moyens.

Avant M. de Tocqueville, Pichard avait déjà constaté les déplorables résultats qui ont suivi le fait de l'introduction, en Normandie, de tous ces étalons, choisis pourtant avec soin parmi les races étrangères qui avaient le plus de réputation alors. Un jour, dit-il, ç'a été la fantaisie des têtes busquées; « les chevaux danois, recommandables sous ce rapport, furent pris les premiers, quoiqu'on leur préférât les chevaux anglais de même classe, qui avaient probablement la même origine. On tirait ceux-ci d'Yorkshire, province dont quelques parties ressemblent beaucoup à la vallée d'Auge. On fit venir des chevaux d'Espagne... » On en envoya chercher sur les confins d'Arabie et en Turquie. Un Hollandais, du nom de Guerche, et un piqueur des grandes écuries, M. Person, furent chargés de ces deux missions distinctes. Enfin des chevaux barbes arrivèrent, par l'intermédiaire de nos consuls, dans les échelles du Levant. Le premier ne ramena que des chevaux de peu de valeur dont on ne retira aucune utilité, et l'on fut si mécontent en Normandie des acquisitions du second, qu'on en a laissé éteindre toute la postérité. Les chevaux des autres races eurent le même insuccès, et le dégoût, peut-être prématuré, des races

étrangères du midi pour le nord de la France les fit abandonner pour s'en tenir aux étalons anglais et danois.

« Par l'analogie qui existe entre les chevaux normands,
anglais et danois, tant dans la conformation et le caractère
que dans la parité de température et des pacages de ces divers pays, ceux-ci auraient pu nous être d'une grande utilité pour rafraîchir le sang normand et en croiser la race
avec avantage, si l'on eût mis plus de discernement à les ap-
pareiller. Les danois, plus beaux à cette époque qu'ils ne le
sont aujourd'hui, pouvaient faire d'excellents carrossiers ;
ils ont la peau fine, de belles jambes, les épaules admirables,
et, quoiqu'ils aient, en général, ce que l'on appelle un peu
de mouvement, leur moral est bon ; ils ont de la fierté et du
courage, qualités dont les chevaux dits de la plaine ne sont
pas toujours abondamment pourvus. Leur défaut dominant, qui est d'avoir la côte courte et peu de boyau, pouvait se corriger par le contraire dans les juments du Calvados
et de la Manche, qui sont, en général, un peu ventrues.

« Il s'agissait d'amélioration, rien ne pouvait donc être
trop bon, et les chevaux anglais dont on se servait n'é-
taient pas non plus ceux qu'on aurait dû choisir. On prenait
ces étalons dans ce que les Anglais appellent *mongrel breed*,
race mâtinée, parce que ces animaux, quoique avec des beautés de détail très-séduisantes, sont néanmoins bien inférieurs
à ceux de pur sang, qui sont plus près de la souche régé-
nératrice.....

« C'était donc dans cette classe, il y a quarante ans, qu'on
prenait des étalons pour la Normandie. Quelques années
plus tard, M. le prince de Lambesc, grand écuyer de France,
trouvant que ses chevaux n'étaient pas assez distingués,
autorisa M. Jardin l'aîné, et d'autres chargés alors des acquisitions, à choisir quelques étalons parmi les *half blood*,
demi-sang, tels que le *Glorieux*, le *Badin*, le *Lancastre*, le
Warwick, le *Sommerset*, qui entrèrent au haras du Pin. On
rangea mal à propos dans cette classe un cheval du même

pays, appelé le *Docteur*. Cet étalon, d'une naissance inférieure, mais d'une régularité de conformation rare, eut
une funeste vogue qui a fait au pays un tort dont il se sentira longtemps. Le *Milan*, du haras du Pin, sort de cette
souche qu'on devrait éteindre.

« On ne tarda pas à s'apercevoir de la supériorité des
étalons de demi-sang dans leurs productions, et, quoiqu'ils
fussent encore singulièrement inférieurs aux chevaux de pur
sang, ils étaient néanmoins en état de relever, jusqu'à un
certain point, la race normande déjà très-abâtardie à cette
époque. »

Qu'on pèse avec attention cet exposé : il est fort instruc-
tif. Pour nous, il a le mérite de bien fixer l'état de la race
ou des races normandes avant 1789. La population chevaline de cette contrée, ne produisant pas ou ne produisant
plus les animaux de choix nécessaires à sa bonne reproduction, recevait de toutes parts des éléments qu'on supposait
propres à la relever et à lui rendre un éclat un peu terni.

Nous voilà bien loin du temps où « les chevaux normands
étaient supérieurs à tous ceux d'Europe, où tout le monde
en voulait, du temps où tous les étalons royaux, répartis sur
la surface de la France, étaient pris dans leur race à cause
de sa supériorité.... » Nous voilà bien loin enfin du temps
où « cette race par excellence, cette race type jouissait de
la plus grande faveur. » (*Journal des haras*, t. 17, p. 543.)

La race en est perdue, et nous venons de voir à l'aide de
quels moyens on voulait la rappeler à son antique splen-
deur. De semblables remèdes ne pouvaient rien réparer. Le
résumé historique de Pichard nous éclaire sur les résultats
obtenus, sur l'effet produit.

Vient maintenant la suppression des haras, en 1790. A
son tour, Mathieu de Dombasle va nous édifier sur la situation chevaline de la Normandie pendant cette nouvelle
phase. « La race normande, dit-il, a éprouvé un cruel échec
à l'époque de notre révolution ; pendant dix années, on ne

savait plus en France ce que c'était qu'équipage de luxe.
Notre cavalerie, d'abord remontée par voie de réquisition
ou par des achats payés en assignats, sut bientôt aller chercher elle-même au delà du Rhin les chevaux dont elle avait
besoin. Dans de telles circonstances, on ne doit pas s'é-
tonner du découragement qui s'empara des éleveurs normands. Mais il faut bien du temps pour retrouver les éléments d'une race dont on a laissé perdre les principaux
types. Aussi, que de plaintes ne faisait-on pas entendre,
dans les premiers temps de l'empire, sur la perte de notre
belle race de chevaux normands ! Le temps eût néanmoins
suffi pour réparer tout le mal, lorsque les besoins du pays
ont commencé à réclamer les chevaux de carrosse dans les
premières années de ce siècle, si le gouvernement y eût
joint des achats réguliers pour le service des remontes ; car
la Normandie était toujours là pour refaire des chevaux normands, aussitôt que des débouchés faciles et constants vien-
draient encourager les soins des éleveurs ; au lieu de cela,
c'est à l'Allemagne qu'on est allé demander, depuis cette
époque, le plus grand nombre des chevaux que réclamait
le service militaire. D'un autre côté, l'anglomanie a fermé
le débouché du luxe aux chevaux normands. »

Mathieu de Dombasle a passé un peu vite de l'empire à la
restauration ; il a laissé une lacune importante : demandons
à M. Person de la combler. « La retraite de Moscou, dit ce
dernier, détruisit en quelques jours la presque totalité de
notre cavalerie. La production, qui n'avait pu prévoir ce dé-
sastre, n'était pas en mesure d'y pourvoir. Pour subvenir
aux besoins immenses et sans cesse renaissants de 1813,
1814 et 1815, il fallait faire flèche de tout bois, et prendre
les chevaux de tout âge et de toute nature : chevaux de service, chevaux de luxe, étalons, poulinières, tout y passa. Il
en résulta nécessairement une grande perturbation dans l'industrie. »

Nous n'en finirions pas, si nous voulions citer tous les

écrivains qui ont répété cette triste histoire. Nous aurions pu la dire en moins de mots ; nous avons mieux aimé laisser la parole à d'autres et nous appuyer sur eux. Ils nous permettent de constater plusieurs faits dont nous prenons acte, à savoir :

1° La race normande, dont s'enorgueillissait, dit-on, autrefois la France, n'avait plus, avant 1789, l'homogénéité du sang et l'uniformité des caractères qui constituent un type, une race mère.

2° A l'époque de la seconde restauration, ce n'est pas seulement la race qui est éteinte, mais la population qui est atteinte dans ses sources vives.

3° Enfin, loin de stimuler à nouveau le zèle des éleveurs et d'encourager largement une industrie à peu près détruite, et dont la France ne pouvait se passer sans ruine pour l'agriculture et sans danger pour l'indépendance nationale, « le gouvernement, ajoute M. Person, ouvrit la frontière, et alla, lui aussi, faire des achats à l'étranger. »

On voit en quels rapports d'étroite dépendance se tiennent toujours les deux faces de la question chevaline, — face scientifique et côté économique. La première est plus difficile et plus obscure, parce que la solution en est remise au grand nombre, au concours d'une foule de pratiques divergentes et de volontés plus ou moins réfractaires. L'autre étant du domaine exclusif des faits, il suffit, pour la bien apprécier, de recueillir ceux-ci dans toute leur exactitude et de les exposer simplement. L'importance alors n'en saurait échapper, et toute discussion loyale est, par cela même, impossible. Nous pouvons donc abandonner, quant à présent, ce côté de la question, et ne plus nous occuper que de la partie dogmatique de la production améliorée des chevaux en Normandie.

Pichard et M. le vicomte de Tocqueville nous ont fait apprécier la nature des étalons officiels chargés de régénérer la race normande dans la période qui a précédé 1789. Il nous reste à connaître la composition de l'effectif du haras du Pin et du dépôt de Saint-Lô en 1806, époque du rétablissement du service des haras. Les ordres d'achat ont porté les agents de l'administration sur tous les points de l'Allemagne, dans toutes les contrées du Nord. Aucune institution scientifique n'avait percé dans les instructions remises. Il ne s'agissait pas de choisir des animaux de tête dans des races perfectionnées qui n'existaient pas, mais seulement de ramener des individus les meilleurs possible. On réunit à ceux-ci des étalons orientaux d'origine plus ou moins noble, on leur adjoignit tout ce qu'on trouva de passable dans le pays même, et ce furent là toutes les ressources préposées à la restauration de l'ancienne *race type* normande. Dans cette composition, il y avait donc de tout un peu; seuls, peut-être, les chevaux anglais n'y étaient pas représentés. L'état de nos relations avec l'Angleterre n'avait pas permis de puiser à cette source, qui n'était pas, du reste, en odeur de sainteté à l'époque. Déjà les chevaux anglais avaient eu leurs détracteurs, et de grandes préventions, pour ne pas dire plus, avaient germé à leur endroit dans l'esprit des éleveurs normands. Le cheval arabe, au contraire, était en haute estime et obtenait une faveur marquée; les étalons du Nord ne venaient là que par impossibilité d'avoir des autres en suffisance. Aussi a-t-on pu caractériser, avec quelque raison, de période arabe les années comprises entre 1806 et 1816, par opposition à la durée du gouvernement de la restauration, qu'on a qualifiée de période anglaise.

Mais l'heure de la justice, si lente qu'elle soit à sonner parfois, arrive néanmoins, et six ans s'étaient à peine écoulés; que l'on sentait déjà les mauvais résultats promis par l'emploi de tous ces chevaux, dont le plus grand défaut, assurément, était d'être loin du principe même de toute amélioration bien entendue, loin du sang. On fit dès lors un retour vers le passé, et l'on constata ce fait très-remarquable que, de tous les reproducteurs étrangers introduits en Normandie, ceux qui avaient le plus marqué et le mieux préparé l'œuvre de la régénération, c'étaient les chevaux anglais. En observant de plus près, on vit que les mauvais avaient transmis leurs imperfections, mais que les mieux doués avaient toujours donné une descendance améliorée, que l'avenir de la population, enfin, était dans la plus grande valeur et le mérite des produits de ces derniers.

Cette étude toute pratique est consignée dans le *Manuel des haras*, publié, en 1812, par Pichard. Elle lui a fait découvrir la nécessité de repousser toutes les races du Nord, et les avantages que l'expérience permettait d'attacher à l'emploi d'étalons de sang anglais bien nés et bien choisis. « Les chevaux de race arabe eux-mêmes, dit-il, n'ont rien fait de bon en Normandie. Les chevaux anglais, au contraire, sont reconnus maintenant propres à croiser avantageusement la race normande; mais prenons-les parmi les chevaux de pur sang, qui sont infiniment supérieurs à ceux que nous avons eus jusqu'à présent; car, si ceux dont on s'est servi en Normandie depuis nombre d'années ont encore quelquefois fait bon, que ne doit-on pas attendre d'animaux pris dans l'élite même de la race? »

Et ceci n'est point une idée en l'air. Pichard l'examine dans tous les sens, et y revient à plusieurs reprises pour la placer très-avant dans la conviction des éleveurs à qui il adresse son *Manuel des haras*. Ainsi, et plus loin, il ajoute en manière de conclusion : « Nous croyons donc fermement que les étalons anglais peuvent, de préférence, faire reprendre à la race normande particulièrement le rang qu'elle a perdu parmi les meilleures races de la terre en procédant, pour la relever, suivant les méthodes employées par les Anglais pour remonter la leur.

« Pour y réussir complétement, il faudrait commencer par éloigner des établissements de l'administration ces prétendus étalons de sang, sortant de races équivoques et mensongères, qu'on rencontre à chaque pas sur le continent, et qui ne sont, pour la plupart, que des chevaux de pacotille

que les Anglais se plaisent à vomir pour nous empoisonner
et causer tout le mal dont nous ressentons depuis si longtemps les funestes effets. Nous les remplacerions par des
mâles purs d'une bonne conformation, d'une excellente nature, et l'amélioration ne serait pas douteuse.

« Ne prenons rien sur parole ni par enthousiasme comme
on a fait, il y a trente ou quarante ans, de la race anglaise
qu'on a voulu, depuis, généralement proscrire avec aussi
peu de raison... »

Voilà donc le sentiment d'un homme de cheval qui avait
étudié les résultats produits avec une scrupuleuse attention
et qui écrivait son livre à l'usage des praticiens. L'expérience acquise par Pichard ne doit point être perdue, elle
nous met en face d'un système très-arrêté, celui de l'amélioration par le sang et surtout par le pur sang. Nous en prenons acte, car de prétendus savants imprimaient naguère
et imprimeront peut-être encore que ce système, trouvaille
récente, a perdu toutes les anciennes races du pays. Le fait
est qu'il n'a été appliqué d'une manière suivie qu'à partir
de 1833. Or voyons ce qu'était devenue la Normandie chevaline de l'empire et de la restauration, sous l'influence des
idées contraires à ce qu'on a voulu stigmatiser du nom d'anglomanie (1).

Dans un pays comme la Normandie, à température douce,
mais généralement humide, à herbages gras et frais, à la

(1) L'anglomanie, c'est-à-dire l'emploi judicieux des chevaux anglais comme reproducteurs et l'importation des méthodes perfectionnées d'élève adoptées avec succès en Angleterre, eut pour patron un
homme de cheval éminent, le prince de Lambesc. Le fait est donc
antérieur à la révolution. M. le vicomte d'Aure l'a apprécié en ces
termes dans son ouvrage sur l'*Industrie chevaline en France*.

« Le prince de Lambesc, grand écuyer de Louis XVI, qui avait la
haute main sur les haras, changea bientôt la face des choses. En visi-
tant l'Angleterre, il avait reconnu dans les chevaux de ce pays une
supériorité de force, d'énergie et de vitesse dont il voulut doter la race

nourriture presque exclusivement herbacée et verte, la nature lymphatique tend nécessairement à prédominer dans la constitution des espèces animales. Comme conséquence forcée, il faut la combattre incessamment chez les races qui tirent leur principale utilité et leur plus grande valeur du principe constitutionnel opposé, sous peine de n'avoir que des animaux mous, indolents, et sujets à tous les inconvénients, à toutes les imperfections, à tous les vices d'une organisation débile, dégénérée, — puisque, originairement, elles devraient être vives, énergiques, puissantes par le développement des systèmes osseux et musculaire, puissantes aussi par une force d'innervation très-concentrée.

Cela posé d'une manière absolue et comme un fait d'ailleurs incontestable, on tombe aisément d'accord sur un autre point, — la nécessité de maintenir au-dessus des conditions de l'indigénat les races appelées à se reproduire dans un milieu si contraire au but même de leur multiplication, et *à fortiori* la nécessité de relever jusqu'à ce niveau celles que les circonstances ont précipitées dans les couches inférieures.

Ceci n'explique-t-il pas l'insuccès qui a suivi l'introduction des races du Nord dans les familles de chevaux de luxe normands? A quel titre ces races eussent-elles été régénératrices pour celles de Normandie? Quel était donc leur propre niveau sur l'échelle de l'espèce? Dans quelles conditions elles-mêmes se reproduisaient-elles? Est-ce qu'elles étaient assez près du sang pour exercer héréditairement une influence favorable sur leur descendance? est-ce qu'elles ap-

normande, que son affinité avec les producteurs anglais rendait éminemment propre à recevoir cet étalon.

« . . . . . La révolution survint. . . . . . . et le mouvement que l'administration judicieuse du prince de Lambesc promettait d'imprimer à l'industrie chevaline se réduisit au bienfait de laisser au haras du Pin 24 étalons de demi-sang anglais, dont les résultats étaient encore sensibles à l'avénement de Napoléon. »

portaient dans la lutte la force de vaincre les résistances locales? est-ce qu'elles ne devaient pas succomber mille fois et ne laisser, pour toutes traces de leur immixtion, que des preuves trop irrécusables de la faute commise par ceux-là qui les avaient fait intervenir contrairement à la science et à la pratique de tous les temps? Le seul rôle qu'elles fussent aptes à remplir, c'était de désunir tous les éléments d'une bonne production et de laisser, par ce fait seul, prendre une grande préponderance à tout ce qui était imperfections, vices, maladies congéniales.

M. le vicomte d'Aure a fort bien exposé ces résultats; donnons-lui donc la parole :

« Les effets déplorables produits par la destruction des haras frappèrent de bonne heure l'attention de Napoléon. Il décréta, en 1806, une nouvelle organisation; mais les moyens de reproduction lui manquèrent : la guerre avait altéré les ressources de la Normandie.

« L'Angleterre nous étant fermée, on ne put continuer la pensée du prince de Lambesc qu'en adjoignant au peu qui restait de ses étalons quelques étalons orientaux. L'insuffisance de ces ressources et le mauvais goût du temps nous conduisirent à prendre dans le Nord, comme reproducteurs, cette affreuse race de chevaux danois à tête busquée, qui fit fureur à Paris, mais à laquelle nous devons d'avoir presque effacé le type de notre espèce et d'avoir infecté la Normandie du cornage, maladie héréditaire que vingt-cinq ans de croisements différents n'ont point encore extirpée.

« A part leur modèle disgracieux, les races du Nord possèdent certaines qualités de nature à excuser la sottise que l'on fit de les prendre comme reproductrices ; elles sont remarquables par du mouvement et une grande liberté d'épaule. — Toutefois, par un de ces inexplicables caprices, la mode attachait moins de prix à ces qualités qu'au vice même de la conformation des chevaux du Nord. Si la tête n'était pas suffisamment busquée, la lisse pas assez large, les quatre balzanes pas assez haut chaussées, on dépréciait les chevaux, on refusait même de les acheter, surtout pour l'attelage. Dès l'instant où le goût du public en était venu à composer avec ces défauts, ils cessaient d'être un obstacle à la consommation, et par suite à la reproduction. »

Pour ne toucher qu'à l'enveloppe extérieure, cette appréciation n'affaiblit en rien les considérations que nous avons déduites, et qui, elles, par opposition, ne regardent, pour ainsi dire, que l'individu interne, que les qualités morales de la race ; elle justifie aussi le système conseillé par Pichard, de renoncer aux étalons du Nord et de ne prendre à l'avenir, pour améliorer la population normande, que des étalons orientaux de bon aloi, et des chevaux anglais qui ne fussent pas des animaux de rebut ou de pacotille, le mot y est. On se rappellera qu'il repoussait la *race mâtinée* comme inférieure et peu capable de bien faire, qu'il préférait à celle-ci les étalons de demi-sang, mais qu'il ne comptait guère, en réalité, que sur la supériorité du cheval de pur sang bien choisi.

L'empire ne put appliquer ce système. Sous la restauration on l'admit, mais on ne le pratiqua guère. On n'accorda qu'une attention très-secondaire à la question chevaline, et l'on recruta surtout les reproducteurs de chaque race dans la race elle-même. Ce mode est sans reproche lorsqu'il intéresse une race très-perfectionnée ou bien une race pure ; il est plein de danger, au contraire, quand il s'exerce sur des races déjà affaiblies ou dont la condition est incessamment atteinte par les circonstances mêmes au milieu desquelles elles doivent vivre et se reproduire.

Ce dernier cas était celui des races normandes. Beaucoup d'étalons qualifiés tels eurent les honneurs des établissements de l'État ; le haras du Pin et le dépôt de Saint-Lô en furent peuplés. Quelques étalons anglais de demi-sang se mêlèrent à eux, mais c'était le petit nombre, très-malheureusement. Plusieurs, en effet, ont laissé un nom impérissable par les bons éléments qu'ils ont jetés dans la population entière, tandis que les étalons normands, sans exception, pourrions-nous dire, ont pu être voués à l'exécration des éleveurs intelligents et bons observateurs.

Cependant il se trouva quelques retardataires dans les premières années d'application du système actuel, — celui préconisé par Pichard, — qui, dans leur indignation contre la guerre livrée enfin par les haras à l'esprit de routine, ont demandé à revenir aux étalons normands.

Nous étions en 1840. On jetait alors feu et flamme contre les chevaux de sang, et surtout contre les étalons de pur sang, dont le nombre avait été accru à partir de 1833. On attribuait à ces derniers la détérioration *toute récente* de la race, et l'on disait, — c'est maintenant M. Person qui fait parler les éleveurs routiniers, — et l'on disait : « Nos chevaux, autrefois, étaient en grand renom; on venait de toutes parts nous les acheter. Aujourd'hui personne n'en veut plus; cela vient de ce qu'ils sont dégénérés, et ils sont dégénérés parce que l'administration nous fournit de mauvais producteurs. Qu'elle nous rende nos étalons normands, et nous rétablirons notre race *dans sa pureté primitive.....* »

Bone Deus! Des étalons normands! répondait M. Person, « ouvrez donc les yeux; toute la génération actuelle est de leur fait. Il n'y a pas dix ans, vos haras en étaient encombrés; ils ne le sont encore que trop aujourd'hui. Qui a empoisonné le pays de ces têtes longues et bêtes, de ces épaules rondes, de ces garrots enterrés, de ces reins mous, de ces hanches faibles, de ces jarrets empâtés qui font notre désespoir? Des étalons normands! — Qui a donné l'être à cette quantité de rosses qui déshonorent le nom de poulinières, à cette multitude de troupiers manqués qu'on ne trouve même plus dignes de porter des soldats? Des étalons normands! — Continuez de les employer dans l'état auquel ils sont réduits, et vous descendrez plus bas encore, si la chose est possible, toutefois. Non, non ; c'est une graine dégénérée qui ne peut

IV.   9

plus que vous nuire; il faut qu'elle soit complétement renouvelée. Depuis longtemps elle aurait dû l'être; car, ne
vous y trompez pas, le mal ne date pas d'hier, comme vous
paraissez assez disposés à le croire. Vous avez entendu dire
qu'il existait autrefois, en Normandie, une race de chevaux
excellente pour l'attelage, la route, la chasse et la guerre,
et comme vous habitez la Normandie, que vous y élevez des
chevaux et qu'on se laisse aller volontiers aux illusions qui
flattent, vous vous en êtes allés disant non pas que les chevaux normands avaient été, mais qu'ils sont une des meilleures races de l'univers. Vous l'avez tant répété, que vous
avez fini par le croire. Et cependant nous tous, qui nous
souvenons d'une trentaine d'années, nous savons qu'en penser. »

Le tableau tracé par M. Person nous dit quel héritage ont
laissé tous ces étalons du Nord et ces prétendus étalons normands. Il faut pourtant que nous complétions le portrait
pour qu'on sache bien ce qu'était la population chevaline de
la Normandie, en 1853, à l'époque où elle a été entreprise
à nouveau par le système anglais, c'est-à-dire par l'introduction à doses plus ou moins fortes, plus ou moins calculées et
ménagées de pur sang.

La tête n'était pas seulement longue et bête, elle était
affreusement busquée; l'œil était petit et morne, les oreilles
lâches et mal portées; l'encolure courte, épaisse, commune,
chargée du poids d'un volumineux coussin de graisse formant saillie plus ou moins forte et arrondie sous la crinière :
il y avait par là comme la naissance d'une bosse de chameau
différemment placée. Les épaules, grosses et courtes, au lieu
de descendre pour abaisser la poitrine, s'élevaient au-dessus
de cette région et noyaient le garrot, que la forme, le poids
et le volume de la tête auraient exigé haut et bien sorti. Le
dos était bas et foulé; le rein long, mal attaché, peu soutenu;
la croupe presque horizontale et la queue molle. Les hanches
étaient hautes, droites, effacées, faibles dans l'action. Les

jarrets, pleins et vacillants, souvent tarés, fonctionnaient mal; la coupe du membre postérieur était très-défectueuse, se dessinait, selon l'expression admise, en faucille. Le thorax, loin de terre, se relevait brusquement en carène de vaisseau; les fausses côtes n'avaient pas toujours assez de longueur; le cœur et le poumon, ces organes si essentiels à la plénitude de la vie, n'avaient qu'un étroit espace dans une poitrine aussi peu développée. L'avant-bras, si large, dit-on, dans l'ancienne race, se montrait maigre et pauvre; le genou, creux sur le devant, donnait au membre antérieur une direction arquée en arrière; les canons étaient minces, les tendons faillis, les articulations faibles et mal attachées, les poignets creux comme le genou.

Ces détails ne formaient point un bel ensemble; ils mettaient l'animal dans une sorte de parenthèse ouverte par l'arc de la tête et fermée par l'arc opposé du membre postérieur. Les régions du dos et du rein, trop longues l'une et l'autre et voussées en contre-bas, contrastaient d'une manière désagréable avec l'élévation de l'encolure et la forme horizontale de la croupe. Mais ces laideurs, qu'on nous passe le mot, ces difformités avaient leurs pendants dans la direction défectueuse du membre antérieur et dans la ligne inférieure du corps.

En vérité, c'était une horrible bête que le cheval normand, et longue a été la liste des épithètes honteuses accolées à son nom.

Ce n'est pas tout, la peau était devenue épaisse et les poils grossiers. La lymphe était abondante dans cette organisation dégénérée; les membres s'infiltraient aisément. La sensibilité était presque éteinte et l'intelligence très-amoindrie. Tout cela suait la mollesse : on avait affaire, au moral comme au physique, non plus au cheval, mais au cochon.

Le cornage s'était héréditairement fixé dans la race, la pousse en atteignait de bonne heure les individus; toutes les maladies de l'espèce prenaient, dans leur marche, un ca-

ractère de désespérante lenteur, comme chez les races dont
le sang est appauvri et dont la vitalité est éteinte.

Certes, toutes ces défectuosités et tous ces vices n'apparaissaient pas chez tous les individus. Nous disons ce qu'é-
tait la population prise en masse. Au surplus, quelques points,
trop circonscrits malheureusement, n'étaient pas descendus
aussi bas. Le Merlerault, si voisin du Pin, la plaine d'Alençon placée aussi sous l'action immédiate du haras, avaient
été préservés en partie et ne portaient pas, il s'en faut, tous
les signes d'une dégénération aussi marquée. On avait pu
sauver l'élite même de la famille la plus avancée, et c'est de
là que sont parties, plus tard, les améliorations que nous
devrons bientôt constater au siége des anciennes races de la
contrée.

Les bonnes qualités ne s'effacent pas tout à coup d'une
manière aussi complète; la dégradation n'atteint pas toute
la population à la fois. Cependant, quand elle commence à
s'appesantir, elle précipite promptement la tribu la mieux
douée vers les derniers échelons. Le consommateur, lui
aussi, aide au résultat en cessant d'acheter les chevaux qui
ne remplissent plus ses vues, qui ne satisfont plus à toutes
ses exigences. Dès lors, il porte ailleurs le bienfait de ses encouragements; son abandon met le sceau à la ruine de la
race dont il n'utilise plus ou dont il repousse les produits.
Ç'a été le cas tout particulier de la Normandie. Une race ainsi
atteinte est bien malade. Nous n'avons rien caché du mal
qui avait mis celle-ci à toute extrémité. Les éleveurs étaient
aux abois, et la France a failli perdre, dans le dépérissement de la population de la contrée, une source inépuisable
de richesse et de force pour le pays entier; car, répétons-le
haut et ferme, aujourd'hui comme autrefois, dans l'avenir
comme dans le présent, ceci a été, est et demeurera un
fait : la Normandie est le haras de la France.

La situation chevaline de la contrée au point de vue commercial et, par suite, la détresse des éleveurs ont été parfai-

tement indiquées, par M. Person, dans les lignes suivantes, extraites de l'un de ses excellents mémoires :

« L'importation étrangère allait croissant : nouvelle déconvenue, nouvelle diminution dans la quantité et la qualité. Ce fut un cercle vicieux, duquel il devint, chaque jour, plus difficile de sortir. Plus mal on vendait, moins bien on élevait; moins on vendait, plus on diminuait le nombre des élèves. Plus les chevaux indigènes devenaient mauvais, plus le goût pour les chevaux étrangers augmentait. Enfin, quand les éleveurs se furent les uns ruinés, les autres malaisés, le découragement s'empara de tout le pays. L'herbager n'éleva que le poulain qu'il n'avait pu vendre; le cultivateur n'acheta que le nombre indispensable pour son travail. Le premier, n'élevant plus, devint indifférent sur le choix des reproducteurs. Pour éviter des frais qui lui semblaient toujours plus élevés, il employa les premiers animaux qui lui tombèrent sous la main : poussifs ou cornards, peu lui importait, pourvu qu'il pût s'épargner des avances dans lesquelles il n'était pas certain de rentrer. Le second, qui achetait ces productions vicieuses et qui n'avait plus, à beaucoup près, autant de chevaux que par le passé, les accablait de travail et les usait avant qu'ils fussent parvenus à la moitié de leur croissance. Abrutis par les coups et la fatigue, ils faisaient le désespoir de ceux qui avaient persisté à les employer, et bientôt personne n'en voulut plus entendre parler. Quant à ceux qu'élevait l'herbager, faute d'avoir pu les vendre, abandonnés dans les prairies l'hiver comme l'été, n'ayant jamais goûté d'avoine, devenus presque sauvages, ne voyant l'homme qu'au moment de la foire, ils étaient peureux, farouches, inabordables. Il fallait des années pour les acclimater, les engrainer et les dompter. »

Pour compléter ce tableau, nous n'avons qu'un mot à ajouter, un fait à rapporter, c'est que, sous l'influence de la dépression continue du cheval de luxe, la production du cheval de trait avait, successivement et de proche en proche, envahi des localités où elle n'était pas connue, où elle n'aurait jamais dû pénétrer.

Telle est donc la grave et très-grave situation des éleveurs et de la population chevaline en 1833. — N'y avait-il pas lieu de rompre avec tout ce qui avait pu contribuer à de semblables résultats, au risque de brusquer les idées et de froisser des habitudes? N'eût-on pas eu pour soi les essais tentés autrefois, l'exemple si frappant de la prospérité hippique de l'Angleterre, que, certain de ne pouvoir faire plus mal que ce qui était, on aurait dû songer encore à ouvrir des voies nouvelles, à opérer sur d'autres errements. Mais l'expérience était complète. En changeant de système, l'administration savait où elle allait et où elle conduirait le pays; malheureusement les éleveurs ignoraient; ils n'ont pas tout d'abord prêté le concours qui leur était demandé, et sans lequel il n'y avait point d'amélioration possible. Nous ne voulons pas nous répéter. Déjà nous avons écrit cette histoire; on la trouvera au tome Ier de la première partie de cet ouvrage, page 215, sous ce titre, *A partir de* 1834. Le lecteur peut revenir encore sur ses pas et revoir l'examen que nous avons fait, au tome II de la deuxième partie, page 56, *des effets de la consanguinité parmi les chevaux de demi-sang anglo-normands*, et, page 206 du tome III, même partie, l'article spécial à *la création de la race anglo-normande*. Ces diverses études appartiennent à l'histoire physiologique de la famille actuelle.

La première chose à faire par l'administration, c'était de modifier l'effectif du haras du Pin et du dépôt de Saint-Lô, d'en changer aussi promptement que possible la nature, de substituer aux étalons normands des reproducteurs de sang plus dignes du rôle d'améliorateurs, qui devait leur être dévolu. La tâche n'était pas aisée; car, dans tous les temps et dans tous les pays, les étalons capables sont clair-semés et rares, si rares même, que les plus gros prix ne suffisent pas toujours non à les payer, mais à les trouver. Il fallait donc

surtout en créer, en faire produire et élever par les particuliers, et employer à l'œuvre des éleveurs notoirement hostiles au système du pur sang, le seul pourtant qui pût les
donner. La tentative était hardie, pleine de difficultés. A
l'Angleterre on demanda les pères de la future race : ils vinrent en petit nombre ; mais ils ont rempli leur mission. Le
haras du Pin en a donné d'autres de grand mérite et dont l'influence a singulièrement pressé la marche de l'amélioration.
Les particuliers aussi en ont fourni quelques-uns. Ces derniers, il faut le dire pour être impartial et vrai, n'ont tenu
que le dernier rang par les services rendus à la formation de
la nouvelle race. Les étalons directement importés d'Angleterre ont été quelquefois longs à s'acclimater, et produisaient d'une manière très incertaine pendant un, deux ou
même trois ans. Ceux qui étaient nés là, dans les herbages
du haras, de poulinières d'origine pure, mais normandes
par le lieu de naissance et l'acclimatation, qu'on nous permette cette distinction, se sont toujours placés haut dans
l'estime des éleveurs par la certitude de leurs résultats et les
qualités physiques et morales de leurs produits. Ceux-ci,
moins délicats et plus robustes, étaient aussi d'un élevage
plus facile. Cette considération, toute pratique, laissera toujours des regrets fondés sur l'acte qui a consommé la destruction de la jumenterie nationale du Pin, et fait descendre
l'établissement créé par Louis XIV au rôle secondaire d'un
simple dépôt d'étalons. A ceux qui ont provoqué la mesure,
il ne sera jamais donné de faire autant de bien au pays qu'ils
lui auront fait de mal. Dès aujourd'hui, on les juge avec la
sévérité qu'ils méritent ; leurs noms passeront d'âge en âge
dans la mémoire des éleveurs, et s'y fixeront avec le souvenir qu'ils y ont eux-mêmes imprimé. — Érostrate n'est pas
mort tout entier ; chaque époque a les siens.

C'est par la connaissance de la composition de l'effectif
que nous pouvons faire le mieux sentir les modifications imposées à la population sous l'influence répétée de l'agent es-

sentiel de la régénération, sous l'influence du principe actif et dominant du pur sang.

En prenant les chiffres au point de départ et à l'époque actuelle, le fait ressortira d'une manière plus saillante. Nous commencerons donc par établir les extrêmes; nous donnerons ensuite l'échelle progressive.

Les deux établissements du Pin et de Saint-Lô renfermaient donc :

	En 1830.	En 1850.
Étalons de pur sang.	5	20
— de 3/4 et de 1/2 sang anglais. . . .	12	10
— de 3/4 sang anglo-normand. . . .	»	82
— de 1/2 sang anglo-normand. . . .	»	74
— de 1/4 sang anglo-normand. . . .	97	»
— d'aucun degré de sang ou normands.	23	»
Totaux.	137	186

Voilà pour l'ensemble aux deux époques les plus éloignées. C'est vers 1834 que les derniers chevaux normands ont disparu, et vers 1837 que les derniers étalons de quart de sang ont cessé de faire partie de l'effectif. La remonte annuelle a successivement grossi le chiffre des reproducteurs de demi-sang anglo-normand qui venaient remplir les vides laissés par la réforme. Plus tard seulement ont paru les étalons de trois quarts sang nés en Normandie ; alors le nombre des demi-sangs, qui a été plus considérable qu'il ne l'est en 1850, a faibli, à son tour, en proportion de l'accroissement de celui des animaux de la classe supérieure. On peut voir, en pesant la valeur de ces nombres et en la comparant au laps de temps écoulé depuis qu'on s'est mis en marche avec la ferme résolution d'avancer quand même, si les faits n'ont pas été conduits avec toute la promptitude possible. Et ces chiffres n'accusent qu'une partie de ce qui a été réalisé ; car les remontes d'étalons effectuées dans la contrée ont permis de modifier, de la même manière et dans les mêmes proportions, l'effectif de presque tous les établisse-

ments hippiques de l'État. Or c'était là le but précisément,
— créer des étalons plus capables pour toutes les parties de
la France où le cheval de luxe et d'attelage peut et doit être
produit avec avantage, dans l'intérêt tout à la fois des pays
d'élève et de la satisfaction plus complète des besoins généraux. C'est à ce résultat, à ce but élevé que l'administration
des haras a poussé, laissant en dehors le gros de la population, qui aurait exigé des ressources beaucoup plus étendues, et fermant les oreilles pour ne rien entendre ni des
plaintes ni des récriminations suscitées contre elle par les
retardataires et les mécontents.

Quant aux étalons de trois quarts sang, importés d'Angleterre, il est regrettable qu'ils ne soient pas là plus nombreux; mais ils sont très-rares en Angleterre et en Irlande.
On rencontre de loin en loin des chevaux entiers qui sail-
lissent, mais nos éleveurs n'en voudraient pas; ils n'ont ni
le modèle, ni la pureté des formes, ni la distinction que
nous recherchons : par contre, ils sont bien souvent cornards,
fluxionnaires, tarés aux membres. L'importation de tels reproducteurs serait un mal et nous ferait reculer. Abstraction faite de ces maladies ou de ces vices, ils ont pourtant
une grande supériorité sur les nôtres, 1° en ce que le métissage qui les a créés est plus ancien et mieux confirmé;
2° en ce que la poitrine est beaucoup plus vaste, le rein
beaucoup plus large, les hanches plus écartées et plus longues;
3° enfin en ce que les allures sont plus allongées et souvent aussi plus rapides, bien que les membres paraissent plus
courts en raison des formes du corps très-compactes chez
les sujets les mieux réussis. L'acquisition de chevaux pareils,
quand on parvient à en trouver, est assurément une bonne
fortune. Pour notre part, nous avons conscience d'avoir
tenté l'impossible pour y arriver. Nos efforts n'ont pas été
complétement inutiles. Grâce au zèle infatigable, à la volonté soutenue et à la capacité éprouvée de l'un des inspecteurs généraux les plus distingués que l'administration ait

eus et puisse avoir jamais à son service, il nous a été donné de doter la Normandie de plusieurs étalons de trois quarts sang anglais qui laisseront, à n'en pas douter, les meilleures traces de leur passage. Mais ces animaux ne sont arrivés qu'en 1851 et 1852; ils restent ainsi en dehors des faits accomplis, les seuls que nous devions apprécier en ce moment (1).

Les chevaux de pur sang existent plus nombreux en Angleterre; mais que les bons et les bien conformés sont rares, que les chevaux bâtis en force, près de terre, réguliers et exempts de tares transmissibles sont difficiles à rencontrer, alors même qu'on arrive avec les poches pleines! Or, au point où en est aujourd'hui la nouvelle famille anglo-normande, c'est surtout l'étalon de pur sang ample et corsé qu'il faudrait lui donner, car seul il peut mettre le sceau à la perfection relative à laquelle elle pourra être élevée. Nous avons fait pour cette catégorie comme pour la précédente, et nous avons obtenu les mêmes résultats; mais nous comptions bien plus, pour arriver au but, sur les produits de la jumenterie du Pin. On a tari cette source, de gaîté de cœur; on s'est ainsi privé d'une ressource dont on sentira bientôt le vide, car ni les importations d'Angleterre ni la production française ne suffiront aux besoins.

Quoi qu'il en soit, les étalons de pur sang et de trois quarts sang anglais ont jeté les premiers fondements de la nouvelle race qui prend, à juste titre, le nom de race anglo-normande. Ils ont eu ensuite pour auxiliaires utiles, indispensables et précieux les produits, — mâles et femelles, — nés de leurs œuvres.

Et répétons-le, car ceci est capital, la création a été entreprise et s'est poursuivie avec persévérance, quand même,

(1. Nous ne voulons pas qu'un geai quelconque puisse se parer des services d'autrui. Pour cela, il suffit d'écrire un nom; nous l'écrivons: c'est de M. Perrot de Thannberg que nous avons parlé. Nous ne sommes que juste en laissant à César ce qui est à César.

et, pour ainsi dire, contrairement à la volonté de ceux qu'on
y faisait concourir. Il en a été ainsi pour commencer, et
l'on n'a marché qu'à travers les critiques les plus malveil-
lantes, les récriminations les plus injustes, l'opposition la
plus aveugle. Le but que les haras s'étaient proposé, — la
production et l'élève d'étalons de demi-sang capables, —
ils l'ont atteint aussi complétement que l'a permis le petit
nombre des générations obtenues depuis le point de départ (1). Les faibles ressources appliquées à cette œuvre ont

(1) Le *Journal des haras*, t. 43, p. 183, avait déjà constaté ce
fait d'une manière bien marquée. Nous copions.

. « L'administration des haras a au moins produit ce résultat, à savoir :
le cheval normand s'est relevé de sa dégradation, et il reporte, par les
diverses migrations auxquelles il est soumis, à d'autres races inférieures à la sienne, une partie de la valeur et du mérite dont il s'est
enrichi lui-même. Il est des gens qui nient la lumière en plein soleil;
ceux-là, on les néglige; ils ne font pas que le jour ne soit le jour, que
la vérité ne soit la vérité.

« Mais qu'on se reporte seulement à dix ans en arrière, à 1837, et
que l'on voie ce que la Normandie offrait alors d'étalons au pays; et
quels étalons! Que l'on compare maintenant cette situation avec celle
du moment et que l'on mesure avec impartialité l'espace parcouru.

« On trouvera que les haras peuvent à peine acheter, en 1837, vingt-
cinq à trente étalons très-médiocres comme sang et comme conformation, et qu'en 1847, sur près de 300 têtes soumises à l'examen de ses
agents, plus de 120 se montrent exemptes de tares, douées d'une
bonne et solide structure, améliorées enfin et déjà riches par le sang.

« N'est-ce donc pas un immense résultat que celui d'avoir relevé
une race mère, qu'on nous passe la qualification, car elle fournit à
beaucoup d'autres leurs moyens d'amélioration? On va se récrier sur
cette prétention; oh! nous savons parfaitement ce à quoi nous nous
exposons en disant cette vérité, mais nous la dirons quand même, car
elle nous semble fort bonne à dire. »

Nous trouvons encore le passage suivant dans une brochure intitulée,
— *Encore les remontes et le haras*, par un éleveur éligible, 1843,
p. 24 :

« L'événement a prouvé que l'administration des haras a opéré un
des plus grands mouvements d'amélioration qui aient jamais eu lieu.

« Tout le monde sait ce qu'était, il y a dix ans, un carrossier **nor-**

fait une loi de les concentrer dans les localités les plus riches en poulinières. Ainsi, le Merlerault, la plaine d'Alençon, les vallées d'Auge et de Corbon ont été occupés en premier lieu ; d'autres petits centres sont venus à la suite, et de proche en proche, si le nombre des étalons s'y était prêté, on se serait successivement emparé de tous les bons cantons. On aurait promptement réussi à faire de cette im-

mand. Ce type existe encore, par malheur, dans plusieurs dépôts d'étalons. De tels chevaux se payaient alors de 1,500 à 2,500 fr., très-rarement au delà ; on en achetait, chaque année, de 25 à 30.

« L'administration a fait les premiers pas vers l'industrie; elle a payé tout à coup beaucoup plus cher. Ses remontes sont devenues plus nombreuses, et, tout en se montrant plus difficile sur les formes et les qualités à mesure qu'elle fournissait de meilleures générations, elle ne reculait pas devant une augmentation de prix, lors même qu'elle ne lui paraissait pas méritée. Il en est résulté que les meilleurs étalons d'il y a dix ans sont devenus proverbialement ridicules, en comparaison de ceux que la Normandie fournit aujourd'hui ; que les 60 ou 80 chevaux achetés annuellement pour le haras en font produire plus de 1,000 qui se vendent pour le luxe ; que les écuries du roi doivent leurs meilleurs sujets à cette mesure, de même que les régiments de cuirassiers leurs meilleures remontes.

« Nous savons bien que les ultra-partisans du pur sang font un crime aux haras de ce qu'ils emploient de pareils producteurs ; mais nous ne discuterons pas plus cette opinion que celle qui a fait repousser des courses les chevaux qui ont du sang arabe, sous prétexte qu'ils ne sont pas de pur sang. Nous disons seulement que, dans aucun cas, les hommes plus royalistes que le roi ne nous ont paru destinés à faire le bonheur des peuples et la richesse des États.

« La certitude d'un débouché avantageux et se représentant, chaque année, à une époque fixe, a donc conduit les éleveurs normands à élever beaucoup mieux qu'ils ne l'avaient encore fait.

« L'administration des haras, en modifiant leur type générateur, leur a dit : Faites comme nous voulons, nous vous payerons ce que vous voudrez. On s'est tenu parole de part et d'autre, et l'amélioration a été évidente dans le délai le plus rigoureusement bref. Que l'on se donne la peine de rassembler quelques étalons de la remonte de 1832 et un nombre égal de ceux de la remonte de 1842, on appréciera la différence. »

mense population, si bigarrée naguère encore, une race homogène et puissante : qu'on se rende compte alors de la force et de la richesse créées.....

Mais ces vues ambitieuses ne pouvaient être qu'un rêve ; abandonnons-les nous-même pour revenir à la réalité et disons, chiffres officiels en main, quelle part ont prise à la production nouvelle, à l'amélioration générale et les chevaux de pur sang et les chevaux non tracés. Nous simplifierons notre démonstration en procédant par moyennes quinquennales comme au tableau ci-après :

ANNÉES.	NOMBRE MOYEN d'étalons		MOYENNE DES SAILLIES par chaque étalon	
	de pur sang.	non tracés.	de pur sang.	non tracé.
De 1830 à 1835	8	122	23	32
De 1836 à 1840	16	98	38	40
De 1841 à 1845	19	123	44	47
De 1846 à 1850	20	163	49	53

Si nous voulions passer en revue les opinions divergentes que l'examen de ce petit tableau parviendrait à soulever dans le monde hippique, nous en ferions un volume, tout un volume de vaine et intarissable discussion. En effet, la question du pur sang et du demi-sang, toujours pendante, est là tout entière; mais nous pouvons abréger les explications de la théorie quand nous sommes si bien en face de la pratique.

Examinons donc en peu de mots les faits.

Le nombre des étalons de pur sang, comparé à celui des

étalons non tracés, n'est-il pas de beaucoup au-dessous des besoins? — Oui et non. — Oui, s'il est possible de l'accroître en animaux de premier ordre au point de vue de la conformation ; — non , s'il ne doit être augmenté qu'avec des reproducteurs indignes, fussent-ils du meilleur sang.

Dans l'étalon pur, bien plus que dans tout autre, il y a deux influences également puissantes : — celle du sang, toute morale, — et celle des formes, toute physique, qu'on nous permette ce langage. Ces deux influences, ces deux hérédités si l'on peut dire, sont en quelque sorte distinctes et indépendantes l'une de l'autre ; il en résulte qu'un étalon qui n'a pour lui que le mérite d'une origine brillante, alors même qu'il est exempt de toutes tares transmissibles, ne donne ordinairement, presque toujours même, que des produits manqués quant aux formes. Ceux-ci montrent ce qu'on appelle beaucoup de sang, c'est-à-dire une extrême finesse, une grande distinction, une haute noblesse, beaucoup de race, mais c'est tout. Les formes ne répondent pas à ces avantages ; le moral domine, la matière manque. C'est une force isolée, car elle n'a pas les instruments nécessaires à son emploi ; elle s'usera en pure perte. L'étalon né d'une famille moins célèbre, mais qui rachète ce fait par le mérite d'une conformation extérieure saine, régulière et athlétique, aura ordinairement, presque toujours même, une descendance forte , harmonieusement constituée , réunissant les deux avantages d'une bonne naissance et d'une structure recherchée par les services qui remboursent au plus haut prix les frais nécessairement un peu lourds de la production du cheval de luxe. Mais, si l'étalon de la première catégorie, à l'inconvénient déjà signalé en joint d'autres; s'il est taré, par exemple ; si, à la suite d'un entraînement poussé trop loin, il a été, dans des courses trop nombreuses ou trop violentes, exprimé jusqu'à la dernière goutte, oh! repoussez-le comme un danger. Il augmenterait le nombre de ces reproducteurs maudits qui portent avec eux le principe destructeur de

toutes les qualités physiques et morales (1). Si donc vous
ne pouvez grossir ce chiffre de vingt qu'aux dépens de la qualité, abstenez-vous ; n'allez pas au delà ; ne vous arrêtez pas,
au contraire, à une proportion systématique, si la fortune
vous favorise, si elle vous met en main des étalons capables
comme ceux dont nous avons parlé.

Mais, à défaut de ceux-ci, ne repoussez pas le reproducteur de demi-sang bien choisi, distingué, ample, corsé, libre
de tares et de nature énergique. Il ne fera pas progresser la
race peut-être, mais il ne la fera pas rétrograder. A côté du
pur sang même, il a son œuvre à remplir, et il l'a parfaitement remplie en Normandie ; car on lui doit une partie des
résultats acquis.

Nous savons bien que cette doctrine fera jeter les hauts
cris à des banquiers amateurs et à des hippiatres de pacotille,
comme dirait Pichard. Nous sommes habitué à les voir mor-
dre et ruer ; ceci ne nous émeut guère. Souvent témoin de
leurs gentillesses, nous n'avons jamais songé à intervenir.
Impassible, nous leur aurions plus volontiers jeté cette ex-
clamation d'un postillon à son attelage en rumeur : — Man-
gez-vous !

Mais nous avons avec nous des autorités bien autrement
imposantes : nous avons avec nous l'expérience, les faits qui
se comptent par milliers et des hippologues de bon aloi qui
ont pratiqué le cheval ailleurs qu'au jockey-club et au noble
jeu d'oie. Eh bien, voici ce qu'a écrit, en 1836, l'un de ces

(1) « Qu'on ne pense pas que tout soit dans le sang et qu'il suffise,
pour faire naître de bons chevaux, d'avoir un étalon qui arrive avec
des titres de noblesse ; il faut encore qu'il soit digne de son origine,
et que dans ce cas ses productions reçoivent des soins attentifs. C'est
être par trop exclusif de n'accorder de mérite et de ne reconnaître des
qualités qu'à celui qui se présente avec ses généalogies ; c'est un char-
latanisme anglais dont nous sommes la dupe. Qu'on y prenne garde,
tout en reconnaissant la supériorité du cheval de pur sang, je veux
pour moi qu'il ne soit pas dégénéré, qu'il possède les qualités qu'on
doit attendre de lui. »   (*Vicomte d'Aure.*)

hommes de cheval pour tout de bon, relativement à la question de savoir si la régénération de nos races françaises devait être poursuivie ou par l'emploi exclusif de l'étalon de pur sang, ou par l'emploi simultané de celui-ci et de son dérivé l'étalon de demi-sang :

« Le sang doit être regardé comme la base première de la régénération de nos races au moyen de laquelle on donne aux espèces qui s'appauvrissent la distinction, le fond et l'énergie; mais il doit être employé cependant avec discernement, afin d'entrer dans la création des espèces en proportion différente. Si le sol de la France ne pouvait et ne devait produire que des chevaux de selle, si l'agriculture n'avait pas besoin d'autres espèces moins légères et moins énergiques, si le luxe et l'armée ne réclamaient pas eux-mêmes des chevaux de taille et de conditions différentes, nul doute que l'emploi exclusif de l'étalon de pur sang ne fût ce qu'il y aurait de mieux; mais il existe des provinces où il ne peut jamais être utilisé avec avantage. Dans d'autres, au contraire, où plus tard il deviendra utile, il faut, auparavant, que la race des poulinières ait subi une variation et une préparation qui permettent de les employer, avec espérance de succès, à ce genre de croisement. Ce sont les résultats que l'on a obtenus qui souvent établissent les bases d'une opinion et font adopter ou rejeter un système; l'essentiel est de savoir faire la distinction des localités et du point où en sont les espèces pour leur donner ou le pur sang ou le demi-sang. Quand l'intérêt des hommes est engagé dans une question, il est difficile de changer leurs idées, à moins que des exemples ne viennent leur prouver qu'ils ont été dans l'erreur. L'administration des haras a senti la nécessité d'agir avec prudence et modération, puisqu'elle a adopté deux espèces d'étalons régénérateurs, celui de pur sang pour anoblir les diverses espèces, et celui de demi-sang pour perpétuer l'espèce des mères de ces chevaux destinés à la chasse, aux attelages de luxe ou à la grosse cavalerie. Malheureusement, si

l'on n'a pas bien compris la marche qu'elle doit avoir l'intention de suivre, c'est qu'elle n'a eu ni le temps ni les moyens
de peupler les haras de chevaux de demi-sang comme nous
devons les désirer. Mais, dans quelques années, l'emploi plus
étendu qu'on fait aujourd'hui du cheval de pur sang nous
fournira plus facilement un jour le cheval de demi-sang
comme nous le voulons. Nous avons l'espoir alors de voir
disparaître des haras cette foule de mauvais étalons dégénérés dont l'emploi, presque général, a tant contribué à abâ-
tardir nos espèces, et qui, désignés comme demi-sangs, n'ont
servi qu'à discréditer ce reproducteur chez certaines personnes qui se croyaient d'autant plus autorisées à repousser
cet étalon qu'elles prétendent que les Anglais n'ont jamais
employé à la reproduction que des chevaux de pure race. Je
sais fort bien que le cheval de race pure est presque généralement adopté aujourd'hui en Angleterre, mais c'est que
les Anglais savent choisir les poulinières qui peuvent lui être
données, soit en les faisant eux-mêmes, soit en les prenant
sur le continent. Croyons-nous que, pour arriver à l'emploi
presque unique de l'étalon de pur sang, il eût été possible
que les Anglais fissent autrement? Et pense-t-on que, si, privés de ces moyens d'exportation et de création, ils n'employaient que l'étalon de pur sang, ils n'aminciraient pas
assez leurs races pour n'être pas obligés de revenir à l'emploi
d'un reproducteur plus commun? D'un autre côté, qu'on
prenne garde, en employant trop légèrement le cheval de
sang, en le présentant comme remède à tous maux, de le
discréditer en compromettant ceux qui s'en sont servis sans
discernement; il serait à désirer que les partisans exclusifs
de pur sang connussent mieux les provinces chevalines de la
France. S'ils avaient consulté et visité chaque localité, s'ils
avaient étudié leurs divers besoins, leur agriculture différente, l'espèce de leurs poulinières et l'influence différente
du climat et du sol, ils auraient vu que les systèmes généraux ne sont point possibles. Certainement, lorsqu'on dit que,

pour faire de bons chevaux de demi-sang et de commerce, il faut prendre une grosse jument et l'accoupler avec un cheval de pur sang, il n'est pas douteux qu'un accouplement semblable amènera un bon résultat; mais il faut d'abord avoir la grosse jument : c'est là que gît la difficulté, et ce n'est que par le demi-sang et même par le quart de sang que nous l'obtiendrons comme nous l'avons déjà obtenue. Certaines provinces possèdent, sans doute, quelques poulinières comme on les désire, mais le nombre ne pourrait suffire au besoin de tous, et croit-on, quand il y en aurait assez, qu'on pourra décider les éleveurs placés pour accoupler par le pur sang à renouveler en masse toutes leurs poulinières? Que des hommes qui débutent dans cette industrie s'établissent sur des bases semblables, rien de mieux; ce sera d'un bon exemple pour les autres, surtout si les résultats de ce système atteignent un meilleur but, mais c'est une fusion qui ne peut se faire qu'avec le temps. Ce n'est pas d'aujourd'hui que nos races sont travaillées; la marche incertaine de nos haras pendant l'empire et la restauration est un peu cause de la lenteur de nos progrès, mais la cause la plus réelle et la plus certaine de notre fâcheuse position et de notre pauvreté, c'est que, depuis vingt ans surtout, on n'a rien fait pour faciliter le débit de nos races de luxe. . . . .

. . . .

« Le pays d'Auge et le Cotentin, où l'on trouve des juments carrossières magnifiques, aujourd'hui ne doivent leur amélioration qu'à l'emploi de l'étalon de demi-sang. Les juments de cette espèce sont les plus susceptibles de recevoir le pur sang pour donner une partie des chevaux que le luxe réclame; elles peuvent être aussi considérées comme race mère digne d'être importée, mais il faut, autant que possible, se garder de les dénaturer dans la localité qui les a vues naître. On doit chercher à les augmenter, à les entretenir avec des étalons qui, par leur origine, aient une parcelle de sang, afin que l'énergie s'entretienne sans que le volume diminue. (Vicomte d'Aure). »

Plus loin, M. d'Aure trouvait la poulinière du Merlerault moins capable de supporter le croisement de l'étalon pur. Écoutons-le.

« Ainsi, dans le Merlerault, qui est certainement l'endroit de France le plus propre à l'éducation du cheval de luxe, qui doit être considéré comme pouvant devenir un jour la pépinière des étalons de cette espèce; dans le Merlerault, dis-je, où s'élèvent même aujourd'hui des poulains que les nourriciers du Calvados achètent à grand prix pour en faire des étalons; dans cette province aussi essentielle, puisqu'elle est en quelque sorte l'avenir de toutes les autres, l'espèce des poulinières manque presque totalement : elles pèchent, pour la plupart, par la taille et par le manque de gros, et certes ce ne sera pas au moyen seul de l'étalon de pur sang qu'on leur rendra ce qui leur manque, si les éleveurs n'importent pas des juments plus fortes, car c'est par l'emploi trop prompt du cheval de pur sang que l'on a aminci l'espèce, en obtenant de très-jolis chevaux sans doute, mais aussi une foule de juments trop minces pour être livrées à la reproduction, surtout en les accouplant de nouveau avec le cheval de pure race.

« Du reste, il suffit de connaître un peu ce pays, d'avoir suivi la marche de son éducation chevaline pour se convaincre de ce que j'avance : un seul étalon de demi-sang, nommé *Rattler*, a produit à lui seul toutes les belles, bonnes et fortes juments du pays; sans ce cheval il n'y aurait plus une poulinière dans le département de l'Orne.

« *Rattler*, à lui seul, a soutenu la race des juments; les chevaux de pur sang n'ont fait que l'amincir. Plus tard les belles productions de *Rattler*, accouplées avec ces mêmes étalons de pur sang, ont donné de meilleurs produits ayant plus de gros; mais, si cette étoffe ne s'entretient pas par le demi-sang, la race de cette localité s'amincira encore.

« Quand on a de semblables exemples, pourquoi ne pas

se rendre à l'évidence? pourquoi repousser le demi-sang lorsqu'il est utile? Certainement il y aurait de l'avantage pour l'éleveur à se procurer de suite des juments assez fortes pour accoupler avec le pur sang ; mais cette révolution ne peut pas se faire instantanément, et pour le présent il faut, en tirant parti de ses ressources, ne rien faire qui puisse compromettre le pur sang, dont plus tard nous sentirons l'utilité et que nous pourrons appliquer avec fruit.

« On ne doit pas craindre, en travaillant à relever la race des poulinières par le demi-sang, que les produits qui émaneront de ces étalons ne rencontrent pas un débit facile ; c'est le cheval qui est destiné à avoir la plus grande vogue dans le commerce. Un cheval avec du gros et des membres trouve toujours sa place, et il aura de l'énergie, si un bon système de soins et de nourriture préside à son éducation ; seulement, à bien peu d'exceptions près, il doit être castré de bonne heure, ce qui en rendra l'éducation moins dispendieuse et plus simple, et aura, de plus, l'avantage d'éloigner de la reproduction une foule d'étalons qui ne peuvent transmettre des qualités qu'ils ne possèdent pas : c'est le cheval ainsi tracé qui devra servir à la petite propriété et à l'armée. Si l'éleveur des chevaux de ce genre n'a pas la chance de les vendre aussi cher que certains d'une race supérieure, il y aura dans les produits une uniformité qui lui permettra des bénéfices fixes, et, du reste, comme tout se compense en agriculture, les femelles d'une semblable origine auront plus de valeur, puisqu'elles seront destinées à faire des poulinières. Si certains éleveurs de cette race gagnent par les femelles, ceux qui s'adonneront à un sang supérieur, c'est-à-dire qui accoupleront par le pur sang, se retrouveront sur les mâles, qui courront la chance de devenir étalons ou chevaux de luxe plus distingués ; mais aussi les poulinières par trop racées et amincies perdront de leur valeur productive..... »

Après avoir exposé des idées générales, M. d'Aure a spécialisé davantage, et, se repliant sur la Normandie, il a concentré ses études pratiques sur le Merlerault, après avoir très-légèrement touché la question dans la vallée d'Auge et le Cotentin. Un autre, à la même époque, M. le comte de Rochefort d'Ally, s'occupait plus particulièrement du pays augeron. Voyons ce qu'il en a dit au même point de vue, et lequel de l'étalon pur ou du cheval de demi-sang il recommandait le plus.

« Personne ne contestera, dit-il, l'amélioration qui s'est opérée chez les poulinières augeronnes, lorsqu'elles ont été accouplées avec les étalons de demi-sang anglais, d'espèce *carrossière*. Cette amélioration est plus sensible pour le corps et les membres; mais, quand les têtes étaient busquées chez les mères, leurs poulains s'en ressentaient. On le voit par ce qui s'est passé : *Rattler*, qui était un second *Eclipse* pour le Merlerault, où il fit la monte si longtemps, a donné d'excellents poulains dans la vallée, dont les têtes, chez la plupart, sont encore restées défectueuses, et cela parce qu'en général nos juments ont la tête moins distinguée que celles du Merlerault. *Topper*, que nos *producteurs* de poulains considèrent, à juste titre, comme une autre providence, et que nous pourrions nommer le *Godolphin* de chez nous, a parfaitement produit, quant au corps et aux membres; on ne peut voir rien de mieux établi, de mieux soudé que ses rejetons; mais il n'a aucunement corrigé les têtes. Il en est de même des *Nostard, Cleveland* et *Lucholl. Prosélyte* a donné des sujets avec des têtes mieux conformées et des formes plus élégantes; mais on appréhendait que ses poulains fussent revêtus d'une robe dont le pays s'obstine à ne pas vouloir. *Talma* a donné de belles productions, ayant toutes des physionomies expressives; mais de ce qu'il a eu quelques-unes de ses productions sous poil alezan, de ce que quelques-unes d'elles ont eu une croissance moins hâtive, on s'est prononcé contre un des étalons qui aurait fait le plus de bien à la race augeronne. »

L'amélioration ainsi produite chez nous, par ces étalons anglais *carrossiers*, n'est, toutefois, qu'individuelle et passagère. Elle ne s'étend pas au delà d'une génération ; nous en avons la preuve convaincante par l'emploi qu'on a fait, dans le pays, des *Nicholson, Mage, Olsdam, Railleur, Rhéteur, Quartier-maître* et autres étalons semblables, tous issus de ces *carrossiers* anglais. Ces étalons indigènes avaient cependant été choisis avec le plus grand discernement et toute l'attention possible ; accouplés avec nos juments, leurs progénitures ont reparu avec toutes les formes qui caractérisaient l'antique race normande, formes dont on ne veut plus aujourd'hui. Une telle apparition tient uniquement au manque d'une plus grande quantité de *pur sang* dans les veines du père qui a engendré. Par la transmission, cette petite portion de *pur sang*, dont le père avait été doté, s'est atténuée, et elle s'est trouvée écrasée par la masse du sang *indigène* qui le prédominait. Il est de principe physiologique que, plus une race de chevaux est ancienne et concentrée en elle-même ; en d'autres termes, moins elle a reçu de croisements, plus les formes de sa construction extérieure sont difficiles et longues à modifier ; on n'y parvient qu'après plusieurs alliances successives avec une race dont le sang soit très-pur et très-abondant : or la race normande est ancienne. De ce qu'elle fut longtemps *à la mode*, on la fit perpétuellement rouler sur elle-même, c'est-à-dire qu'on ne la croisait pas avec une race étrangère. Si quelquefois nos juments ont été accouplées avec des étalons anglais, on s'emparait de leur fruit pour en faire, chez nous-mêmes, des producteurs ; alors le sang *indigène*, dont la mère avait pourvu l'enfant pour une moitié, se trouvait dominer chez lui, et il revenait dans tout son entier. Encore une fois, ce n'est que par plusieurs alliances consécutives qu'on peut insinuer dans les veines de l'animal le sang procréateur qu'on a choisi. C'est pourquoi il importe tant de bien constater la généalogie de nos poulinières et de les accoupler toujours avec des étalons de *pur sang*; car, si, après avoir obtenu une poulinière de *demi-sang*, nous n'avions pas l'attention de la faire couvrir encore par le *pur sang*, nous resterions stationnaires, et nous rétrograderions promptement en l'unissant à l'étalon *indigène*.

« C'est en 1834 que l'administration des haras a envoyé chez nous le *Vampire*, étalon de *pur sang*. C'est le premier de cette espèce qui ait fait une monte dans la vallée d'Auge. Il faisait partie de la station de *Troarn*. En 1835, la même administration a envoyé un autre étalon, le *Tetotum*, également de *pur sang*, à Beuvron. Il faut bien le dire, quoiqu'à regret, ces précieux étalons ont à peine sailli quinze juments chacun; ils n'ont pas eu la vogue qu'ils méritaient, et un résultat si déplorable n'était pas d'une nature encourageante pour l'administration des haras. Les *éleveurs* les plus importants ne regardaient ces étalons qu'avec indifférence; ils se plaignaient amèrement de leur légèreté, et ils ne voulaient pas s'en servir pour saillir leurs juments; ils les trouvaient enfin trop sveltes et trop peu en rapport avec la grosse corpulence de leurs poulinières. « Ils ne pour-« raient, disaient-ils, nous donner des *carrossiers*; nous ne « voulons que de ceux-là, parce que notre dernière res-« source est de vendre nos jeunes poulains aux cultivateurs « de la campagne, qui ne sauraient en employer d'autres « à leurs travaux agricoles. Nos juments sont fortes, nous « voudrions les accoupler avec des étalons encore plus forts « qu'elles, s'il était possible. »

« Un tel langage n'est pas même spécieux dans les circonstances actuelles. . . . .

« Parce que les *carrossières* augeronnes sont fortes, leurs propriétaires voudraient, disent-ils, les accoupler avec des étalons encore plus forts qu'elles, s'il était possible. Ce système est tout à l'inverse des principes hippiques que l'expérience et l'œil vigilant de l'érudition nous ont enseignés, et qu'il importe essentiellement de pratiquer, si on veut obtenir de bonnes productions : C'EST QUE LA JUMENT SOIT PLUS FORTE QUE L'ÉTALON. Ensuite il faut répéter ce que ne cessent de dire les auteurs qui ont le plus approfondi la matière : LA DIFFÉRENCE REMARQUÉE DANS LES DIVERSES ESPÈCES DE CHEVAUX S'OBTIENT PAR LES POULINIÈRES SEULEMENT. Désirer que l'étalon soit plus fort que la jument serait désirer que la race s'abâtardît au lieu de s'améliorer. En définitive, la force tient-elle uniquement à ce que l'animal soit plus ou moins colossal? non certes, nous le voyons tous les jours; de petits chevaux bien nerveux sont bien plus forts que de gros chevaux dont les membres sont tellement empâtés, qu'à peine si on découvre un de leurs muscles. De gros tendons, beaucoup de sang dans les veines dénotent mieux la force et la vigueur qu'un très-gros volume.

« Dans les productions issues de *Vampire* et de *Tetotum*, on reconnaîtra facilement que ces principes sont exacts. Ces productions, qui d'abord semblaient légères, sont devenues promptement ce qu'on pouvait les désirer; leur corpulence est parfaitement en rapport avec celle de leur mère; c'est au point que, si l'administration des haras se déterminait à renvoyer en monte à *Troarn*, l'an prochain, le premier de ces étalons, qui est tout à l'heure au dépôt de Saint-Maixent, il aurait pour le moins autant de vogue qu'aucun des autres étalons de la même station, et cela parce qu'il a engendré de bons et de jolis poulains. A la première monte, *Tetotum* obtiendra une pareille vogue, et cela par le même motif. Il est vrai que, cette année, il a été bien délaissé; mais il faut remarquer qu'il se trouvait à la même station que *Sylvio*, également de *pur sang*, et beaucoup plus fort que lui; ensuite ces poulains n'étaient pas connus; mais leurs formes élégantes, leur volume ont atteint ce qu'on désirait; de telle sorte qu'il passe maintenant pour un excellent reproducteur, et que plusieurs propriétaires qui méconnaissaient ses productions regrettent d'avoir donné la préférence à *Sylvio*.

« Selon les règles de la physiologie, la différence de corpulence qui existerait entre le mâle et la femelle procréateurs, partagée par un juste milieu, doit faire présumer quelle sera celle de leur enfant. Mais, chez les chevaux, la croissance participe encore plus de la mère; aussi voyons-nous des *carrossières* fortes, saillies par le *pur sang* léger, donner de forts poulains *carrossiers*, dont les membres, à leur naissance, sont très-prononcés jusqu'au genou et au jarret; les canons ensuite sont longs et minces; mais les tendons sont bien détachés et extrêmement prononcés. La différence de l'épaisseur de la peau d'un poulain *indigène*, ou d'un poulain de *pur sang*, suffit déjà pour donner cet amincissement aux extrémités. De tels poulains deviendront, bien certainement, d'excellents chevaux d'*agriculture*; parvenus à l'âge adulte, ils seront propres au service du *luxe* et de l'*opulence*.

« Quiconque connaît les herbages de la vallée d'Auge a la pleine certitude qu'aucun animal qui les paîtra n'y amincira jamais. A coup sûr, c'est de cette vallée que sortiront les plus forts chevaux de *pur sang* qui aient encore paru. Dans ces herbages, tout concourt à donner une croissance extraordinaire; ainsi, sans s'arrêter à ce que les étalons de *pur sang* sont plus légers que ceux qui les ont précédés, que les propriétaires de juments emploient ces étalons à l'accouplement de leurs poulinières, et ils en retireront des productions excellentes, qui attireront chez eux les consommateurs les plus précieux, le *luxe* et l'*opulence*. C'est la nature qui a tracé cette règle de croissance extraordinaire ; c'est donc, par cela même, que cette règle est inamovible. »

La contradiction n'est qu'apparente entre les deux opinions exprimées par MM. d'Aure et de Rochefort d'Ally; si elle est à la surface, elle n'est plus au fond de la question. Ni l'étude du premier ni les observations du second n'arrivent à des règles absolues; elles pèchent toutes deux par un côté, parce qu'elles n'ont vu,—l'une et l'autre,—qu'un fait unique, apprécié en dehors de ses aboutissants. Elles sont, dès lors, demeurées exclusives; c'est un tort. Ce tort, elles ne l'auraient point eu, si elles n'étaient venues un peu prématurément. Elles constituent un avortement, comme tout ce qui est né avant terme.

Expliquons-nous.

Toutes les idées émises par M. d'Aure sont parfaitement justes, une seule exceptée. Il emploie l'étalon de pur sang pour obtenir l'étalon de demi-sang; mais ce dernier n'est une nécessité que pour entretenir, chez la poulinière destinée au premier, la taille et l'ampleur, le développement et la corpulence, sans lesquels l'étalon de pur sang donne des produits trop grêles et trop minces, plus fashionables que puissants, plus irritables que résistants, d'un élevage plus difficile et plus cher, d'une défaite peu aisée et peu profitable. La pensée de M. d'Aure va plus loin; elle se promène sur les diverses races du pays, et à chacune il attribue un rôle, une spécialité. Celles-ci, exclusivement vouées au demi-sang, formeront de précieuses pépinières, dans lesquelles viendront puiser les localités mieux posées pour la production exclusive par l'étalon de demi-sang. Et, par exemple, les poulinières cotentines et augeronnes, tenues au régime du cheval de demi-sang carrossier, feront merveille dans le Merlerault, accouplées avec l'étalon de pur sang; la jument du Merlerault, livrée à celui-ci, produirait toujours trop mince et donnerait des non-valeurs, qui rendraient extrêmement onéreuse, impraticable, par conséquent, l'industrie chevaline aux éleveurs de cette contrée. La conséquence de ce système est facile à déduire; c'est l'importation, incessamment renouvelée, de poulinières propres à recevoir l'étalon de pur sang, et la production de chevaux de demi-sang d'un ordre très-élevé. Les mieux réussis et les plus précieux deviendront des reproducteurs de mérite; les autres et les femelles entreront dans le haut commerce comme chevaux de luxe et de grande valeur.

Deux objections doivent être faites à ce système :

1° Il ne stabilise pas la race. Or l'expérience a condamné, dans tous les temps et dans tous les lieux, les importations de juments. Cette voie est toujours restée stérile, à moins qu'il ne s'agisse des races pures, qu'on environne de soins spéciaux et qui trouvent en elles, dans le caractère propre à leur condition de race pure, une force de résistance qui n'existe pas chez les autres.

2° On se rend difficilement compte que des alliances susceptibles de donner des étalons d'un réel mérite ne produisent pas parallèlement des femelles d'une valeur au moins égale, capables d'être utilisées, à leur tour, comme mères, comme matrices.

Le mode des croisements alternatifs lève toutes difficultés à cet égard. L'expérience a démontré qu'il est possible de faire sur place (et il y a tout avantage à procéder ainsi) la jument de demi-sang forte et corpulente, apte à produire l'étalon de demi-sang, soit avec un étalon pur, soit avec un étalon non tracé. Nous avons précédemment indiqué les règles de ce genre de reproduction, beaucoup plus simple et rationnel que celui dont les bases ont été posées par M. d'Aure. Toutefois, on voudra bien le remarquer, notre théorie, expression plus ou moins heureuse, mais exacte de la pratique, confirme, à tous égards, le conseil donné par M. d'Aure, d'employer à la reproduction améliorée de nos races et le cheval de pur sang et l'étalon non tracé.

M. le comte de Rochefort d'Ally, sous prétexte de climat humide et doux, de gras pâturages et d'abondantes pâtures, qui ramènent toujours au gros, au commun, à la masse, à la lymphe, tombe dans l'excès contraire et ne veut que des étalons de pur sang. Les autres n'opposent pas aux circonstances locales, à l'indigénat, une force assez considérable pour les vaincre complétement. Il en résulte qu'on reste en

route et qu'on n'atteint pas le but. Or c'est le but qu'il faut
atteindre. Soit ; mais il ne faut pas le dépasser, et c'est le
résultat qu'ont obtenu les éleveurs dont la pratique absolue
a littéralement appliqué le conseil, par trop absolu, de M. de
Rochefort d'Ally. Si les premiers produits dus à l'accouplement avec le pur sang, grâce aux avantages de la localité et
aux fortes proportions des poulinières, n'ont pas présenté,
dans la vallée d'Auge, les inconvénients signalés dans le
Merlerault, par exemple, il n'en a plus été de même à la seconde ni à la troisième génération. Les membres se sont
amincis, les dimensions corporelles ont été fort réduites, et
les améliorations obtenues par ailleurs ne semblent pas avoir
compensé la perte du volume, du poids, l'avantage d'une
forte *corporence*, comme dit M. Rochefort d'Ally. Il a donc
fallu revenir sur ses pas et reprendre l'étalon de demi-sang ;
mais la réaction s'est opérée avec tout aussi peu de mesure,
et l'on avait par trop délaissé l'étalon de pur sang, après
l'avoir fait intervenir d'une manière trop active. L'expérience a donc appris à ménager l'emploi de ce reproducteur,
à en calculer les forces, à ne l'admettre qu'en proportion
juste et nécessaire à une fabrication utile.

Nous aurons été le premier, apparemment, à poser les
règles générales de cette intervention, règles ignorées ou
seulement pressenties par ceux qui nous ont devancé. Nous
croyons être sorti des recommandations vagues et banales de
la plupart des hippologues et avoir établi, d'une manière
plus certaine et plus stable tout à la fois, le mode rationnel
d'emploi alternatif des deux ordres de reproducteurs. Partout, les faits sont pour lui. Le principe du pur sang a maintenant triomphé ; il reste à apprendre la manière de s'en servir à beaucoup de ceux qui sont en position de l'appliquer.
Mais nous sommes dans un milieu où les connaissances pé-
nètrent vite, parce que l'intérêt ouvre rapidement l'intelligence ; or une cause est gagnée quand à l'engouement
ou à la résistance irréfléchie succèdent l'examen impar-

tial et le raisonnement éclairé par les faits, quand aux obscurités de l'inconnu succèdent les clartés d'une pratique attentive.

Nous ne sommes plus au temps où, pour n'articuler ni oui ni non, on disait tout à la fois non et oui. L'éleveur, alors, restait en face de soi dans un doute étrange ; ne sachant au juste sur qui faire retomber la responsabilité de ses mécomptes, il s'en prenait à tout et à tous, produisait au hasard, menaçait de s'abstenir et, pour combler la mesure, fermait les yeux à l'évidence, les oreilles à la vérité matérielle, de façon à n'y plus voir que du feu, à n'entendre plus ni à hue ni à dia, de façon à en donner sa langue au chien.

Mais, aussi, qu'on en juge par l'échantillon que voici, extrait d'une publication normande qui remonte à 1845. L'article porte ce titre :

— *Le pur sang en Hanovre*. Nous le copions en entier.

« L'opinion de ceux de nos collaborateurs de la *Normandie agricole* qui, depuis longues années, se sont occupés de l'industrie chevaline de nos départements n'a jamais été douteuse sur la question de l'introduction du *sang* dans nos races de chevaux. En toute occasion, ils ont dit et écrit que le pur sang, qui, dans une juste proportion, devait ajouter de la qualité aux chevaux de la Normandie, a produit l'effet contraire, par suite de l'emploi inintelligent que l'on a fait de ce moyen d'amélioration. Ainsi, au lieu des chevaux étoffés, puissants de membres que nous avions autrefois, les croisements faits au hasard ou par application d'un système à peu près exclusif nous ont donné ces produits décousus, grêles dans les membres, qui, n'ayant aucune des qualités des deux races dont ils procédaient, étaient de mauvais et vilains chevaux que personne ne voulait et ne pouvait vouloir, car ils n'étaient propres à aucun service.

« Depuis quelques années, une réaction s'est opérée en présence de ces fâcheux résultats. On a fait des accouplements et des croisements plus judicieux ; malheureusement le mal était déjà grand, et il faudra longtemps encore pour le réparer. Aujourd'hui que l'engouement a cessé, on veut des étalons membrés, afin de rendre du dessous à nos chevaux : administration des haras et éleveurs ont compris qu'il fallait faire autre chose que ce que l'on avait fait, et l'on travaille à tirer le meilleur parti de ce qui est.

« Nous rappelons ces faits à l'occasion d'une lettre que vient de publier le journal des *Maîtres de poste* sur les résultats produits par le pur sang employé dans le Hanovre avec aussi peu de discernement qu'il l'a été en Normandie. La lettre qui suit confirme pleinement les observations faites dans nos départements, et justifie un heureux retour vers un autre système de production chevaline.

« Une personne de ma connaissance, dont j'estime d'au-
« tant plus le témoignage qu'elle possède de profondes con-
« naissances en hippiatrique, et que ses récits, dictés tou-
« jours par sa propre expérience, sont parfaitement vrais,
« vient de me dire, à la suite d'une tournée faite récemment
« dans le nord de l'Allemagne, le Hanovre, le Brunswick
« et l'Oldenbourg, que l'on s'y plaint amèrement d'avoir
« cédé à l'aveuglement du *pur sang anglais*. Le Hanovre,
« surtout, semble en avoir beaucoup souffert. Les proprié-
« taires se refusent aujourd'hui à faire saillir leurs juments
« lorsqu'on veut leur imposer un étalon *pur sang*. Comme
« le haras du gouvernement compte plus de 60 de ces éta-
« lons sur à peu près 200, il est facile de comprendre que
« parmi eux il devait y en avoir de trop fins ou de défec-
« tueux.

« Outre ceux qu'on allait prendre en Angleterre, on en
« achetait en grand nombre chez M. *Litchtwald*, dont le
« nom est assez connu ; on allait même jusqu'à prendre
« chez les éleveurs de Mecklenbourg tout ce qu'ils avaient
« de superflu en *pur sang* : de cette manière, la belle race
« de trait dite *hoya* est entièrement dénaturée, et on peut

« dire même, avec vérité, qu'elle n'existe plus que dans le
« souvenir.

« La gravité et la publicité des plaintes qui s'élevèrent à
« ce sujet ont enfin amené la destitution du comte de
« Spoerker, directeur en chef des haras du Hanovre; on
« ignore jusqu'à présent le nom de son successeur : en at-
« tendant qu'il soit nommé, c'est le frère du comte Spoerker
« qui remplit ses fonctions.

« A Brunswick, M. de Hunedsworf, qui vient d'être
« chargé de la direction des haras, s'attache avec zèle à ré-
« parer le mal fait par le pur sang trop fin, en employant,
« pour le moment, des étalons massifs et même grossiers,
« afin de rétablir un équilibre plus convenable dans les
« races du pays. »

« Nous ne terminerons pas sans faire observer qu'il faut
éviter avec soin de tomber dans l'excès contraire à celui
dont on déplore les effets. Le retour vers un autre système
de production, loin d'être un remède, serait un nouveau
mal, si, au lieu d'une espèce de chevaux qui, par la légèreté des formes, par la nature, ne répond pas aux besoins
du pays, on produisait, sous prétexte d'avoir du gros, de
l'étoffé, une race aux formes massives, au tempérament
lymphatique, des chevaux à sétons, sans énergie, dont on
serait tout aussi embarrassé qu'on l'a été récemment de ces
bâtards de pur sang, contre lesquels des protestations ont
fini par s'élever de toutes parts.

« On sera près d'arriver au bien lorsque l'on élèvera des
chevaux qui, n'étant ni trop légers ni trop empâtés, seront
assez forts pour que le cultivateur puisse, sans nuire à leurs
qualités, trouver, dans le travail modéré qu'il leur imposera,
un dédommagement aux dépenses qu'il sera obligé de faire
avant de pouvoir les vendre. L'expérience a démontré que
ce système d'élevage est le plus rationnel, et celui auquel il
faudra nécessairement revenir.

« Comme complément de la lettre et des observations

ci-dessus, nous croyons utile de publier ici le document suivant :

« La foire aux chevaux de janvier, à Hambourg, a été, « cette année, très-considérable. Le nombre des chevaux « amenés du Holstein, de la Jutlande, du Mecklenbourg et « du Hanovre était de 2,700. — 1,200 de ces chevaux, « surtout en carrossiers, ont été achetés pour la France.

« Il a été remarqué que le Mecklenbourg et le Hanovre, « qui, autrefois, fournissaient le plus grand nombre de « chevaux à cette foire, y en ont amené le moins cette an-« née. On attribue cette diminution à l'introduction du « sang anglais dans ces deux pays. »

A quels tâtonnements n'est pas abandonné le praticien quand il se trouve en face de faits rapportés et commentés de la sorte !

La situation actuelle est bien tranchée. Les races de luxe normandes sont soumises au même régime ; c'est le même mode de reproduction qui les enlace et tend à les fondre dans une seule et même famille, laquelle aura ses variétés, mais se distinguera bien plus par ses traits de ressemblance que par ses caractères d'éloignement. Ce résultat, d'ailleurs, ne sera pas seulement la conséquence du système d'amélioration appliqué, de l'emploi persévérant de reproducteurs homogènes, il sera aussi la suite nécessaire et forcée de méthodes d'élève et d'éducation perfectionnées. Ainsi, dans les pays d'herbages, les produits sont, dès à présent, moins abandonnés à l'état de sauvagerie des anciens temps ; on s'en occupe davantage et on les élève en vue de leur destination, — le travail : ils sont donc mûris plus vite et mis à même d'entrer plus tôt en service. Dans la plaine, la fatigue est moindre ; on ménage mieux les forces, tout en nourrissant plus substantiellement : dès lors les élèves ne sont pas usés prématurément et arrivent plus complets à l'âge de la vente. La plus grande valeur des produits commande plus de soins dans l'élevage ; la certitude d'un placement plus avantageux impose des attentions et des ménagements qu'on n'accordait plus aux animaux repoussés par le consommateur. Il y a solidarité dans les moyens qui assurent le progrès comme dans les causes qui poussent fatalement à la dépréciation.

Ce n'est donc plus ni à la race de selle du Merlerault, ni à la race carrossière du Cotentin, ni à toute autre, que nous avons affaire maintenant en Normandie. Ces dénominations doivent disparaître. Ce qui les avait fait naître, c'était une influence locale aidée d'un mode d'élevage qui laissait toute action aux forces mêmes de l'indigénat. Ces causes sont aujourd'hui combattues tout à la fois et par l'étalon, qui puise son autorité en lui, dans l'ancienneté de la race, — et par les procédés d'élève, qui substituent la main de l'homme aux influences exclusives de la localité. C'est un ordre d'actions tout autre. On comprend que les produits qui lui restent soumis pendant plusieurs générations viennent se niveler sous des caractères nouveaux et semblables, et que les anciennes races s'effacent sous les traits rajeunis d'une nouvelle famille.

Celle-ci a pris le nom de famille anglo-normande de demisang ; elle n'a pas de siége spécial. On la retrouve dans le Merlerault, dans les environs du Courtomer, du Mesle-sur-Sarthe et d'Alençon, tout aussi bien que dans le Bessin, le Cotentin et les différentes vallées du Calvados, tout aussi bien que dans la plaine de Caen, où, fidèles au passé, les cultivateurs réunissent des différentes parties de la Normandie, pour les élever, les poulains dont les producteurs se défont au sevrage.

Malgré cela, on saisit encore, et il en sera toujours ainsi apparemment, des nuances assez tranchées et qui ne permettent pas d'attribuer à l'Orne, par exemple, un produit du Calvados ou de la Manche, et réciproquement. Le cheval élevé dans la plaine se distingue également des précédents; mais insistons sur ce point, que les différences actuelles ne sont point assez profondes pour autoriser des dénominations de races qui ne sont plus justifiées, et que ces différences disparaissent presque complétement quand les produits de ces localités sont particulièrement étudiés sous le rapport des rapprochements ou de la ressemblance.

Nous n'admettons pas, par conséquent, la séparation un peu trop absolue que M. Person a faite de la population chevaline des départements de l'Orne, du Calvados et de la Manche.

« Chacun de ces départements, dit-il, possède une race distincte : — race du Merlerault, dans l'Orne ; — race augeronne, dans le Calvados ; — race cotentine, dans la Manche et le Bessin.

« Une quantité considérable de sujets de ces diverses races élevés dans la partie du Calvados nommée la plaine de Caen y reçoivent, pour les influences du travail et de la nourriture, des modifications importantes, et entrent dans le commerce sous la dénomination de chevaux de la plaine.

« Le cheval du Merlerault est généralement d'une taille moyenne. Il a de l'élégance, la tête carrée, l'encolure bien sortie, l'épaule bien faite, les reins courts, de beaux membres, parfois un peu grêles ; les jarrets n'ont pas toujours la netteté désirable ; il manque assez souvent d'étoffe. Il a de la liberté d'épaules, de la légèreté, de la vitesse. Il est particulièrement propre au service de la selle et au tilbury.

« Le cheval cotentin, moins élégant, a souvent la tête commune, l'encolure courte, l'épaule chargée, le devant bas, le dos un peu long ; mais il a des membres, de l'étoffe, du tempérament, du fonds. Il est propre à tous les services.

« Le cheval augeron a plus de taille que celui du Merlerault, plus de distinction que le cotentin ; il a de belles formes, de la branche, du corps, de la longueur de hanche. Quelquefois un peu décousu ; ses membres ne répondent pas toujours à son volume, ni ses allures à sa beauté. L'attelage est sa spécialité.

« Le cheval de la plaine, ainsi que je viens de le dire, appartient presque toujours à l'une de ces trois races, et en conserve les caractères généraux. Seulement les travaux agricoles et le régime auquel il est soumis de jeune âge lui impriment un cachet particulier, qu'il serait fort difficile de définir, quoique facile à reconnaître. Il est susceptible de tous les genres de service, et si son éducation lui fait perdre un peu de sa liberté d'épaules, de sa netteté de membres, de sa fraîcheur d'allure, d'un autre côté son acclimatation à l'écurie, son habitude de travail, sa douceur présentent une compensation plus que suffisante. »

Cette étude, on le voit, a été faite au point de vue des dissemblances; mais en la méditant, on s'aperçoit qu'elle ne signale que des nuances, des différences légères : celles-ci tiennent à un peu plus ou un peu moins de distinction, à un peu plus ou un peu moins d'élévation de la taille; elles ne portent sur aucune partie essentielle. Le cheval normand, qu'on le prenne dans le Merlerault, dans la vallée d'Auge, dans le Cotentin, ou dans la plaine, est très-manifestement le produit d'un reproducteur de sang; il en a tous les caractères, tous les avantages et toutes les qualités. Ce qui doit le plus frapper dans la courte description donnée, en 1850, par M. Person, c'est le degré d'amélioration qu'elle constate. Il y a loin, en effet, de ce portrait à celui que nous avons emprunté au même auteur et qui montrait la population dégénérée sous l'influence de l'étalon normand. Ce qui doit étonner encore, c'est la rapidité avec laquelle s'est opérée cette transformation sous l'influence de reproducteurs améliorés et plus élevés sur l'échelle de l'espèce. Ce résultat prouve fort en faveur du système adopté. Mais la description de M. Person, —embrassant le gros de la population, — ne donne qu'une moyenne des traits caractéristiques des diverses branches de la nouvelle famille. Or nous avons pris soin de noter que les haras s'étaient bien moins préoccupés, en Normandie, de la population en masse que de celle de certains points plus favorables et plus avancés. Là, le progrès est bien plus marqué, et les caractères d'amélioration tout à la fois plus prononcés et fixés d'une manière plus stable. Il en résulte que la production de l'étalon de demi-sang, du cheval destiné à reporter dans une grande partie de la France les qualités propres aux chevaux de l'époque, est arrivée, en Normandie, à un point de perfection très-satisfaisant. Et ceci date de quelques années, puisque nous avons pu le poser comme un fait à l'abri de toute controverse dans le compte rendu de l'administration des haras pour l'exercice 1849. Nous disions alors en parlant des ressources créées en Normandie pour la remonte des haras et dépôts :

« L'administration a donc eu raison de se créer des ressources pour la remonte de ses établissements ; son succès dans cette voie a été si complet, qu'elle trouve aujourd'hui, en Normandie, une notable quantité d'étalons de demi-sang du plus grand mérite, que ses dépôts possèdent une collection de reproducteurs de choix qu'on ne rencontre dans aucune autre partie de l'Europe. »

Tel était le but à atteindre ; en le poursuivant il était impossible que le progrès ne descendît point au gros de la population, et que de proche en proche cette dernière ne se ressentît pas, à un degré élevé, des perfectionnements réalisés dans les rangs supérieurs. Nous avons laissé dire à M. Person ce qu'il en pensait. Si les trois variétés qu'il a distinguées ne sont pas encore la perfection, il faut pourtant reconnaître qu'elles ont, et sous le rapport des formes et sous le rapport du sang, une supériorité très-marquée sur les produits étrangers que les fils d'Israël sont parvenus à introniser chez nous à la plus grande gloire du maquignonnage cosmopolite, mais au grand détriment de la production française. Ce commerce antinational n'a jamais eu d'adversaire plus déclaré ni plus vif que nous ; nous voulions y mettre un terme. Nous étions parvenu à l'affaiblir. Le plus difficile était fait. Nous verrons ce qu'il deviendra sous l'influence

des mesures qui ont changé la marche du service des haras
depuis que la direction nous en a été retirée. A cet endroit,
nous avons de fâcheux pressentiments; Dieu veuille qu'ils ne
se réalisent pas! Mais pourquoi notre chute a-t-elle si fort
réjoui tous ces braves gens qui font exclusivement le commerce des chevaux étrangers? Personnellement , nous ne
connaissons aucun de ces messieurs. D'où vient donc toute
cette joie? Mais qu'on ne s'y trompe pas, nous nous en tenons pour fort honoré. A quelque chose malheur est bon ;
notre disgrâce aura eu cet avantage, de nous faire connaître
et nos amis et nos ennemis. Nous voyons très-clair, en effet,
dans notre situation.

Quoi qu'il en soit, c'est un joli cheval que le cheval anglo-
normand ; mieux que cela encore, c'est un cheval de service
plein de qualités et résistant, plus résistant qu'aucun autre.
Et ce mérite n'est pas d'hier ; l'expérience l'a révélé dans
tous les temps. Cependant, combien le savent? Bien peu,
sans doute. Dès 1836, M. d'Aure, cherchait à vulgariser ce
fait et s'exprimait ainsi :

« Quoiqu'ils soient supérieurs en modèle et en qualités,
les chevaux étrangers n'ont pas pourtant des garanties de
durée aussi longues que nos jeunes chevaux. . . . .

« Il y a des exemples cependant qui devraient nous éclairer pour prouver que nos races peuvent rivaliser avec les
races étrangères. Il n'y a pas vingt exemples, peut-être, à
Paris , de chevaux anglais ayant coûté 4 et 5,000 francs,
qui soient restés dix ans chez le même propriétaire; on
pourrait en citer mille de chevaux français qui, depuis
quinze ans, sont restés dans les mêmes maisons. Que l'on
consulte seulement, pour cela, le service des écuries du roi;
il y existe encore aujourd'hui des chevaux normands achetés au commencement du règne de Louis XVIII. La qualité
de nos chevaux indigènes est si réelle, quand on sait les attendre, que même les Anglais qui sont loueurs de carrosses
à Paris trouvent plus d'avantage à atteler leurs voitures

avec des chevaux indigènes que de se procurer, pour ce service, de vieux chevaux anglais qu'ils auraient pourtant la
facilité d'obtenir à vil prix. C'est à l'user qu'ils ont senti
que nos chevaux pour les services pénibles étaient préfé-
rables. »

Ce qui était vrai en 1836 est encore vrai en 1853. Le
produit de la famille anglo-normande est donc un beau et
bon cheval. Par sa force, sa corpulence et sa taille, il donne
le moteur propre à tous les services du luxe de l'époque.
Moins grand et plus svelte, il fournit un cheval de selle élégant ou un cheval de chasse puissant ; plus développé et plus
ample, il attelle brillamment le carrosse et le tilbury. Ce
n'est plus l'affreuse parenthèse que nous avons trouvée dans
le passé de la race, mais une conformation régulière qui
entre et tient dans son carré. La tête est noble, intelligente,
bien attachée ; l'encolure a de la grâce dans sa pose et dans
sa forme ; l'élévation du garrot vient au secours de ces deux
parties et leur offre un point d'appui tout à la fois brillant
et solide. La ligne du dessus, convenablement tracée, est
courte dans la variété propre au service de la selle et plus
longue dans celle dont l'aptitude est l'attelage ; le corsage
a beaucoup plus d'ampleur que dans les anciennes races ;
l'arrière-main ne manque pas de puissance et les membres
sont particulièrement fournis dans les rayons supérieurs. Il
a de la vitalité, du mouvement, une vitesse très-satisfaisante.
La peau est fine et souple, recouverte d'un poil assez fin et
assez court pour rappeler et faire sentir l'origine : aux extrémités, on n'a plus à redouter les infiltrations ; le tissu
cellulaire est rare, et la lymphe moins abondante. Le cornage et la pousse sont désormais des accidents très-rares ; la
fluxion périodique est presque inconnue ; les maladies sont
plus aigües, d'un traitement plus sûr et d'une guérison plus
prompte. Il y a de la sensibilité et de la vitalité ; la vie est
active comme dans les natures bien douées ; il y a moins de
prédisposition à la graisse et plus de véritable énergie. Le

manteau est très-généralement bai; cependant on voit quelques chevaux gris ou alezans. Chez ces derniers, il y a parfois trop de blanc à la tête et des balzanes un peu haut chaussées. Mais la robe baie est presque toujours d'une teinte vive et riche, rarement déparée par des taches blanches trop étendues.

Est-ce à dire que la famille anglo-normande a atteint son plus haut point de perfection et qu'il n'y ait plus rien à lui faire gagner? Non certes, elle a encore à prendre : ainsi, sa poitrine n'est pas assez spacieuse et ne mesure pas assez au passage des sangles, malgré l'amélioration très-marquée déjà obtenue ; ainsi le rein est encore un peu étroit et les hanches laissent à désirer dans leur écartement ; ainsi le dessous n'est pas assez fourni et montre, en général, trop de gracilité, notamment sous le genou ; ainsi, enfin, la longueur des membres éloigne souvent un peu trop le corps de terre. Telles sont les imperfections à combattre chez les produits de la nouvelle famille. Elles sont le fait du cheval de pur sang ou trop près du sang dont la force d'expansion l'emporte souvent sur les influences contraires. L'élongation rapide et brusque est un inconvénient contre lequel l'éleveur ne sait pas encore se mettre en garde. Le remède de ce mal est dans la nature de l'alimentation. Cette question viendra, plus tard, en son lieu et place. Le choix des reproducteurs peut aussi le combattre, et dans ce cas c'est particulièrement la femelle qui doit se présenter dans des conditions opposées. C'est à elle surtout qu'il appartient d'être large et écrasée, suivant l'expression imagée qui a passé dans le langage technique. Ceci est devenu une nécessité. Les poulinières sont, en général, trop hautes, et l'élévation de la taille tient trop à la longueur des membres. Le cheval de pur sang, allié à de semblables conformations, tend à les exagérer encore ; il ne les corrige pas. Il faut donc chercher le correctif dans une structure moins enlevée, plus concentrée. Le genre d'alimentation aiderait puissamment au résultat proposé; mais les habitudes sont prises, et il faudra trente ans peut-être pour obtenir un commencement de réforme dans cet ordre d'idées. Il s'ensuit qu'il faut particulièrement s'adresser aux étalons et en fournir qui fassent — seuls — à peu près toute la besogne. Nous avions reconnu cette nécessité, et nous avions fait rechercher, en Angleterre, des reproducteurs dont la tâche était précisément celle-là.

Une première introduction a eu lieu en 1851. Nous en avons rendu compte dans un document officiel duquel nous extrayons le passage suivant :

« Sous la qualification d'étalons carrossiers de demi-sang, nous avons confondu les chevaux de trait, trotteurs du Norfolk, ramenés d'Angleterre en janvier 1851; ils sont au nombre de douze et forment en quelque sorte classe à part. Ils appartiennent à une famille à peine connue en France. Ils sont le produit de savantes combinaisons pratiques entre le cheval de pur sang et diverses races carrossières, de chasse ou de trait, améliorées par des croisements antérieurs; ils donnent le cheval de service que les marchands de Paris prennent à Londres aux mains de leurs confrères et vendent à chers deniers aux amateurs parisiens. L'introduction de cette race, particulière au Norfolk et au comté d'York, a obtenu l'assentiment général. Jugée par les animaux de choix importés, elle réalise l'idéal de la force unie à une grande légèreté : elle est grosse, épaisse, corpulente et membrue; elle a de la distinction en suffisance, et dénote toute l'énergie désirable par l'activité de ses mouvements et sa résistance au travail. Pour la plupart, ces nouveaux venus ont été envoyés en Normandie. Comme résultat, ils apprendront à faire le cheval de demi-sang fort et léger; comme moyen, ils donneront du gros et du carré à la famille anglo-normande, qui ne trouve pas encore en elle toutes les ressources nécessaires à une reproduction perfectionnée. Elle sera donc tout à la fois un enseignement et une cause de progrès.

« A ne voir que les quelques animaux introduits, on se

fait de la race d'où ils sortent une opinion plus erronée que vraie. On croit volontiers à la facilité de se procurer de nombreux reproducteurs d'élite, et la pensée vient de l'utilité qu'on retirerait d'une importation considérable. La chose n'est pourtant pas aisée : en étudiant les généalogies établies avec le plus grand soin, on découvre que les pères de la race sont à peine saisissables, et que les fils, si clair-semés jusqu'ici, ne sont encore, à vrai dire, que des accidents heureux. Le difficile, c'est de faire naître ces accidents, afin d'en tirer avantage et d'en obtenir des fruits abondants. La race dont il s'agit mérite à peine ce nom; elle est en voie de formation, résulte de combinaisons très-différentes et n'est point encore bien confirmée. Le but auquel tend l'é-leveur qui la cultive est parfaitement défini ; mais les routes pour l'atteindre sont très-multipliées et très-diverses. Après tâtonnements, après quelques générations, on arrive au point cherché, mais on ne mesure pas encore avec certitude le temps nécessaire à l'accomplissement de l'œuvre. Souvent on essaye la même poulinière avec divers étalons avant de réaliser ses espérances. On fait bien le cheval de service; on n'obtient qu'exceptionnellement l'étalon capable de re-produire de toutes pièces la race elle-même. Celle-ci n'est qu'un résultat de l'art, un produit artificiel, qui n'a point été fixé d'une manière bien certaine. Les mêmes moyens donnent et perpétuent ce produit; mais, comme il résulte d'éléments presque toujours nouveaux, il n'a pas encore pris le caractère de permanence qui constitue et fonde une race.

« Quoi qu'il en soit, les étalons trotteurs du Norfolk sont extrêmement rares et difficiles à trouver. L'administration les a introduits pour leur valeur particulière, individuelle, et non pas comme principe ; elle a cru utile de les marier à la jument anglo-normande, pour rendre à celle-ci un peu de gros et de commun, sans lui rien laisser perdre du sang noble qui coule déjà dans ses veines. Il doit en épaissir les formes, en élargir la structure et la confirmer dans les qualités qu'elle tient de son origine. Aucun autre étalon ne remplirait le but que l'étalon pur sang bâti en athlète, que le cheval pur élevé en Normandie dans les conditions mixtes de l'élevage du pur sang et du demi-sang. Cet étalon n'existe pas. Le haras du Pin était en voie de le produire, quand le haras du Pin avait une jumenterie convenablement peuplée. Un vote législatif, qui remonte à 1841, a fait abandonner l'œuvre dans l'espoir de la voir reprendre par l'industrie privée. Les particuliers n'y ont point songé. »

L'avenir de la famille anglo-normande est tout entier dans ce fait, — rappeler les mères à la structure étoffée, ample, écrasée, qui rétablit l'équilibre dans l'alliance avec le pur sang, dont les formes tendent à grandir outre mesure, à enlever les produits. Que si ce correctif n'est pas abondamment fourni, on tombera dans le grêle et le mince pour arriver à l'impuissance. Par la voie opposée, on va droit et ferme à l'achèvement de l'œuvre si heureusement commencée et déjà si avancée au moment où nous la quittons.

Afin d'aider au résultat, nous avions demandé qu'on établît l'état civil de la nouvelle famille, en commençant par les poulinières de l'Orne. Ce travail, ardu s'il y en a, a été commencé et presque achevé. Le manuscrit nous en avait été envoyé; nous l'avions revu avec un soin extrême et une attention toute particulière. En l'examinant à la loupe, en le soumettant à une nouvelle rédaction qui en contrôlait rigoureusement tous les détails, nous avions aperçu des lacunes et découvert des erreurs; celles-ci devaient être rectifiées et celles-là remplies à la suite de nouvelles recherches officiellement confiées au zèle intelligent d'un officier des haras consciencieux à qui ce petit Stud-Book avait été retourné. Quel aura été le sort de l'ouvrage? Il y a gros à parier qu'on ne rendra pas aux éleveurs le service de les éclairer sur l'origine des juments qu'ils possèdent et qui sont tout à la fois la fortune présente et l'avenir de leur race. Ceux-là qui dirigent en ce moment la chose hippique de la France se rient et se moquent de tout ce qui n'est pas cheval anglais de pur sang et courses plates au galop. L'état civil de la famille de demi-sang anglo-normande ne verra donc pas le jour. Nous le regrettons très-sincèrement, nous qui savons de quelle utilité pareille publication a été pour la race bigourdane améliorée, et qui avons pu apprécier, en revoyant l'œuvre, les services qu'elle était appelée à rendre dans le pays.

A cette pensée, le découragement nous saisit. Le mal est sans remède. Il n'y a point à consulter des aveugles sur les couleurs. Ne demandez rien, en dehors d'eux, à ceux qui ont mis la main sur l'administration des haras ; leur science est stérile et leur bon vouloir douteux.

C'est pièces en mains que nous aurions tiré d'utiles inductions du Stud-Book spécial à la Normandie. Chacun aurait pu vérifier nos observations, et les éleveurs en auraient certainement fait leur profit. En l'absence de ce document, le travail serait tout à la fois aride et sans portée. Dès lors, nous nous abstenons.

XVIII.

Circonscription du dépôt d'étalons de Bonneval. — Considérations générales. — Création et suppression du dépôt d'étalons de Bonneval. — Études sur la race percheronne, par MM. Desvaux-Lousier et Ch. de Sourdeval. — L'avenir n'est point aux grosses races. — But de la création du dépôt de Bonneval. — Action des haras sur la race percheronne de 1831 à 1850. — Introduction du cheval de sang dans la race. — Qu'est-ce que le Perche? — Qu'est-ce que le cheval percheron? — Son origine, ses caractères, son aptitude. — La jument percheronne diffère beaucoup du cheval de son espèce. — Le percheron s'en va, nécessité de le transformer. — Métissage à suivre. — Caractères et aptitude à donner à la nouvelle race.

La direction des haras a été pour nous une mission laborieuse et une rude tâche. Elle nous a fait prendre à partie toutes les régions de la France, les nombreuses variétés de la population chevaline, toutes les questions de science et de pratique que soulève partout, sur tous les points du territoire, la production améliorée sous le rapport de la satisfaction des besoins divers, des exigences actuelles et pendantes; car nous nous sentions au terme d'une époque, car nous étions en pleine crise, et tout près d'une phase nouvelle. Nous avons porté le poids de cette situation pendant six années, durée sans exemple, en France, d'une même direction appliquée à ce service, au moins depuis 1806. Malgré les difficultés, la production a été partout en progrès; une amélioration notable s'est fait jour au point de ne pouvoir plus être contestée sans ignorance ou mauvaise foi, et, ce qui est plus important à coup sûr, chaque province à chevaux était en confiance, savait où elle allait, à quels résultats elle devait tendre et surtout par quelle voie elle devait y arriver. Toutes les forces, réunies en faisceau, convergeaient vers une même idée puisée à la même source,— l'intérêt raisonné bien défini, l'intérêt bien compris, celui

qui concilie et absorbe, à l'avantage du producteur et de l'é-
leveur, l'entière satisfaction des exigences du consommateur.
On administre bien plus aisément quand les administrés
sentent qu'on travaille pour eux et avec eux, quand on est
parvenu à leur faire comprendre qu'on n'a point d'autre
intérêt que le leur. On peut alors se donner du champ et
voguer à pleines voiles ; les obstacles s'aplanissent, tout devient sinon facile, au moins possible.

Nous en étions là ; une prospérité sans égale s'ouvrait
devant nous pour couronner nos efforts et nous faire la plus
belle récompense que puisse ambitionner un travailleur infatigable, un administrateur consciencieux.

Beaucoup d'améliorations et quelques innovations avaient
surgi de nos travaux. L'une des plus heureuses, nul n'ose-
rait s'inscrire contre cette assertion, avait été la fondation
d'un dépôt d'étalons à Bonneval, dans l'ancienne province
du Perche, et la formation d'une circonscription spéciale,
homogène, qui plaçait sous la même main et sous le même
régime l'une des races chevalines les plus intéressantes de
l'époque, la race percheronne.

C'est en 1849 que fut préparée cette organisation ; en
1850, elle était en pleine activité. Quatre à cinq ans étaient
nécessaires pour l'amener à son plus haut développement.
Cinq ans, quatre ans, c'est bien long ; c'était trop. L'établissement a été fermé le 31 décembre 1852. Laissons ra-
conter à notre compte rendu de l'exercice 1851 l'histoire
si courte, mais si édifiante de cette utile création.

« La race percheronne, disions-nous dans ce document
officiel, que croyaient prospère entre toutes quelques hippologues peu et mal informés, réclamait une prompte et
salutaire assistance. Des propositions furent adressées au
conseil général, qui tendaient à la sauver d'une ruine im-
minente, à moitié consommée déjà. Un dépôt mixte a été
annexé à la colonie agricole de Bonneval, dans le département d'Eure-et-Loir ; il était en voie d'organisation au mo-

ment où s'imprimait le dernier compte rendu ; il n'a pas un an d'existence, et son effectif s'élève déjà à 17 têtes : il sera au complet au nombre de 30.

« On pourrait croire que c'était chose aisée que de peupler, au centre du Perche, un pareil établissement en étalons percherons de premier mérite. Les efforts d'une commission nommée par le conseil général ont échoué à la peine ; les recherches des agents de l'administration n'ont guère été plus heureuses. Cependant, telle qu'elle est aujourd'hui, la composition de l'établissement de Bonneval constitue un progrès sur le passé. Depuis longtemps les étalonniers du pays ne pouvaient plus faire concurrence aux acheteurs étrangers, dont les grands prix emportaient de haute lutte les reproducteurs les plus complets de la race. Celle-ci, appauvrie, déclinait sensiblement, et la richesse hippique du Perche était profondément atteinte dans ses sources les plus vives. Une institution seule pouvait la sauver ; elle a été créée. On a de toutes parts applaudi à cette utile fondation, dont l'influence va s'étendre à tout l'ancien Perche, jusque-là partagé entre plusieurs circonscriptions dont il ne formait alors qu'un point secondaire. La colonie agricole de Bonneval recueille et élève des enfants trouvés. Moraliser ces pauvres abandonnés, en faire d'honnêtes gens, des valets de ferme intelligents, tel est le but des fondateurs de la colonie, placée sous le patronage du conseil général d'Eure-et-Loir, et sous la direction éclairée et paternelle d'un homme de tête et de cœur. A treize ou quatorze ans, après la première communion, ces malheureux enfants perdaient leur seconde mère, la sœur de charité. C'était un peu trop tôt ; il était désirable de pouvoir prolonger leur séjour à Bonneval. S'associant à la pensée intime qui a donné naissance à l'établissement charitable, l'administration des haras a demandé que les étalons du dépôt fussent soignés par les enfants les plus âgés et les plus forts. On a compris qu'un nouveau débouché s'ouvrait alors, et qu'il sortirait bientôt du dépôt de Bonneval des palefreniers instruits et habiles à manier le cheval.

« Ce n'est pas tout. Une ferme louée par le directeur de la colonie est labourée, hersée, cultivée, exploitée, allions-nous dire, avec les étalons conduits par les jeunes colons. On leur apprend à mener un attelage; on fera aussi des cochers capables à Bonneval.

« Et ces petites bonnes gens se montrent dociles et faciles. C'est maintenant pour eux une récompense que d'être admis au dépôt qu'ils appellent le haras. Les chevaux reconnaissants sont pleins de douceur et de complaisance pour les enfants, dont ils deviennent les esclaves. De mauvais traitements, il n'y en a pas de possibles; une parole grossière, un instant d'humeur suffisent pour éloigner momentanément du service l'enfant coupable. Cela est arrivé une fois depuis un an; la punition a fort affligé le délinquant, que l'on a laissé longtemps solliciter sa grâce.

« L'administration complétera son œuvre en ouvrant à Bonneval un atelier de ferrure, où ceux qui en auront le goût seront mis en apprentissage, et deviendront de bons maréchaux de campagne. »

Il ne peut plus être question de tout cela. Nous avions fait un rêve qui aurait eu son accomplissement. On a mis à la place une bien autre réalité.

Jusque-là fractionnée et partagée entre le haras du Pin et les dépôts d'étalons de Blois et d'Angers, l'ancienne province du Perche, nous avait-il semblé, n'avait pas reçu de l'administration des haras un suffisant appui, une direction assez sentie. Par cela même, elle était tombée de fait dans le domaine à peu près exclusif de l'industrie privée, qui avait paru apte à se suffire à elle-même, puissamment excitée qu'elle était par une activité commerciale immense, par une réputation qu'on a presque faite universelle. Cette absence de concours direct de la part de l'État lui a été reprochée souvent avec une grande amertume, et c'est au moment où l'on croyait la race percheronne le mieux établie et, entre toutes, la plus puissante, par cela surtout qu'elle était restée en dehors de l'action des haras, que les cultivateurs du Perche élevaient le plus haut la voix en faveur de leur race et demandaient, sous toutes les formes, au gouvernement de vouloir bien la soutenir. Et l'argument employé pour arriver à cette fin était précisément celui qu'on mettait en avant pour combattre les demandes adressées à l'État. « En 1835, M. le préfet du département et les députés des arrondissements de Blois et de Vendôme eurent avec M. le directeur des haras une conférence dans laquelle on leur dit que la race percheronne étant la meilleure, il n'y avait rien à faire pour elle. Eh ! sans doute, c'est la meilleure ; c'est précisément parce qu'il en est ainsi, que le gouvernement doit veiller à ce qu'elle conserve sa supériorité en encourageant le bon choix des étalons et la conservation des meilleures juments (1). »

Pour n'avoir pas été suivi, ce conseil n'en était pas moins bon à suivre. Nous en faisions une pratique utile, lorsque nous ouvrions un dépôt à la conservation des bons étalons. En fermant cet établissement, on a replacé l'industrie privée vis-à-vis d'elle-même. Les primes aux étalons particuliers resteront sans objet ; elles n'ont jamais fait conserver un étalon de mérite. Élevez-en le chiffre tant qu'il vous plaira, vous n'atteindrez point le but ; l'expérience vous apprendra bientôt ce qu'elle nous a constamment révélé à nous-même.

Et, puisque nous sommes sur ce terrain, explorons-le à fond et vidons la question.

« Les soins donnés à la race percheronne, continue M. Desvaux-Lousier, le cultivateur percheron auquel nous avons déjà donné la parole, datent du 14 janvier 1806, qui a fondé le dépôt d'étalons de Blois.

« Toutefois, dit M. de Sourdeval, qui a étudié la pro-

(1) *De l'avenir du cheval de trait*, par un cultivateur du Perche.

duction du cheval du Perche sous les auspices de M. Desvaux-Lousier, il paraît que, après avoir reçu sa première
impulsion de la part de l'administration, cette race cherche
bientôt à s'émanciper et à voler de ses propres ailes, au
moins sous le rapport de ses étalons. La venue de débouchés avantageux, que les éleveurs du Grand-Perche (autour
de Bellême) offrirent aux producteurs du Petit-Perche (environs de Montdoubleau), décida la vocation de ceux-ci pour
la fabrication de ce cheval, à la fois étoffé, rustique et léger, qui est aujourd'hui le cheval percheron. Dès lors il n'y
eut plus moyen de s'entendre avec les haras, dont la mission
est surtout de provoquer la création d'un cheval plus léger
et propre, surtout, à la remonte. Les habitants du Perche,
trouvant beaucoup plus de profit à faire le cheval de commerce que celui de l'armée, remercièrent les étalons de
l'État et se contentèrent des primes, qui sont toujours restées comme moyen d'émulation. Des étalons particuliers
continuèrent seuls à former la race, en suivant une ligne
déterminée. Un étalon venu du Cotentin, vers 1810, eut la
plus heureuse influence pour donner des formes fortes et
régulières. Toutefois le caractère de cet étalon normand
est aujourd'hui tout à fait effacé sous un cachet particulier,
qui doit sans doute quelque chose à l'ancienne race locale.
L'étalon dont il s'agit était bai brun, et la race flotta encore quelque temps entre le bai, l'alezan et autres robes
foncées; mais, depuis, le commerce ayant attribué une faveur particulière aux chevaux gris, toute la production est
devenue grise, et aujourd'hui ce sont les chevaux les plus
blancs qui paraissent être surtout demandés.

« . . . .

« Aucune race n'est plus recherchée par le commerce,
payée plus cher dès ses premiers mois; elle rapporte infiniment
plus que le cheval de luxe, que le cheval de remonte; aussi
l'éleveur du Perche ne veut-il, en aucune façon, entendre
parler d'alliances qui pourraient changer la destinée de la

race. Il s'est pris d'une véritable passion pour l'élever dans toute sa pureté, et à cet égard il est secondé par le commerce, qui laisse de côté tout cheval à l'aspect croisé. La race, telle qu'elle est, possède, dit-on, un degré de force et de vitesse que les croisements ne font que déranger, sans assurer d'amélioration bien déterminée; les essais de croisement tentés jusqu'ici n'ont jamais satisfait.

« Voici donc la race de France qui prospère le plus; vous en concluez naturellement que son éleveur en tire de grands bénéfices. Eh bien, non! Telle est la fatalité attachée, chez nous, à la production du cheval, qu'il m'a été démontré que cette race elle-même fait plus d'honneur que de profit à ceux qui s'en occupent. D'abord les non-valeurs en juments de prix qui périssent par accident sont considérables; dans la plupart des fermes que j'ai visitées, j'ai entendu des doléances à cet égard. Puis toutes les ressources fourragères de la ferme convergent vers le cheval.......

« La disparition du bœuf, autrefois seul employé à la charrue, dit M. Desvaux-Lousier, est-elle un bien, est-elle un mal? Et il répond : Je crois que la fertilité du sol en a été amoindrie. — Voilà donc le dernier mot de l'industrie chevaline, même à son point de vue le plus prospère, — des sacrifices.

« L'émulation, excitée par les primes, par le haut prix des poulains et des meilleures juments, ajoute M. Desvaux-Lousier, a amené le goût de l'élève du cheval, qui, chez quelques cultivateurs, est une passion.

« Ainsi, pour bien faire, dans l'élève du cheval, même le plus profitable en apparence, il faut de la *passion* et des *sacrifices*. Écoutez donc maintenant ceux qui vous diront que l'industrie privée s'empressera de vous produire le cheval de guerre dès qu'elle sera *émancipée*, que, dès qu'elle aura l'avantage de payer elle-même ses étalons, elle fera ses chevaux beaucoup plus économiquement! La race percheronne se passe très-bien des haras, il est vrai; mais c'est précisément parce qu'elle a tourné le dos à la remonte et qu'elle trouve son intérêt à produire le cheval dans un sens tout opposé au type militaire. Si le cheval percheron, qui rapporte beaucoup en apparence, enrichit peu en réalité, le cheval militaire profite encore bien moins, puisqu'il ne peut pas, comme le percheron, être vendu très-cher et employé dès le jeune âge, puisque le commerce ne le recherche pas, puisque son débouché consiste uniquement dans l'armée, qui ne se met pas toujours fort en peine de le recueillir. Non, le cheval militaire, comme le cheval de luxe, n'a pas de racines profondes en France. S'il cesse d'être semé, protégé, entouré de soins par l'Etat entre les mains de l'industrie privée, le premier souffle le desséchera. La race percheronne et toutes nos grosses espèces se soutiennent par elles-mêmes et par une sorte d'*intussusception*; nos races fines, au contraire, toujours prêtes à tomber, ne peuvent se soutenir qu'à force de *juxtaposition*, de croisement sans cesse renouvelé. L'avenir est aux grosses races, comme l'a fort bien dit M. Desvaux-Lousier. Si vous voulez encore des races légères, soutenez-les, portez-les presque tout entières dans vos bras. » (*Journal des haras*, tome 45.)

De ces observations, publiées en 1848, il en est une qui n'était plus exacte au moment même de l'impression. *L'avenir est aux grosses races ;* c'est le contraire qu'il eût fallu écrire. Non, l'avenir n'est point au gros cheval, comme l'entend l'auteur. S'il en était ainsi, il n'y aurait pas grande nécessité de venir au secours du cheval percheron. Celui-ci est né quelque peu encouragé par une intervention directe plus ou moins insuffisante; mais il s'est développé, largement développé, grâce à l'activité d'une consommation immense. Il ne pouvait suffire, et sa fortune eût été la première cause de sa ruine, si les chemins de fer n'étaient venus tout à coup interrompre les demandes du commerce. A partir de ce moment, la race percheronne ne répondait plus aux nouveaux besoins qui se faisaient jour; elle était profondément atteinte dans sa raison d'être ; il ne devait plus être question de la reproduire telle quelle, dans le sens des grosses races, mais de la transformer utilement et de l'approprier mieux aux brusques exigences de l'époque.

C'était là une mission difficile à remplir ; elle était surtout au-dessus des forces de l'industrie privée. Le dépôt de Bonneval n'avait point été créé à d'autre fin que de favoriser ce résultat, en imprimant une marche certaine, une direction éclairée, au métissage devenu nécessaire.

C'est donc parce qu'il y avait lieu à transformer la grosse race en une espèce plus légère que nous étions intervenu et que nous appliquions à l'œuvre les moyens propres à la faire réussir dans le laps de temps le plus court. Et nous allions droit au but, sûr que nous étions du succès ; car l'expérience avait déjà parlé. Nous savions donc par quel côté attaquer la race percheronne pour la transformer sans perte de temps et sans trop de sacrifices de la part de l'éleveur.

Les croisements tentés jusque-là avaient éclairé sur la direction à prendre ; ils avaient dit ce qui était possible et utile, en éclairant sur les avantages et sur les inconvénients. Ils avaient permis d'établir sur une base solide la théorie de l'appropriation de la race, vieillie par le subit abandon de la veille, aux exigences différentes, mais très-impérieuses, du lendemain.

En effet, et quoi qu'on ait dit, la reproduction du cheval percheron n'a pas été, dans toute l'étendue du Perche, complétement abandonnée aux seules ressources de l'industrie particulière. Chaque année, les haras lui ont donné quelques étalons, dont les services ne sont qu'imparfaitement accusés par les relevés suivants ; car d'autres reproducteurs, placés sur les frontières de la contrée, ont été fréquentés par des poulinières percheronnes : or les produits de celles-ci se mêlaient ensuite à la population chevaline du Perche. Nous les retrouvions plus tard pour les étudier, et apprécier à fond le mérite des divers croisements dont ils étaient sortis.

Voici, en masse et par périodes quinquennales, les résultats comparés des saillies demandées par les propriétaires de juments percheronnes aux étalons de trait et d'autre espèce fournis, par les haras, à l'industrie privée, de 1831 à 1850 inclusivement.

ANNÉES.	NOMBRE MOYEN des étalons		MOYENNE DES SAILLIES obtenues par	
	de trait.	d'autre espèce.	étalons de trait.	étalons d'autre espèce.
De 1831 à 1835	3	13	53	25
De 1836 à 1840	1	10	43	38
De 1841 à 1845	2	10	36	44
De 1846 à 1850	3	8	37	47

Ces chiffres ne sont-ils pas très-curieux et très-significatifs? De 1831 à 1840, la préférence appartient au cheval de trait. On sent que l'autre, que le cheval de sang, à quelque degré que ce soit, est tenu en suspicion; on l'essaye, mais avec beaucoup de timidité. On comprend bien qu'il y aura peu d'acheteurs dans la contrée pour un produit qui s'éloignera plus ou moins de la tournure, de la force et des dimensions de ceux que le commerce y recherche avec le plus de faveur. Mais déjà d'autres besoins se déclarent; les métis semblent devoir les remplir mieux que les fils de la race non mêlée, et voilà que l'étalon de sang ou ayant un peu de sang est désormais demandé avec empressement et très-convenablement appareillé; car ce sont des poulinières de choix qu'on lui livre à présent. Et remarquez bien ceci, que l'étalon de trait ne conserve pas son rang; il perd en raison même de ce que l'autre gagne. Cependant aucun encouragement n'a été accordé aux croisements de la jument percheronne; l'éleveur n'a été sollicité d'aucune manière à sortir du système de reproduction de la race par elle-même. Loin de là, toutes les primes décernées en concours publics ont exclusivement appelé l'attention du cultivateur sur l'espèce non mêlée; elles avaient surtout pour but de mettre la race indigène à l'abri de tout contact avec un sang étranger. Mais on sentait si bien la nécessité de ne pas s'en tenir au système de l'accouplement dans et dans, on comprenait si bien la nécessité d'un métissage, que les conseils départementaux et communaux ne cessaient de réclamer l'envoi, par l'Etat, d'étalons propres au croisement. Le nombre de ceux-ci est toujours resté de beaucoup au-dessous des désirs des pétitionnaires. Nous avions même craint l'abus, et, dans ces dernières années, ainsi que l'indique le tableau précédent, nous avions réduit le chiffre des étalons de croisement et augmenté celui des chevaux de trait. Nous voulions prévenir les mécomptes et n'avoir rien contre nous le jour où nous pourrions marcher, toutes voiles dehors, d'après un système tout à la fois plus rationnel et plus complet; aussi étions-nous parfaitement maître de la situation quand nous avons été renversés, — homme et chose en même temps.

Et, cependant, tout était bien venu à son heure. N'est plus contestable, en effet, la nécessité d'introduire un peu de sang dans les veines du cheval percheron pour allégir son poids, allonger ses lignes, accroître sa rapidité, son énergie et sa durée.

L'industrie privée, quelque encouragement qu'on lui accorde, ne saura jamais résoudre ce problème, qui est tout entier du ressort de l'intervention directe de l'État. Abandonnée à elle-même et à l'action indirecte, elle perdra un temps précieux, fera beaucoup de sacrifices stériles et n'aboutira qu'à l'insuccès. La race percheronne, attardée ou stationnaire, usera peu à peu ses forces, en se débattant, sans résultat utile, puis disparaîtra en laissant un vide tout à la fois considérable et regrettable — dans la satisfaction des besoins généraux.

Mais revenons à l'étude de la contrée, et cherchons à bien déterminer les caractères et le mérite de ses produits en chevaux.

Qu'est-ce donc que le Perche, et surtout qu'est-ce que le cheval percheron? Combien, parmi ceux qui parlent de l'un et de l'autre, seraient en mesure de répondre à cette question?

Le Perche, compris dans l'ancien Orléanais, se trouve au centre des quatre départements qui avaient concouru à former la nouvelle circonscription du dépôt de Bonneval. Son territoire emprunte, — à l'Orne, l'arrondissement de Mortagne et partie de celui d'Alençon; — à Eure-et-Loir, l'arrondissement de Nogent-le-Rotrou et une fraction de ceux de Chartres, Dreux et Châteaudun; — à la Sarthe, une grande partie des arrondissements de Mamers et de Saint-Calais; — au Loir-et-Cher enfin, une fraction importante de l'arrondissement de Vendôme. Nous voici donc tout à la fois en Normandie, en Beauce, dans le Maine et dans le Vendômois.

La réunion de ces diverses contrées donne une ellipse de 100 kilomètres de long sur 80 de large à peu près, bornée au nord par la Normandie, à l'ouest par la Normandie et le Maine, à l'est par le pays chartrain et cette autre partie de la Beauce appelée le Dunois, au sud par l'Orléanais proprement dit.

Aux extrémités de l'ellipse, pays d'herbage, on trouve une population considérable de poulinières aux proportions athlétiques, aux formes percheronnes, pour tout exprimer en un seul mot. Là est le siége, le foyer principal, le berceau de la race du Perche. Au centre, dont les points importants sont Mauves, Bellême, Rémalard, Longny, etc., l'industrie est tout autre; on ne voit plus de juments, mais les nombreux produits de celles de Mortagne, Nogent-le-Rotrou, Montdoubleau, la Ferté, Vibray, Saint-Calais, etc., etc.

Ainsi on fait naître aux extrémités et l'on élève au centre.

Le Perche n'était pas si complétement abandonné qu'on pourrait le croire sous l'ancien régime. Indépendamment de la Normandie et du Maine, qui lui fournissaient certainement quelques ressources, il y avait, dans le pays chartrain proprement dit, 35 étalons approuvés, sans compter les 57 existant dans l'Orléanais, dont le Perche faisait partie, comme on sait. L'action de ces reproducteurs n'était certainement pas sans influence, et nous comprenons bien que le comte de Montendre ait pu écrire ceci, par exemple : « C'est à la suppression des haras, en 1790, que la race percheronne a commencé à se détériorer. A cette époque, lorsque les étalons royaux furent vendus, les propriétaires, privés de ces reproducteurs, furent obligés de se servir des étalons picards que des industriels vinrent leur offrir, et, par suite de l'emploi de ces producteurs médiocres ou mauvais, la race dégénéra en héritant des défauts des pères. »

Mais à quelle race appartenaient les étalons approuvés par l'ancienne administration? Voilà ce que nul ne saurait préciser, car il n'était alors aucunement question de race percheronne. Celle-ci est toute moderne ; c'est une illustration toute contemporaine. Elle date même d'une époque si récente, que M. Huzard fils la confondait, en 1829, avec la race bretonne, et que Grognier ne lui donnait pas encore, en 1834, d'existence propre et distincte. Cependant Huzard père lui accorde une mention en 1802 : « Les chevaux connus sous le nom de *percherons*, dit-il, étaient employés pour le service des postes et des petites messageries. » Maintenant, on aurait beau chercher, on ne trouverait rien dans les anciens hippologues, rien qui ait trait à la race percheronne.

Cela n'empêche que les modernes soient peu d'accord entre eux quant à l'origine même de la race. La manie du cheval arabe est si grande chez nous, qu'on l'a donné pour père au cheval percheron; seulement on n'a produit aucune pièce à l'appui. M. Desvaux-Lousier a moins d'ambition, et ne fait pas remonter au delà de 1806, ainsi que nous l'avons vu, l'ancienneté de l'origine. M. Ch. de Sourdeval va moins haut encore, et cite comme point de départ un étalon amené du Cotentin vers 1810. M. Huvellier, qui s'est beaucoup occupé du cheval percheron et qui en connaît bien la production, n'est pas mieux renseigné sur les commencements de la race. « Qui pourrait assurer, dit-il, que le percheron n'est pas une émanation du breton mieux nourri, mieux appareillé et ayant, de temps immémorial, acquis l'indigénat spécial à certaines localités? »

Telles sont les conjectures auxquelles nous sommes réduit en ce qui touche l'origine tant soit peu obscure d'une race dont tout le monde parle, que tout le monde connaît, vante et recommande. Ce qu'il y a de plus vrai, sans doute, est ce qu'en dit M. Desvaux-Lousier, qui la regarde comme l'expression d'un besoin récent, comme ayant été faite par la main de l'homme, non par le sol ou le climat, dont elle est tellement indépendante, ajoute-t-il, « qu'avec un terrain clos et du son on peut s'engager à faire le cheval percheron partout, même en plein Limousin. » Cette race est donc de récente formation. C'est, dans toute la vérité du mot, un produit artificiel ou factice, et non point un type, comme d'aucuns l'ont tant écrit ou répété. Ce n'est pas non plus une race pure, ainsi qu'on l'a souvent qualifiée, car elle n'a ni ancienneté ni homogénéité. Elle a reçu, en cinquante ans, plusieurs modifications importantes dues à son mélange avec des variétés très-différentes, et la voilà encore au moment de subir des changements plus profonds. La définition la plus complète et la plus exacte peut-être qui en ait été donnée est celle-ci : *le cheval percheron est un cheval gris.*

En effet, on trouve de tout dans le Perche, sous prétexte de manteau gris. Là viennent par milliers, tous les ans, des poulains nés en Bretagne, et un très-grand nombre de produits du Boulonnais, de la Flandre et de la Picardie, où vivent trois variétés bien distinctes du cheval de trait épais et puissant. Il y a enfin les produits du pays, et ceux-ci naissent, nous l'avons déjà constaté, d'étalons fort divers. Ce n'est pas avec des éléments aussi disparates qu'on obtient une race *pure*, homogène et une dans ses propriétés héréditaires. Celle-ci, en effet, a si peu la faculté de se reproduire d'une manière constante, que nulle part on ne la retrouve avec ses formes et ses caractères extérieurs, avec son aptitude et ses qualités spéciales, bien qu'on ait tenté de la reproduire à peu près partout, dans toutes les parties de la France et même à l'étranger.

Il en est des chevaux élevés dans le Perche comme de ceux qu'on importe dans la plaine de Caen. D'où qu'ils viennent, un mode d'éducation et d'alimentation uniforme les courbe sous le même niveau, et leur imprime un cachet particulier qui ne permet pas de les confondre avec ceux de leurs similaires qui n'ont pas quitté le lieu de naissance. Ils ont cessé d'être, en quelque sorte, — ceux-ci chevaux du Merlerault, — ceux-là produits de la vallée d'Auge, — d'autres encore chevaux du Cotentin, de la Vendée ou du Poitou ; — ils sont devenus — chevaux de la plaine. Et de même dans le Perche ; tous ces enfants d'autres contrées, qu'on y amène en vue de l'élevage, revêtent des caractères qui les séparent des produits de leur propre tribu, et leur donnent avec le nom percheron la tournure et les qualités du cheval du Perche.

Malgré cela, on distingue dans la contrée le grand et le petit percheron. Au fond, c'est bien le même cheval : la différence est tout entière dans la somme du développement.

Le petit percheron est de taille moyenne et léger d'allures ; il est à la fois propre à la selle et au trait rapide.

L'autre est plus haut, plus corpulent, plus massif, plus membru ; il rappelle le cheval picard, mais avec moins de commun et plus de véritable énergie. Son aptitude se limite généralement au trait lent ; sa construction puissante le rend éminemment propre au limon. Le petit percheron, au contraire, a bien plus de rapports avec le cheval breton.

Le percheron léger, celui qui courait la poste et traînait la diligence, est un cheval de 1^m,52 à 1^m,60 et plus ; il est alors un peu haut sur jambes. Vue par devant, sa tête paraît assez carrée ; examinée de profil, elle se montre plutôt longue, étroite et plate. L'œil est petit, enchâssé sous une grosse arcade ; l'oreille est un peu effilée et presque toujours négligée dans sa pose. L'encolure est droite, courte, mince ; la saillie du garrot généralement assez sentie ; l'épaule, quoique forte, droite et courte, se montre pourtant assez plate. A sa naissance, l'avant-bras manque un peu de force. La région du rein est large et bien soutenue, accusant beaucoup de puissance. La croupe est suffisamment fournie, parfois un peu élevée et dominant le garrot ; d'autres fois elle est avalée, et, dans ce cas, la queue est mal attachée. La fesse est musculeuse, mais point assez descendue ; la cuisse, au contraire, est un peu longue et mince. Les membres sont osseux, mais un peu court-jointés. Le pied est toujours bon. Le corps est ordinairement bien fait, et de forme arrondie chez les sujets d'élite. Cependant la poitrine n'a pas toute l'ampleur désirable ; elle n'offre pas ces grandes dimensions qui rendent si puissant le trotteur anglais du Norfolk, le cheval dont la structure et l'aptitude rappellent le plus la race percheronne.

Quoi qu'il en soit, ces formes annoncent toute une construction solide et résistante. Telle est, en effet, celle du cheval percheron, qui supporte les plus rudes travaux lorsqu'on ne lui inflige pas une vitesse supérieure à celle que comporte sa conformation courte et ronde.

Ce portrait est assurément celui d'un bon cheval. La tête

laisse à désirer, sans doute ; mais les chevaux, d'après un dicton technique, ne marchent pas sur la tête, et les pieds du percheron sont vraiment bien conformés. Il y a chez cette race un principe de vigueur très-remarquable et même supérieur à ce qu'en peut supporter la machine. Le percheron, en effet, suffit à un rude labeur, à la condition que les relais soient courts et que des intervalles de repos assez rapprochés lui soient laissés autant pour reprendre haleine que pour le sustenter à nouveau. Le plus ordinairement, l'usure du percheron commence par les genoux et les jarrets. Ces articulations, centre d'activité et du mouvement pour chaque membre, sont trop courtes pour résister à la fatigue imposée par une trop grande vitesse relative. Le percheron n'est pas bâti en trotteur rapide ; pour le faire cheminer au train des règlements, il fallait le lancer au galop. Cette allure lui donnait la vitesse voulue, mais aux dépens de la durée des services. Le percheron n'aurait pas tenu longtemps à la malle-poste, et son emploi y devenait onéreux aux maîtres de poste. Ceux-ci, là où les dépêches ne sont pas encore transportées sur les chemins de fer, ont dû lui substituer des chevaux moins loin du sang et d'une conformation qui permette d'obtenir, à l'allure du trot, la rapidité que le percheron n'avait qu'au galop, c'est-à-dire à une allure forcée que bien peu de chevaux sont capables de soutenir, dans des parcours de 16 à 18 kilomètres, attelés à des véhicules aussi lourds.

Entre le cheval percheron, presque toujours conservé entier, et la jument de même espèce, il y a de profondes dissemblances. Dans aucune race, on ne remarque de différences aussi tranchées entre le mâle et la femelle. Cela tient-il à ce fait que des mâles seuls sont importés dans le Perche, et que la colonie des étrangers formant masse absorbe, par leurs caractères un peu différents de ceux du véritable indigène, les traits qui spécialisent davantage la femelle, laquelle, dès lors, par le nombre, n'est plus en quelque sorte que l'exception dans le tout? — Peut-être. Nous ne donnons cependant cette remarque que pour ce qu'elle vaut, tout en maintenant le fait, qui est réel. L'explique donc qui pourra.

Sortie de besoins nouveaux, la race percheronne avait emprunté des circonstances particulières qui ont favorisé son développement une très-grande et très-légitime importance. Les changements apportés au système des transports et de communication par l'établissement des voies de fer, la suppression subite et forcée de nombreux relais de poste et de messageries ont jeté une grande perturbation dans la production et l'élève du cheval percheron, moins recherché dans ces derniers temps que naguère encore (1). Les exigences de l'époque, les exigences de l'avenir surtout, — et cet avenir, répétons-le, c'est demain, — ne sont déjà plus celles d'hier. On veut aujourd'hui moins de masse et de lourdeur, plus de vivacité dans les allures et la faculté de soutenir plus longtemps un travail très-rapide. Une modification assez profonde de la race actuelle devient donc une nécessité pour l'industrie, si, à défaut des débouchés qui se ferment, elle veut entrer en possession des débouchés qui s'ouvrent.

Le problème à résoudre offre pratiquement ses difficultés. Le dépôt de Bonneval était le moyen. Il eût été constamment peuplé de reproducteurs de deux ordres : — les uns, exclusivement percherons, chargés d'entretenir les mères, ou plutôt d'en améliorer graduellement la sorte de manière à les amener à cette conformation privilégiée chez les Anglais, savoir qu'une bonne poulinière doit être faite comme un rat,

(1) Nous ne sommes pas seul à constater un pareil fait. M. Huvellier écrivait en 1849 : « Le percheron s'en va peu à peu; on dirait presque qu'il a vécu, tant son prix diminue, tandis que le cheval de commerce et celui de troupe ont conservé le leur. » Nous dirons, nous, au même sujet : le cheval percheron reste, demeure, et se transforme. En effet, rien ne meurt bien que rien ne dure; tout se métamorphose. Rien ne reste, rien ne s'en va ; mais tout va.

longue, près de terre et bien fournie des deux bouts ; — les
autres, de pur sang ou métis, mais nés de ceux-ci et de la
percheronne, pour imprimer à la nouvelle famille un cachet
nouveau, une aptitude plus grande, et fournir à d'autres variétés des étalons d'une conformation athlétique et capables.
Bien surveillé, le métissage eût donné des résultats ignorés
jusqu'ici en France. L'alternance dans les croisements, bien
dirigée et bien conduite, nous a mené à la production de
chevaux trotteurs aussi puissants et non moins rapides que
ceux du Norfolk. Nul, à coup sûr, en voyant revivre sous
cette forme l'ancien percheron abandonné, ne se fût pris à
le regretter. Il n'en sera pas ainsi, si on le laisse disparaître
purement et simplement comme ont disparu, il y a moins
de cinquante ans, nos races méridionales les plus fortes et
les mieux établies.

L'alliance du pur sang et de la jument percheronne a eu
ses détracteurs. On l'a jugée avec une sévérité très-fondée en
tant que *croisement*; on n'a pas su le voir et l'apprécier à
travers les effets d'un *métissage* rationnel et bien conduit.
Toutefois l'influence du sang sur la race percheronne est
loin d'avoir été désastreuse, comme se plaisent à le dire des
hippologues à courte vue, qui bâtissent des systèmes sur *un*
fait et dans le *silence* éloquent de leur cabinet. M. Huvellier,
qu'il ne faudrait pas mettre au nombre de ceux-ci, voit les
choses sous un jour plus vrai lorsqu'il dit : « Dans le percheron léger on découvre presque toujours des traces de mélange plus ou moins prochain avec le cheval de sang. De ces
accouplements résultent souvent d'excellents produits qui
retiennent ordinairement plus de la mère que du père, et
forment ce qu'on appelle *chevaux du pays, chevaux métis*.
Ce sont les meilleurs que nous ayons, et les maîtres de poste
les connaissent bien. Castrés, ils peuvent servir de types pour
la remonte de la gendarmerie. »

Voilà qui est explicite. Mais ce n'est pas, répétons-le, par la voie du croisement que le sang devait être introduit dans les veines du cheval percheron. Nous voulions systématiquement poursuivre l'œuvre de son amélioration, ou plutôt de sa transformation successive par l'emploi alternatif des sujets les mieux doués de la race elle-même et de reproducteurs bien choisis parmi les étalons de pur sang ou de sangs mêlés, appariant le mieux la jument percheronne. Nous étions certain, en allant de l'un à l'autre avec mesure et convenance, de donner aux nouveaux produits des qualités d'un ordre plus élevé, et partant de plus grande valeur, sans trop toucher, néanmoins, au fond même de la race.

Que si, maintenant, on veut savoir ce que serait devenu le percheron actuel sous l'influence de ce métissage, nous dirons : — sa tête aurait été raccourcie, élargie, allégie ; son encolure se serait allongée ; le garrot serait devenu plus proéminent ; le sternum, au contraire, aurait été abaissé pour accroître la capacité de la poitrine; la côte se serait arrondie. Les lignes de l'arrière-main eussent été prolongées suivant une direction plus droite, pour donner plus de détente aux quartiers, plus de puissance d'impulsion à toute la machine. Le tempérament sanguin se fût heureusement allié à la prédominance musculaire. Les membres eussent perdu ce qu'ils ont de commun dans la forme et se fussent mieux dessinés dans les parties tendineuses. La force et la résistance se seraient unies en justes proportions à une certaine distinction des formes, à la rapidité des mouvements, à la plus grande activité de la vie.

Certes, le cheval percheron n'aurait rien perdu lorsqu'il aurait été ainsi remanié dans ses parties faibles.

Il appartient, ne l'oublions pas, à une race moderne. A ce titre, sa nature est plus malléable et sa forme plus ductile. Avec un plan bien arrêté, de l'intelligence pour l'exécuter et de l'esprit de suite, la solution du problème n'offre vraiment pas de très-grandes difficultés. Cinq à six générations suffiraient à la tâche. En dehors de ces conditions, au contraire, on nuira à la race actuelle qui n'a plus de raison d'être, et l'on n'arrivera à rien d'utile. Appréciant nos vues sur cette race, M. Huvellier la voyait sortir de son état précaire et prendre un nouvel essor. « C'est un marbre à dégrossir, disait-il ; avec un ciseau savant, le sculpteur, c'est-à-dire l'éducateur intelligent, va retoucher son œuvre avec patience, et il en surgira un cheval noble et léger, quoique solidement établi. »

XIX.

Circonscription du dépôt d'étalons d'Abbeville. — Ce qu'était la race boulonnaise autrefois. — Ce qu'elle était au moment de la révolution de 1789. — Ce qu'elle était sous l'empire. — Ce qu'elle tend à devenir à l'époque actuelle. — Effets du *croisement* par l'étalon de sang sur la race boulonnaise. — Résultats à attendre d'un *métissage* rationnel. — Composition de l'effectif du dépôt d'étalons d'Abbeville jusqu'en 1350. — Nos projets sur la race boulonnaise. — Population chevaline de la contrée. — Caractères de la race boulonnaise; — ses variétés.

L'action du dépôt d'étalons d'Abbeville s'étend aux départements — de la Somme, — de la Seine-Inférieure, — du Pas-de-Calais, — et à toute la partie du Nord située à gauche de l'Escaut. Nous sommes, par conséquent, dans une partie de la haute et basse Picardie, dans la haute Normandie, en Artois et dans la Flandre française. Nous sommes aussi en présence de plusieurs variétés d'une seule et même race dont on a moins parlé et que l'on connaît moins que beaucoup d'autres, dans le monde hippique, bien qu'elle occupe une très-large place dans la satisfaction des besoins généraux, bien qu'elle mérite surtout d'être appréciée à sa valeur : la race boulonnaise est une richesse nationale. Elle ne couvre pas seulement la surface des quatre départements dans lesquels nous allons l'étudier, elle va bien au-delà ; on la retrouve tout à la fois dans les départements voisins et partout où de pénibles travaux exigent des moteurs d'une grande puissance.

Les anciens auteurs n'ont pas plus étudié la race boulonnaise que la race percheronne. — Le gros cheval n'était pas leur fait, et d'ailleurs les grosses races, nous l'avons déjà constaté, ne sont pas d'un temps bien reculé. Expression d'une utilité moderne, elles se sont développées, telles que nous les connaissons, pour remplir des besoins passagers dont la cessation les emporte. Hâtons-nous de les faire connaître avant qu'elles n'aient complétement disparu, car elles ne tiendront pas longtemps contre l'abandon dont elles ressentent déjà les premiers effets.

La race boulonnaise, si l'on en croit MM. Huzard fils et Ch. de Sourdeval, fournissait autrefois, aux xve et xvie siècles, ces forts chevaux de combat qu'on montait tout bardés de fer et qui, sous un poids énorme, suffisaient aux évolutions et soutenaient des chocs terribles.

Elle a pris son nom de son principal foyer de production — le Boulonnais — petite contrée renfermée aujourd'hui dans l'arrondissement de Boulogne. Autrefois, paraît-il, elle a eu de la réputation. « Henri IV en faisait le plus grand cas. Il est vrai que, de son temps, les chevaux de selle étaient étoffés, et il les fallait ainsi pour porter des cavaliers chargés d'une pesante armure. Les chevaux boulonnais étaient aussi très-renommés pour les tournois, sorte d'exercices qui demandaient de la force, de l'agilité et de la souplesse.

« Cette préférence de Henri IV pour le cheval boulonnais détermina ce monarque à fonder, en 1587, dans la vaste cour du château de Montoire (arrondissement actuel de Saint-Omer), les plus anciennes courses de France, après celles de Semur, qui remontent à 1370. Elles eurent lieu le premier dimanche de mai, tous les ans, depuis cette époque jusqu'en 1789.

« Sous sa puissante étoffe, la race boulonnaise était, avant la révolution, fort recherchée par la cavalerie de réserve. » (*Journal des haras*, tome 46, p. 326.)

Voilà tout ce que nous savons du passé de cette race. Huzard père n'en parle que d'une façon très-indirecte. « Les plaines de la Beauce, dit-il, étaient et sont encore cultivées par des chevaux entiers du Vimeux, du Boulonnais, du Calaisis, de l'Artois, du Santerre, formant actuellement les départements du Pas-de-Calais, de la Somme et de l'Oise. Les cultivateurs les achètent à deux ou trois ans, et les revendent, à six et sept, pour le service des grandes messageries, des diligences, des postes, etc. » Il ajoute même : « L'Artois et quelques autres parties du Nord faisaient des élèves de mulets, mais en petite quantité : ils étaient minces et de taille médiocre, malgré la conformation étoffée des juments. Ce défaut de taille venait de la petitesse des ânes employés comme étalons. »

Ce passage du livre d'Huzard père ne donne pas à penser que la race boulonnaise occupât un rang bien élevé parmi celles que possédait la France de 1780 à 1802.

L'ancienne administration, toutefois, entretenait en Picardie, avant 1790, 20 étalons royaux ; 5 autres, appartenant à des gardes, étaient approuvés par elle : c'était peu relativement à la population chevaline de la contrée. L'organisation de 1806 voulait plus ; car l'effectif du dépôt d'Abbeville devait être porté à 60 étalons : ce chiffre n'a jamais été atteint. L'industrie privée a rempli le vide, mais en transformant la race qui « devint race de trait, indéfiniment grossie, dans les circonstances suivantes :

« Napoléon, se rendant au camp de Boulogne, se sentit si rapidement entraîné par six juments boulonnaises du relais de Saint-Omer, qu'il se crut enlevé par trahison. Ainsi le raconte, du moins, la tradition du pays, et cet événement, qui fit du bruit, répandit au loin la réputation de la race boulonnaise. C'était l'époque où notre commerce, repoussé de la mer, s'efforçait de multiplier ses voies à l'intérieur. Les routes s'établissaient, les diligences, le roulage se déployaient avec une activité jusque-là inconnue. La race boulonnaise fut particulièrement recherchée dans ce nouveau mouvement ; elle se faisait admirer par sa beauté et sa vitesse. De toutes parts, on lui demanda ses chevaux pour les relais de poste, de diligences, de roulage ; sa réputation s'étendit bientôt sur toute la France, et, peu après, devint européenne.

« Le poisson de mer était conduit, de Dieppe à Paris, au

moyen de relais de juments dites *marayeuses*, qui faisaient ce pénible service à raison de 100 à 120 kilomètres dans la journée, et de 16 à 18 kilomètres au trot.

« La renommée, si justement acquise, des chevaux boulonnais les fit monter à un prix fort élevé, et détermina divers conseils généraux à voter des fonds pour l'acquisition d'étalons de cette race ; de 1825 à 1840, plus de quarante départements se sont procuré de ces étalons, en vue de les croiser avec les diverses races locales.

« .... Mais, aujourd'hui, une nouvelle direction devient nécessaire dans le mouvement de la race boulonnaise. L'établissement des voies de fer a porté un coup fatal à la production des gros chevaux : les plus forts chevaux du Boulonnais, autrefois si recherchés, restent maintenant invendus ; les plus légers, au contraire, trouvent un débouché facile. Voilà donc la race obligée de revenir sur ses pas et de retrouver, si elle le peut, ce degré de légèreté, sous puissante enveloppe, qui faisait jadis sa gloire. Déjà la vieille race picarde, aux pieds plats et larges, a disparu du Pas-de-Calais ; la race boulonnaise tend non pas à disparaître, mais à modifier ses formes et son caractère. Les étalons légers de l'État, autrefois délaissés, font fureur aujourd'hui. Nous n'en recevons malheureusement que bien peu ; le dépôt d'Abbeville fournit seulement 10 ou 12 reproducteurs au Pas-de-Calais, qui en pourrait employer 300. On cite, dans le canton de Lambres, des éleveurs qui s'abstiennent de faire saillir leurs juments, faute de reproducteurs de sang.

« L'élan du cheval de sang est tout à fait donné aux environs de Rue. L'étalon d'Abbeville, qui y est en station, a plus de 150 juments inscrites. Les cultivateurs comprennent bien que les chevaux d'espèce légère seront, à l'avenir, plus recherchés que ceux de gros trait, qui, aujourd'hui, encombrent si onéreusement leurs écuries.......

« Cependant, il faut le reconnaître, la révolution se fait d'une manière un peu désordonnée, et non en suivant la progression désirable. On amène directement à l'étalon de sang les juments les plus incapables de faire prospérer ses produits; il en résulte que ceux-ci sont très-souvent décousus, tandis qu'en suivant une gradation judicieuse on arriverait au but sans mécompte intermédiaire....... »

Cette note, envoyée par un éleveur du Pas-de-Calais à M. Ch. Sourdeval, a suggéré à ce dernier des observations qui la complètent, et que nous reprendrons en partie :

« .... Voilà donc cette race boulonnaise dont nos pères recherchaient les puissants destriers pour leurs tournois splendides ou pour leurs combats de géants, alors que les batailles n'offraient qu'une multitude de duels, la voilà qui tend à revenir à son type primitif de vigueur et de légèreté, sous une forte enveloppe; la voilà telle que Henri IV la montait, et telle qu'il semble la chevaucher encore dans sa belle statue du Pont-Neuf. Espérons que ce retour sera fait avec ensemble, avec discernement, et qu'il ne dépassera pas ses justes limites....... Nous faisons des vœux pour que cette puissante race ménage, autant que possible, ses facultés, et les dirige vers la cavalerie de réserve. Elle s'amincira, se réduira toujours assez vite, trop vite même, par les croisements réitérés du sang. Mais en naviguant habilement entre son étoffe primitive et les effets du sang, elle peut arriver, mieux que toute autre, à réaliser cette race moitié forte, moitié légère, ce cheval à deux fins, à toutes fins, que rêvent depuis si longtemps les hippologues français.

« Un contraste bien frappant se fait remarquer entre cette race du Nord, abondamment nourrie, mais en qui le sang est nouveau, si l'on peut dire, et nos races du Midi, où le sang est usé en quelque sorte, parce qu'il opère sur de maigres pâturages et au milieu de trop peu de soins. Dans ces produits de l'étalon de sang et de la jument boulonnaise, aucune distinction apparente, mais beaucoup d'étoffe extérieure, beaucoup de vigueur et d'élasticité intérieures, des membres robustes et surtout bien soudés dans toutes leurs articulations, des jarrets bien évidés, des paturons courts. Dans les chevaux du Midi que nous avons vus, au contraire, beaucoup de distinction extérieure, avec une apparence d'épuisement; leurs articulations sont, en outre, presque toujours défectueuses. Les produits du Poitou, de la Vendée et des marais de la Charente-Inférieure tiennent le milieu; mais ils semblent se réduire à mesure qu'ils prennent du sang : déjà leur taille a diminué; leurs membres, très-raffinés, commencent à devenir suspects aux yeux, du moins, des officiers de remonte en quête du cheval de ligne.

« La morale de tout ceci, c'est qu'il faut du sang, mais pas trop n'en faut, jusqu'à ce que les éleveurs consentent à dépenser une somme assez ronde pour élever chaque poulain selon les exigences de son origine, et surtout jusqu'à ce que les consommateurs civils ou militaires se sentent en veine de rembourser toutes les avances de l'éducation du cheval de sang. » (*Journal des haras*, tome 46, page 326.)

La même cause a partout répété les mêmes effets. Le *croisement* d'une race indigène par le sang a partout amoindri le volume, réduit l'étoffe, enlevé *du gros*, affiné la race, en un mot, au point de la présenter sous des formes grêles, trop légères, et d'en affaiblir considérablement l'utilité et la valeur; car les tares se multiplient et s'exagèrent vite chez des produits dans lesquels l'étoffe et le sang ne sont plus en équilibre, par suite de l'invasion trop brusque et à trop haute dose du sang. Les races communes, épaisses, à tempérament musculaire ou lymphatique, ne sont même point exemptes de cet inconvénient; elles le subissent au même degré que l'espèce carrossière. Quant aux races méridionales, si sveltes et plus rapprochées du sang par leur origine et leur constitution nerveuse, il faut bien convenir que trop de sang les éloigne de la conformation plus ample, plus corsée, plus concentrée que nécessitent les besoins de l'époque. Il faut donc répudier le *croisement* dans toute opération de transformation des races, abandonner l'ancien système des alliances continues d'une race indigène avec celle choisie pour l'améliorer, et entreprendre des *métissages* raisonnés qui permettent de doser les quantités de sang les plus utiles à chaque nature d'emploi du cheval, qui rendent possible et facile la conservation de l'équilibre nécessaire entre les forces morales et les forces physiques, entre l'énergie et la vigueur, entre l'étoffe et le sang.

Les reproches adressés au cheval de sang, dans la circonscription du dépôt d'Abbeville, avaient tout particulièrement fixé notre attention et fort éclairé à nos yeux la question de son emploi ménagé. Tant que l'expérience n'avait point été faite, on était en face d'une théorie fausse, importée je ne sais d'où, imaginée je ne sais par qui, et recommandant le croisement continu pour arriver à plus de légèreté et de distinction. L'opération n'avait pas de terme, la théorie était bien simple : à la jument indigène on donnait un étalon de pur sang ; à la fille de celle-ci on rendait un étalon pur ; à ce second produit femelle on livrait encore un étalon de pur sang, et toujours ainsi. Les résultats seuls arrêtaient. La pratique tournait bientôt le dos à une théorie qui conduisait à mal et abondait en mécomptes, en pertes incessamment renouvelées. Mais, en abandonnant l'étalon de pur sang, elle restait en deçà des besoins et ne remplissait pas sa mission. Les circonstances aidant, nous avions pu la faire revenir de ses préventions et lui faire comprendre toute l'utilité d'un emploi judicieux de l'étalon de sang pur ou mêlé, quand on procède par voie de métissage raisonné, quand, par d'heureuses combinaisons, on arrive à un judicieux mélange, à de justes proportions entre l'étoffe et le sang.

Nous avions donc rompu avec les idées du passé, avec les doctrines que nous avions trouvées en cours et qui avaient été exprimées dans les termes suivants, par exemple, dans *les Institutions hippiques*, du comte de Montendre, t. II, p. 211 :

« Depuis qu'on a adopté le système de l'amélioration et de la création des différentes espèces de chevaux propres aux besoins du luxe et de la guerre, au moyen des étalons de pur sang, on a senti le parti qu'on pourrait tirer du cheval boulonnais pour former une base de croisement qui manquait à la France ; on a envoyé des étalons de pur sang à Abbeville, on a décidé les propriétaires à donner quelques-unes des plus belles juments à ces producteurs, dans le but d'obtenir de ces premiers croisements des animaux qui, participant de la force, de l'étoffe, des formes amples et régulières des mères, de l'élégance, de la distinction et de la vigueur des pères, devront faire des chevaux de service plus légers, ayant de meilleures allures que les chevaux boulonnais, et pouvant, par conséquent, être employés plus généralement comme chevaux d'attelage, de poste, de diligence et de guerre. Les meilleures femelles résultant de ces croisements, conservées comme poulinières et redonnées à un étalon de pur sang, produiront quelque chose de plus parfait encore ; et, avec de la persévérance dans ce genre de croisement, des soins, une bonne et abondante nourriture, il est hors de doute qu'on parviendra à faire des chevaux de tilbury, de calèche, de chasse, aussi bons, aussi distingués que ceux que nous allons chercher à grands frais en Angleterre et en Allemagne. »

Sur quoi s'appuie cette théorie ? En la sondant, on ne lui trouve pas de fond. Ce sont des mots, et rien de plus ; on ne sent pas le résultat au bout du conseil. Aussi l'auteur se hâte d'ajouter :

« Jusqu'ici les résultats des expériences faites ont été des plus satisfaisants ; mais les croisements essayés avec les étalons de race pure sont encore trop nouveaux pour qu'on puisse en parler comme d'une chose jugée en dernier ressort. Je me contenterai donc de dire que le système adopté donne les plus belles espérances. »

Cette retraite était pleine de prudence. Les faits vont le dire avec une grande certitude.

Jusqu'en 1833, l'administration des haras avait fourni

aux éleveurs de la circonscription du dépôt d'Abbeville des étalons de trait bien choisis et pris dans la race boulonnaise même dont ils étaient destinés à perpétuer le type le plus perfectionné. Les produits les mieux réussis de ces étalons succédaient à leurs pères; d'autres, remplis de valeur, passaient aux mains des étalonniers du pays, et la race se conservait ainsi en se renouvelant au dedans. Il est aisé de se rendre compte du rôle que jouait, dans la reproduction générale, le petit nombre d'animaux d'élite recueilli par le dépôt d'Abbeville. Ils étaient la plus haute et la plus complète expression de la race, maintenue à un niveau élevé, grâce à leur salutaire influence. En se répétant, ils reproduisaient leur mérite propre, c'est-à-dire les plus belles et les meilleures qualités de la tribu, et faisaient obstacle à la déchéance. Au-dessous d'eux, il existait encore des reproducteurs d'un bon ordre; l'industrie privée s'en emparait, et le renouvellement de la race, assuré, ne courait aucun risque. Sa prospérité aidait fort alors à l'aisance des cultivateurs de la contrée.

En 1836, les haras furent contraints d'abandonner aux particuliers le soin exclusif de la conservation du cheval de trait, de la conservation de la race, par conséquent. Les étalons de ce type furent vendus et remplacés par des reproducteurs d'une autre nature. L'effectif du dépôt fut transformé et ne se composa plus alors que d'animaux de 1/4 sang, de 1/2 sang et de pur sang. Toutefois le cheval pur n'apparaît qu'à partir de 1836.

Le premier effet de la disparition de l'étalon de trait est marqué par la brusque retraite des éleveurs, qui s'éloignent du dépôt. Les stations sont négligées, les nouveaux étalons délaissés, et le fait est bien significatif, car le nombre des saillies tombe tout à coup au faible chiffre de 29 juments par tête, en moyenne.

Les promesses qui accompagnèrent l'offre de l'étalon pur sang ramenèrent une partie de l'ancienne clientèle. Ainsi, de 1836 à 1840, la moyenne générale se relève à 40; mais, en spécialisant les deux catégories d'étalons entretenus, on constate que les étalons de pur sang l'emportaient de beaucoup sur ceux qui n'étaient pas tracés, et la différence est celle-ci :

Étalons de pur sang, 10; moyenne des saillies, 51.
— non tracés, 17; — — 35.

Ce résultat paraissant donner gain de cause à l'étalon de race pure, l'effectif en fut augmenté, et les chiffres officiels donnent pour la période quinquennale suivante, c'est-à-dire de 1841 à 1845, les nombres très-significatifs que voici :

Étalons de pur sang, 15; moyenne des saillies, 36.
— non tracés, 17; — — 39.

C'est ce résultat qui nous a frappé en 1846, quand nous avons pris possession de la direction générale du service. Nos études nous montrèrent la nécessité de modifier à nouveau l'effectif. En voici la composition de 1846 à 1850 :

Étalons de pur sang, 9; moyenne des saillies, 46.
— non tracés, 30; — — 49.

Nous étions parvenu à rétablir l'équilibre; mais ce progrès n'était qu'un premier pas vers la solution du problème. En effet, l'alternance dans les accouplements entre la boulonnaise et les deux ordres d'étalons composant l'effectif du dépôt d'Abbeville ne constituait encore qu'un système bâtard : il pouvait retarder la disparition de la race, il ne la transformait pas dans le sens des besoins; il changeait le cheval de trait en un cheval de ligne, mais ce résultat ne nous semblait ni si heureux ni si avantageux qu'il dût être la fin proposée, le but de nos efforts. Dans nos projets, nous voulions faire avec la race boulonnaise ces trotteurs énergiques et rapides qu'on rencontre exceptionnellement dans le Norfolk, et que nous devrions produire par milliers dans le Boulonnais et dans le Perche, ces athlètes de l'espèce qui réunissent à un très-haut degré les mérites du sang et les avantages de l'étoffe, et donnent tout à la fois des serviteurs capables et résistants, des moteurs aussi vites que puissants. La conformation et les qualités de la jument boulonnaise la rendaient plus propre qu'aucune autre à ce résultat. Nous étions en marche depuis 1851 ; c'était bien récent, mais nous avions été compris, et nous aurions marché à grande vitesse. L'avenir dira bientôt ce qui peut sortir de la direction actuelle. Les faits vont se produire. Nous ne sommes pas impatient de les recueillir, car le pays n'y trouvera pas son compte. Ce que nous voulions, répétons-le, c'était la création d'une famille nouvelle, d'un demi-sang spécial obtenu sur place et avec le concours de la jument boulonnaise. (*V.* tome III de ces études, p. 223.)

Cela posé, revenons à l'étude de la race boulonnaise proprement dite, pour en fixer l'importance et les caractères.

Nous avons affaire ici à une population considérable véritablement indigène, car elle naît sur le sol même ; bien différente, en cela, de la population du Perche et de la plaine de Caen, principalement formée par l'importation des produits de plusieurs contrées plus ou moins éloignées. Sous ce rapport, la circonscription du dépôt d'Abbeville est comme la Bretagne ; elle ne nourrit pas, elle n'élève pas jusqu'à l'âge fait la totalité de ses produits ; elle en cède une partie aux départements voisins. Cela n'empêche que ses existences chevalines y soient très-nombreuses et que le chiffre s'en soit notablement accru pendant les dix dernières années de 1840 à 1850. Voici les nombres fixés par les deux recensements officiels faits aux deux époques :

	En 1840.	En 1850.
Chevaux de quatre ans et au-dessus.	106,253	91,022
Juments de quatre ans et au-dessus.	157,990	184,582
Poulains de trois ans et au dessous..	39,609	74,097
Totaux.	303,852	349,701

Entre ces totaux, la différence au profit de 1850 est de 45,869 têtes : c'est un accroissement de plus de 15 p. 100 en dix ans. On comprend très-bien qu'une population aussi

considérable, presque entièrement homogène, puisse se reproduire par elle-même et s'entretenir, dans ses qualités
propres, sans le secours d'aucune race étrangère, par la pratique d'une sélection rigoureuse des reproducteurs les mieux
doués. Mais c'est là une condition *sine quâ non*. Si donc il
y avait intérêt à reproduire telle quelle, à conserver la race
actuelle dans ses formes et dans son aptitude spéciale, il faudrait aviser et revenir à ce qui se pratiquait avant 1833,
c'est-à-dire choisir avec le soin le plus scrupuleux dans la
famille entière les étalons les plus capables et du type le
mieux caractérisé, et les recueillir dans un établissement
public, pour empêcher qu'ils ne soient emportés par le mouvement commercial, jetés dans les services publics et perdus
pour la bonne reproduction. Sans cela, et quelques encouragements qu'on accorde à l'industrie privée, la race ne se
reproduira pas par les meilleurs, mais par les moyens, sinon
par les médiocres (1). Soumis à l'étalonnage, ceux-ci donnent
les mêmes profits et coûtent moins; en cas d'accident ou de
mort, la perte est moindre et peut être plus facilement sup-
portée : les autres trouvent toujours preneurs à gros prix, et
réalisent, sans risque ni mauvaises chances, un bénéfice immédiat qui séduit nécessairement, mais qui ôte à la race ses
appuis les plus utiles, ses plus indispensables étais.

Les conseils généraux, les associations agricoles, les particuliers avaient jugé que le moment était venu de redeman-

(1) « Les étalons particuliers sont fort nombreux. Le département du
Pas-de-Calais, à lui seul, n'en compte pas moins de 200 à 250. On les
achète un millier de francs. Le prix de leur saillie, généralement fixé à
5 fr., descend quelquefois jusqu'à 3 fr. par l'effet de la concurrence,
et cependant, comme on compte 50,000 juments boulonnaises dans le
Pas-de-Calais, chaque étalon reçoit, annuellement, de 180 à 200 poulinières, quelquefois davantage. Les propriétaires de ces étalons sont peu
aisés; ils conduisent eux-mêmes leurs chevaux de ferme en ferme, et
ne peuvent faire aucun sacrifice. Parmi ces étalons, les uns sont autorisés et approuvés, les autres ne le sont pas. » (*Journal des haras,
note d'un éleveur du Pas-de-Calais.*)

der à l'État son concours direct, effectif. Des délibérations et des pétitions avaient été envoyées, qui réclamaient ou sollicitaient l'entretien, au dépôt d'Abbeville, de quelques étalons de tête de la race boulonnaise. Nous avions exaucé ce vœu, qui secondait si bien nos vues sur la circonscription. Nous voulions aider à refaire le reproducteur de mérite à laisser aux mains des particuliers, afin que la race indigène ne perdît rien de sa force et de sa bonne conformation, tandis que nous nous serions parallèlement occupé de la création d'étalons d'un ordre plus élevé au moyen d'un métissage suivi sur les femelles les mieux douées. Ce plan échoue par la force des choses. Nul n'en prendra souci et ne songera à le faire appliquer, si simple et si rationnel qu'il soit.

Mais quels sont donc les caractères de la race boulonnaise? Et d'abord elle se présente sous deux aspects un peu divers et que l'on distingue par l'aptitude : — la race de trait au pas, c'est la variété flamande ; — et la race de trait au trot, c'est la variété boulonnaise proprement dite. On sépare encore la race sous des appellations différentes qui lui donnent trois siéges ou foyers principaux de production : — le cheval boulonnais dans le Pas-de-Calais et la Somme, — le cheval du Bourbourg dans le Nord, — et le cheval cauchois dans la Seine-Inférieure. Mais ce ne sont là que des branches d'un seul et même tronc. La variété flamande est lourde, massive et lymphatique ; elle a, d'une part, trop de poids, et d'autre part trop peu de vitalité pour être mise à une autre allure que le pas. Le cheval boulonnais, nourri au grain et d'un tempérament plus musculaire, n'atteint pas la proportion massive du cheval flamand, et acquiert assez d'énergie pour supporter les mouvements plus précipités de l'allure du trot. Quant aux autres dénominations, elles rappellent des points vers lesquels la culture de la race ayant été l'objet d'attentions spéciales, la réussite a été plus complète ; elles indiquent plutôt une industrie plus avancée qu'une production différente. Le cheval est le même, sauf les modifications dues à de meilleurs soins, et surtout à une alimentation plus riche.

Quoi qu'il en soit, voici les traits généraux, les caractères propres à la race boulonnaise considérée comme centre et point de départ de toute la population chevaline de la contrée.

La tête est un peu forte peut-être, mais caractérisée; le chanfrein est droit, mais les yeux sont un peu petits; la ganache est lourde et très-prononcée; l'attache manque presque toujours de grâce. L'encolure est très-fournie, ce qui lui donne une apparence courte; elle est garnie d'une crinière touffue et double, rarement longue. Le poitrail, large et musculeux, est très-proéminent. Le garrot reste un peu noyé. Le dos est ordinairement un peu bas. La croupe est très-étoffée, le plus souvent partagée dans son milieu par un léger sillon longitudinal et basse. Le corps est plein, près de terre; la côte est bien tournée. L'épaule, légèrement inclinée, large à l'appui du collier, est libre et pas trop chargée. Les membres sont amples et musculeux dans les régions supérieures; les articulations du genou et du jarret sont larges et puissantes; il y a de la force dans les rayons inférieurs, qui sont courts et garnis de cordes tendineuses très-prononcées. La conformation du pied est bonne en général, et l'appui laisse peu à désirer avant que la fatigue n'ait laissé des traces. Le pied de derrière, dans ce cas, est souvent rampin. La taille atteint facilement 5 pieds sans que les individus paraissent grands, tant il y a d'accord et de bonnes proportions dans toutes les parties, tant la machine est taillée en force et repousse jusqu'à l'apparence d'une structure différente. Le manteau n'est pas uniforme; le gris, le gris pommelé, le rouan vineux et le bai se partagent en quelque sorte la race entière.

Le cheval boulonnais est d'un naturel très-docile. Son développement précoce permet de l'utiliser, dès l'âge de deux ans, aux travaux de l'agriculture. A cinq ans, il n'a plus rien à gagner ni en taille ni en corpulence. Il est large, court et trapu, doué d'une grande force, et généralement plus leste, plus agile qu'on ne le croirait de prime abord.

Cette description est plus spéciale au boulonnais du Vimeux (Somme) et du pays de Caux (Seine-Inférieure). Le boulonnais picard ou flamand, moins bien alimenté, presque exclusivement nourri de foin, acquiert des formes plus lourdes; sa peau est épaisse et chargée de poils rudes; il y a de l'empâtement aux extrémités sujettes aux affections froides : les masses musculaires ne sont plus distinctes et les mouvements n'ont plus la même vigueur; les éminences osseuses ne sont plus senties; la tête a plus de volume et n'offre plus aucune gentillesse; la taille s'élève et le corps paraît plus loin de terre. Les individus ainsi faits sont désignés comme *chevaux du mauvais pays*, par opposition aux boulonnais du Vimeux et du pays de Caux, appelés *chevaux du bon pays*. Toutefois cette distinction, déjà ancienne, semble être tout à fait inusitée aujourd'hui. La variété flamande ou picarde a été fort améliorée depuis quinze ans, et s'est à peu près complétement fondue dans la variété qui fournissait les chevaux du bon pays. Le cheval du Bourbourg offre maintenant des qualités très-appréciables et fort appréciées.

XX.

Circonscriptions des dépôts d'étalons de Braisne et de Charleville. — Population chevaline d'autrefois. — Ressources offertes à l'industrie sous l'ancien régime. — Organisation de 1806. — Création du dépôt de Braisne. — Services rendus par les étalons de l'État, de 1831 à 1850. — Recensement de la population chevaline en 1850. — Nécessité de venir efficacement en aide à l'industrie particulière. — Question du pur sang dans la circonscription du dépôt de Braisne. Résultats obtenus par le croisement avec l'étalon anglo-normand. — Création du dépôt de Charleville. — La population chevaline de l'époque comparée à celle des temps antérieurs. — Histoire de la race ardennaise. — Portrait de l'ancien cheval; — caractères généraux de la population vers 1834, — et à l'époque actuelle.

L'action du dépôt d'étalons de Braisne devait embrasser une surface trop considérable pour qu'elle pût se faire sentir d'une manière utile sur la production en général; elle s'étendait, en outre, à diverses provinces anciennes, et ceci était une nouvelle difficulté, bien qu'il n'y eût pas, au fond, de très-grandes différences dans la nature même de la population chevaline.

Quoi qu'il en soit, la circonscription comprenait la partie du département du Nord située à la droite de l'Escaut, les départements de l'Aisne, des Ardennes, de la Marne, de Seine-et-Marne et de l'Oise, moins Chantilly et ses environs. Nous voici tout à la fois dans un coin de la Flandre; dans le Laonnais et le Soissonnais, qui dépendaient de la Picardie avant d'être rattachés à l'Ile-de-France; dans le Beauvoisis et le Noyonnais, qui appartenaient aussi à cette dernière division du pays; dans le Rethélois, le Vallage, le Rémois, le Perthois, qui n'étaient qu'une partie de la Champagne; puis dans la Brie champenoise, et cette autre partie de l'Ile-de-France qui se trouve enclavée dans Seine-et-Marne.

Quelle était, dans les temps antérieurs, la population chevaline de ces diverses contrées ? Nul ne le dirait sans doute, même approximativement ; à l'exception de la race ardennaise, qui a un nom dans les souvenirs hippiques du pays, nous ne rencontrons ici aucune existence bien déterminée. On dit vaguement ceci : « L'Ile-de-France, le Soissonnais n'avaient pas une espèce de chevaux bien caractérisée ; elle participait de celle des provinces voisines, qui offraient, d'ailleurs, d'assez grandes ressources pour l'élève du cheval de trait.

« La Champagne, traversée par des rivières sur les bords desquelles se trouvent de vastes prairies essentiellement agricoles et industrielles, avait une nombreuse population chevaline ; mais elle ne présentait rien de remarquable. Divers cantons produisaient des chevaux de trait, participant les uns de la race comtoise, les autres de la flamande ; dans plusieurs autres se trouvaient des petits chevaux, présentant quelques traces de race, et un caractère particulier qui rappelait le cheval d'Orient. Ces petits chevaux, mieux élevés, mieux nourris et moins excédés de travail, auraient pu fournir aux remontes de la cavalerie légère. »

(Comte de Montendre.)

Huzard père se borne à constater que ces diverses provinces « donnaient d'excellents chevaux de trait pour l'agriculture, l'artillerie et les charrois. » Cependant il mentionne tout particulièrement la race ardennaise, au sujet de laquelle il s'exprime ainsi : « Les chevaux ardennais sont nerveux, sobres, durs au travail et du meilleur service ; ils ont, en général, la côte plate. Cette race est très-susceptible d'amélioration, et deviendrait propre à monter des troupes légères. »

Et puis c'est tout ; nous ne voyons plus rien dans les anciens auteurs. Vues de loin, vues à travers des traditions qui n'ont peut-être pas le mérite d'une grande ancienneté et qu'on pourrait souvent croire d'invention assez récente, les races chevalines de la France apparaissent comme des puissances et une grande richesse; vues de près, chose étrange! le prestige s'évanouit; bien peu de grandeur justifiée reste sous le voile, dès qu'on est parvenu à en soulever une partie.

Il est difficile d'apprécier, d'une manière positive, les ressources que l'ancienne administration des haras mettait à la disposition des producteurs de chevaux dans les contrées que nous parcourons en ce moment, car nous ne les tenons qu'en partie, tandis que le tableau des étalons royaux et approuvés embrasse nécessairement toute l'étendue de chaque province. Nous voyons cependant que le Soissonnais comptait 75 étalons royaux et approuvés; l'Ile-de-France en possédait 40, entretenus au dépôt d'Asnières, et dont une partie, bien certainement, se répandait, pendant la saison de la monte, sur un coin de notre territoire; la Champagne, enfin, en avait 155, dont le plus grand nombre, assurément, était affecté au service des poulinières de la circonscription actuelle du dépôt de Braisne. Il en résulte qu'avant la révolution 170 étalons au moins étaient répartis dans les diverses localités dont nous nous occupons. C'est beaucoup plus qu'elles n'en ont reçu depuis lors. Il y a justice à reconnaître qu'elles ont été fort négligées au point de vue de l'intervention directe. L'industrie privée a eu toute liberté, on lui a laissé la bride sur le cou; elle a obtenu des encouragements considérables soit de l'État, soit des conseils généraux; elle les a pris et n'a pas avancé d'un pas dans cette grande question de la satisfaction des besoins de tous. Elle a fait tant bien que mal un cheval à son usage, et le consomme sans profit réel, quand elle devrait travailler aussi dans l'intérêt général et y trouver son compte. Il en serait ainsi bien certainement, si, au lieu de la livrer à son unique impulsion, on avait dirigé ses forces dans un autre sens, si on avait donné à son action une direction conforme aux besoins du pays.

L'organisation de 1806, arrêtée après mûr examen et en

connaissance de cause, ne laissait pas cette vaste étendue de terrain en dehors du mouvement qu'elle entendait imprimer à l'industrie chevaline du pays ; elle lui donnait deux dépôts qu'elle plaçait , — l'un à Grand-Pré, dans les Ardennes, — l'autre à Meaux, dans Seine-et-Marne, et elle fixait à 40 étalons l'effectif de chacun. C'était moins que précédemment, mais ce n'était pas l'abandon ; 80 reproducteurs bien choisis, c'est une force, une force précieuse et réelle.

Toutefois, seul, l'établissement des Ardennes a été formé et a fonctionné ; celui de Seine-et-Marne est resté en projet. L'ennemi a pillé le premier en 1815 ; mais un autre dépôt, créé à Bruges, fut sauvé de la ruine, à la même époque, provisoirement transféré à Lille, puis définitivement porté à Braisne. L'effectif de ce dernier n'a jamais été en rapport avec l'importance de la population chevaline sur laquelle il était appelé à exercer son influence. Voici les chiffres de 1831 à 1850, avec le nombre des saillies, établis en moyennes quinquennales :

	Étalons.	Juments saillies.	Moyenne par étalon.
De 1831 à 1835,	34 ;	1,049 ;	31.
De 1836 à 1840,	34 ;	1,142 ;	31.
De 1841 à 1845,	35 ;	1,192 ;	34.
De 1746 à 1850,	42 ;	1,782 ;	42.

Que sont ces chiffres comparés à celui de la population? En 1850, celle-ci comptait 312,590 têtes, parmi lesquelles 59,000 produits de trois ans et au-dessous, ce qui suppose 15,000 naissances annuelles environ. Qu'on juge, par ces rapprochements, ce que peut l'industrie privée, et qu'on dise en conscience si l'on doit attendre d'elle, abandonnée à ses propres forces, destituée d'une intervention directe, autre chose qu'une production commune dont les résultats ne vont point à la satisfaction des besoins généraux. Laissez l'agriculture dans ses voies ; elle produira pour elle, rien que pour elle, et faillira à sa mission, qui est de travailler pour tous. Les plus belles utopies du monde ne peuvent rien contre les faits. En l'état de la production chevaline en France, plus vous ferez d'émancipation, comme vous dites dans votre jargon économique, et plus vous vous éloignerez du but à atteindre. Ce que l'intérêt public recommanderait d'émanciper, ce n'est pas la production générale, mais la production exceptionnelle. Enlevez aux amateurs de pur sang, parmi lesquels vous ne trouverez pas deux éleveurs sérieux, enlevez les encouragements immenses sous le poids desquels ils plient, et vous verrez ce que deviendra leur industrie ; donnez, au contraire, à l'agriculture, c'est-à-dire au grand nombre, à la masse des éleveurs, une direction raisonnée et bien sentie, assistez-la d'une intervention directe qui se borne à lui fournir ce qu'elle ne saurait se procurer elle-même, et vous décuplerez les résultats utiles. Vous le savez fort bien ; nous n'avons pas la prétention de vous apprendre ces choses, mais nous le disons pour d'autres qui ont des oreilles et qui entendront. Vous êtes, vous, de ces sourds qu'on appelle de la pire espèce, de ceux qui n'entendent point, parce qu'ils ont sur chaque oreille un tampon fait d'intérêt personnel. Et ne croyez pas que nous soyons bien indiscret en écrivant ceci ; chacun sait à quoi s'en tenir, et vous connaît tout aussi bien que nous vous connaissons nous-même.

Ici, comme ailleurs, à partir de 1850, le cheval de trait a disparu du dépôt ; le cheval de sang pur ou mêlé l'a remplacé. Les éleveurs étaient peu disposés à les accueillir ; disons-mieux, l'espèce n'était pas préparée à les recevoir avec avantage. C'était une faute que de les amener aussi brusquement sur ce terrain ; mais le système adopté alors et imposé à l'administration était absolu. Il fallait mettre partout du pur sang, sans souci de ce qu'il valait ; il fallait mettre partout du demi-sang avant qu'on eût pris le soin de le produire capable. Il en est résulté que l'emploi de reproducteurs indignes a porté un coup funeste aux principes les plus sains, aux doctrines les plus sûres, et qu'on a semé la méfiance en récoltant de mauvais résultats.

Les mauvais résultats passent, car les nouvelles générations d'étalons, meilleures que leurs aînées, donnent mieux et font entrevoir une situation plus satisfaisante pour un avenir prochain; mais la méfiance persiste et retarde beaucoup le progrès.

Le cheval de pur sang aurait réussi dans cette circonscription, mais il aurait fallu qu'il réunît des conditions de supériorité tout à fait exceptionnelles; il aurait fallu qu'il fût construit en athlète, et que dans l'œuvre de la reproduction il pût absorber, par une influence incontestée, toutes les forces de la mère et de la localité. La mauvaise éducation des poulains lui eût fait encore un obstacle assez grand.

L'étalon de demi-sang n'était pas assez avancé, jusque dans ces derniers temps, pour agir efficacement et préparer sans trop de secousse la transformation de l'espèce locale; il a donc eu ici tous les inconvénients qui l'ont accompagné partout où il a été prématurément mis en contact avec la jument de trait, ou plutôt avec des races de trait ayant leurs racines dans le sol, dans l'indigénat; il a parfois communiqué à l'espèce locale des vices et des imperfections qui sont le propre des races carrossières, et décousu les formes du cheval de trait; il a souvent donné des produits plus ou moins défectueux et dégingandés, des animaux qui n'étaient ni chair ni poisson, des sujets qui n'avaient pas d'emploi, de destination spéciale, qui dépareillaient les attelages du cultivateur, et dont le marchand ne voulait pas, car il ne voyait pas où les placer avec profit.

Les services à attendre du cheval de pur sang ne font doute pour personne, en tant qu'on n'appliquera pas son influence aux résultats malheureux d'un croisement à outrance, mais aux effets d'un judicieux métissage à pratiquer entre la jument indigène et un demi-sang spécial, que nous prendrions volontiers dans le Perche ou dans le Boulonnais pour arriver plus vite, car le demi-sang anglo-normand est, en général, un peu trop éloigné, par les formes, de la conformation de la jument de trait, plus ou moins défectueuse, que nous rencontrons, en grande majorité, sur tous les points de cette circonscription. Cependant, en l'absence de ce demi-sang spécial, aux formes larges et trapues, que nous aurions voulu, il n'y a point à hésiter, il faut employer le demi-sang anglo-normand, corsé, trapu, bien traversé, pas trop haut sur jambes, parfaitement net dans ses articulations et fortement membré. La chose est difficile ; mais le succès est d'autant plus voisin qu'on se rapprochera davantage de la perfection.

Nous ne faisons point ici de vaine théorie, nous parlons avec toute l'autorité que donnent l'expérience et l'observation. Les faits sont nombreux ; car, à côté des produits laissés par les étalons de l'État, nous avons vu ceux des reproducteurs départementaux confiés à des détenteurs. Au fond, les résultats sont les mêmes ; ils ne diffèrent que du plus au moins, selon que les pères étaient plus ou moins incomplets et que, par cela même, les accouplements avaient été plus ou moins défectueux.

Au surplus, voici les chiffres officiels, pendant une période de vingt ans, résumés en moyennes quinquennales :

ANNÉES.	ÉTALONS		MOYENNE DES SAILLIES par chaque étalon	
	de pur sang.	non tracés.	de pur sang.	non tracé.
De 1831 à 1835	2	32	24	31
De 1836 à 1840	9	25	35	34
De 1841 à 1845	13	22	33	34
De 1846 à 1850	12	30	38	45

Les étalons de demi-sang achetés par les départements et remis aux particuliers, au nombre de 50 et plus, dans les deux départements de l'Aisne et des Ardennes, n'étaient ni plus ni moins occupés que ceux du dépôt de Braisne ; leur recherche était à peu près la même et n'avait point assez d'activité.

Mais voyons comment ces animaux ont été appréciés sur les lieux, par suite des résultats obtenus ; après quoi nous spécialiserons cette étude, en nous occupant de la population chevaline dans chacune des provinces réunies en une seule circonscription.

Dans un travail qui embrassait toutes les races communes de la France et qu'il a publié en 1846, M. Fouquier d'Hérouel passait en revue les trois ordres de reproducteurs qui peuvent approcher ces races avec avantage.

En ce qui concerne la population qui nous occupe en ce moment, il faisait une large concession aux idées de ce temps-là, en n'excluant pas l'étalon de trait, car il est évident qu'il n'y attachait aucune importance et qu'il n'en attendait aucun progrès ; il s'était même « assuré que, dans les Ardennes, les poulains issus de bons percherons et de juments indigènes primées présentaient peu d'amélioration, et quelquefois ne valaient pas les mères. » Il cherchait donc ailleurs l'étalon capable de transformer sans secousse l'espèce commune et de l'amener par degrés à la conformation régulière et propre aux services du luxe et de l'armée. Il s'agissait, pour lui, de faire produire à l'industrie nationale tous les chevaux que les marchands israélites vont prendre hors de France pour nos attelages et nos demi-fortunes. Dans cet ordre d'idées, l'étalon de trait était parfaitement impuissant. Il y avait nécessité d'arriver à une autre catégorie de reproducteurs. Mais, avant de s'arrêter au cheval de sang et de l'adopter comme moyen d'amélioration, il faisait ses conditions et détaillait les mérites de conformation que devaient offrir les sujets à employer. Il voulait du gros et de la force, il repoussait impitoyablement tout ce qui apparaissait mince et léger. « Plus l'étalon donné à nos juments, disait-il, a de distinction, plus les poulains sont décousus : ainsi l'on voit de charmants étalons de pur sang, accouplés avec de massives bêtes de labour, donner des produits sans valeur, impropres à la selle et aux travaux des champs, et qui, à quatre ans, ne valaient pas le quart de la nourriture qu'ils avaient consommée.

« Comme les sportmen les plus enthousiastes, je reconnais le mérite du pur sang, l'énergie qu'il donne, et les avantages qu'il y aurait à l'infiltrer dans les veines de ces chevaux mous et lymphatiques qui n'ont d'autre mérite que leur masse ; mais je suis l'antagoniste prononcé de ces croisements irréfléchis qui, n'amenant que des déceptions, sont pour les éleveurs une cause de perte, et font plus de mal que de bien à l'amélioration.

« Des expériences positives, bien constatées, faites dans le département de l'Aisne, et que j'ai été en position de bien juger, n'ont fait que me confirmer dans mon opinion.

« ..... En ce moment, le croisement des plus beaux étalons de pur sang avec nos juments communes n'amène aucun progrès. Suivons l'exemple des Anglais. Ils ne donnent pas l'étalon de pur sang ni même de trois quarts de sang à toutes les poulinières indistinctement. Avant d'en venir à ces précieux reproducteurs, ils ont amélioré leurs races en dedans, en faisant saillir leurs juments communes par les meilleurs étalons de ces races, ensuite par des chevaux de quart de sang bien membrés. C'est le seul moyen d'arriver à de bons résultats.

« Quelques anglomanes, enthousiastes du pur sang, qui n'ont étudié ni les moyens adoptés par les Anglais pour l'amélioration de leurs races, ni ce qui résulte du croisement du pur sang avec nos races communes, ont beau dire que l'étalon de pur sang produit plus fort que lui, qu'on peut le donner à toute espèce de juments, l'exercice dément leurs assertions. Les hippologues instruits, au contraire, disent qu'on ne doit l'étalon de pur sang, et même celui de trois quarts sang, qu'à des juments fortes, bien membrées et bien conformées. Comme nous possédons très-peu de juments de cette nature, il en résulte que l'étalon de pur sang ne convient qu'au très-petit nombre de nos poulinières, et qu'il ne faut l'employer qu'avec une extrême réserve, sous peine de nombreux mécomptes.

« ..... On nous dit qu'en faisant saillir des poulinières fortes et bien membrées par des étalons de pur sang, fussent-ils grêles, serrés du devant et à flancs aplatis, nous aurons de bons chevaux ; mais comme les produits héritent des qualités et des défauts de leurs ascendants, et que cette qualité de transmission s'étend à plusieurs générations, il en résultera qu'à la première, à la deuxième, à la troisième, peut-être, les défauts des pères reparaîtront et seront cause de déceptions qui empêcheront les éleveurs de continuer à se servir d'étalons de pur sang. Pour que le progrès soit durable, pour qu'il n'y ait pas de réaction, il faut que les étalons aient, d'une part, la pureté du sang et les qualités qui en dérivent ; de l'autre, les conditions de taille, d'ampleur et de conformation dont nous avons besoin pour nos divers services. Si les chevaux employés à l'amélioration unissaient à la pureté d'origine les formes désirées, ils produiraient en tout et partout des résultats assurés, nous sortirions de l'état d'hésitation où nous sommes, et en peu d'années les produits éprouveraient une révolution complète.

« Le point important serait donc d'obtenir des étalons qui joindraient à la pureté de la race les conditions d'ampleur des formes et de largeur des membres qui les rendraient propres à s'accoupler avec nos juments. On ne peut espérer trouver ces qualités dans la plupart des chevaux qui paraissent sur les hippodromes ; il faut donc que l'administration rende au pays le service de les créer, qu'au lieu de rechercher pour ses juments l'étalon le plus rapide elle les fasse saillir par celui dont les qualités et la conformation seront les plus propres à produire d'excellents serviteurs. En ne s'écartant pas de cette marche, on parviendra au but, — la production d'étalons de taille, d'ampleur et de structure convenables. Cette sorte d'étalons sera extrêmement recherchée par les éleveurs, sûrs qu'ils seront alors d'obtenir des produits qui auront du gros et dont la vente sera toujours facile et avantageuse. »

Voilà donc l'étalon de pur sang repoussé, à moins qu'on ne le fournisse dans des conditions tout à fait exceptionnelles et fort difficiles à remplir.

Il ne reste plus qu'une classe de reproducteurs, celle des animaux de demi-sang. C'est à celle-ci que M. Fouquier d'Hérouel donne la préférence, mais il veut des étalons façonnés et tournés d'une certaine manière; il les choisit bons, et il a raison, — puisqu'il veut améliorer tout en transformant l'espèce commune sur laquelle il s'agit d'opérer.

« L'étalon le plus distingué qu'on puisse donner, dit-il, à toutes les juments de trait communes, et c'est le plus grand nombre, est le carrossier fort, bien membré, ayant autant de sang, d'énergie, de vitesse et d'élégance que possible, mais constitué de telle sorte qu'il puisse transmettre à ses produits une conformation assez ample pour qu'ils deviennent de bons chevaux de trait lorsqu'ils ressembleront à leurs mères, lorsqu'ils n'auront point hérité du père d'assez de distinction pour être vendus plus cher qu'un cheval de labour.

« Si les étalons carrossiers qui font la monte dans les départements satisfaisaient à ces conditions, ils seraient extrêmement recherchés par les éleveurs, car leur pis aller serait d'avoir des chevaux égaux et souvent supérieurs à ceux qu'ils élèvent habituellement.

« Dans ma conviction, le carrossier de demi-sang, fort et bien membré, est l'étalon destiné à régénérer notre race de trait. Il s'agit donc de créer, ou plutôt d'augmenter fortement la production de cette espèce de chevaux, afin d'en fournir un grand nombre à tous les éleveurs. »

Cette théorie n'est pas tout à fait la nôtre. Elle reste dans les anciens errements du croisement. Nous en avons démontré les inconvénients, et nous avons dit comment on les prévenait en procédant par voie de métissage.

Les idées de M. Fouquier d'Hérouel ont, d'ailleurs, été partagées. Nous les trouvons reproduites dans une brochure imprimée en 1848 et due à un inspecteur des étalons départementaux de l'Aisne, à un collègue de M. d'Hérouel, par conséquent.

M. Geoffroy de Villeneuve se demande quelle espèce de chevaux les éleveurs de son département ont le plus d'intérêt à produire, et il répond : « Ce sont les chevaux à toutes fins en quelque sorte. Ainsi l'espèce qui peut fournir des chevaux d'attelage, de selle, de cavalerie, et de labour enfin, doit avoir la préférence sur toutes celles qui ne sont propres qu'à un seul usage spécial. Nous devons aussi, dans notre appréciation, tenir compte de l'amélioration des routes, des progrès de l'agriculture et des habitudes de vitesse que fait surgir la création des chemins de fer ; toutes ces raisons doivent nous engager à produire des chevaux plus légers. Nous entendons par chevaux plus légers les chevaux qui par leur conformation de hanches et d'épaules, et aussi par une grande profondeur de poitrine, peuvent supporter une course de longue haleine, chevaux qui, grâce à ces qualités, feront plus de travail dans un temps donné et qui, dès lors, seront plus en rapport avec nos besoins. Quel est le producteur qui nous conduira le plus promptement et le plus sûrement vers le but que nous désirons atteindre? Si nous en croyons les partisans du pur sang, c'est par lui, par lui seul que nous arriverons ; hors du pur sang, pas de salut ; sans lui, disent-ils, toute amélioration est impossible. Eh bien ! nous, nous disons, et l'expérience le prouve : cet axiome poussé trop loin est tout aussi dangereux que l'opinion contraire; il est un juste milieu duquel on ne doit pas s'écarter quand on se trouve dans notre position. Ne doit-on pas, avant tout, faire la part des lieux et des circonstances. Dans notre département, avec nos juments communes et grossières, gardons-nous bien d'employer l'étalon de pur sang; toujours le produit se ressentira de la disparate qui existe entre le père et la mère, nous n'obtiendrons que des sujets décousus qui, tout en offrant certaines qualités de conformation, ne sont propres à aucun service.

« S'il existe quelques juments distinguées, de belle conformation, n'hésitez pas à lui donner un étalon de pur sang, mais encore faut-il le choisir avec soin, qu'il soit de noble origine; ce n'est point assez, il faut qu'il ait de la force et de l'ampleur. Son inscription au Stud-Book est certainement quelque chose; mais il ne suffit pas d'être noble, il faut aussi avoir les qualités qui sont l'apanage de la noblesse. Méfions-nous surtout de ces produits grêles et défectueux qui n'ont point d'ensemble dans leur construction, et desquels on ne peut tirer ni argent ni services d'aucun genre.

« Choisissez l'étalon percheron comme reproducteur, vous diront beaucoup d'autres; avec lui vous aurez des produits qui feront d'excellents chevaux de trait que vous pourrez faire travailler de bonne heure, et qui vous indemniseront largement des sacrifices que vous aurez faits. J'en conviens, le cheval percheron ne saurait être trop apprécié, il excite l'envie de tous les pays qui élèvent des chevaux, nul ne saurait rendre de meilleurs services dans nos campagnes; mais aussi, le véritable étalon percheron se rencontre bien difficilement, depuis surtout que l'on transporte dans le Perche un grand nombre de poulains nés dans le Luxembourg, la province de Namur, l'Artois et le Pas-de-Calais, qui plus tard sont livrés au commerce comme percherons. En outre, l'étalon percheron qui, ainsi que je viens de le dire, a perdu tous les caractères de la race primitive ne peut plus les transmettre à ses descendants, il n'a plus assez de sang pour améliorer une race. Pendant plusieurs années il a été employé dans notre département comme reproducteur, et les résultats obtenus n'ont point été encourageants : quelques-uns de ces étalons étaient cependant choisis avec discernement; l'expérience vient donc à l'appui de notre opinion.

« Selon nous, l'étalon qui remplira le mieux les conditions que nous devons rechercher sera celui qui à un certain degré de sang réunira une grande force musculaire, des attaches tendineuses largement développées, une taille élevée, une certaine vitesse et une grande résistance à la fatigue; il faudra le choisir court-jointé, cette disposition est, en général, l'indice d'une grande solidité dans les aplombs. Sa conformation large et étoffée devra se rapprocher de celle de nos juments, tout en modifiant par la régularité de ses formes ce qu'elles ont de défectueux. Sans contredit, le cheval de demi-sang fort carrossier nous offrira toutes ces qualités, mais il faut le bien choisir, éviter des têtes trop fortes et des membres grêles, car plus un cheval est vigoureusement construit, plus aussi les membres qui doivent supporter un corps d'une grande ampleur doivent être forts et largement développés; pour arriver à la perfection, il doit joindre à ces qualités une grande liberté de mouvements qui annonce toujours une vitesse remarquable sans cependant nuire à la force. Nous aurons avec ces reproducteurs l'avantage de pouvoir les allier aux juments de diverses natures que nous possédons, et auxquelles nous ne pouvons assigner une race spéciale. Quand ces juments auront quelque mérite, les produits hériteront de quelques-unes des qualités des pères, et à la suite de plusieurs croisements successifs, faits avec intelligence, nous arriverons à posséder de bons moules auxquels nous pourrons donner des étalons un peu plus distingués; mais, pour arriver à ce but, il ne faut pas se le dissimuler, persévérance et patience sont indispensables. »

M. Geoffroy de Villeneuve, on le voit, ne diffère en rien

de M. Fouquier d'Hérouel. Il repousse l'étalon de trait qui ne peut améliorer l'espèce commune de l'Aisne, dans le sens des besoins de l'époque; il ne veut pas, quant à présent, de l'étalon pur sang dont la conformation, les qualités et l'aptitude sont trop éloignées des formes, des mérites et de la spécialité d'emploi de la jument indigène; il admet, enfin, le demi-sang carrossier, à la condition de l'avoir à peu près parfait, et il en attend les meilleurs résultats, si on le *croise* judicieusement et persévéramment avec la poulinière commune et forte du département.

A cela nous n'avons à reprendre que ce que nous avons déjà repris précédemment : nous ne repoussons pas l'étalon de pur sang, nous le faisons servir, concurremment avec le cheval de demi-sang, à un métissage rationnel qui aide à atteindre le but plus sûrement et beaucoup plus rapidement.

Maintenant, passons dans les Ardennes, où la question du sang a été controversée avec une ardeur dont on ne retrouve d'exemples qu'en Normandie et dans les Hautes-Pyrénées. En effet, la lutte a été vive et passionnée ici; ce n'a plus été comme dans l'Aisne, de la part des éleveurs, une simple abstention, et, de la part des inspecteurs des étalons départementaux, un examen, une étude de pratique; mais un combat en règle entre deux partis, entre deux camps presque égaux. Les journaux, les brochures, les discussions au sein des sociétés et comices agricoles, au sein des conseils locaux, aux réunions hippiques de toutes sortes, foires, marchés, ou distributions de primes, rien n'y a manqué. Le sujet revenait toujours sans s'épuiser jamais, la guerre se renouvelait toujours sans lasser jamais les assaillants. Les amis du gros trait portaient les plus rudes coups, les partisans du sang avaient des bottes secrètes et repoussaient la force par l'adresse. Qui avait tort, qui avait raison? Où était la vérité? Elle était, comme toujours, au fond du puits ; nous essayerons de l'en faire sortir.

Pour mieux éclairer la situation, nous prendrons d'abord le contre-pied de ce qui précède. Après avoir laissé parler les partisans des chevaux de demi-sang, nous allons donner la parole à l'un de leurs détracteurs les plus violents, et pourrions-nous ajouter, les plus absolus. C'est M. Dubroca, vétérinaire au 8ᵉ dragons, qui va plaider en faveur du cheval de trait et faire aux chevaux de demi-sang leur procès. Nous examinerons ensuite jusqu'à quel point il est resté exact et impartial dans ses appréciations, qui résument tous les reproches adressés par les hippologues ardennais à l'étalon carrossier anglo-normand. M. Dubroca prend les faits à la date de 1831, époque à laquelle le département des Ardennes s'était voué aux percherons.

« Cinquante-deux étalons de cette race, achetés par le département, servirent à la reproduction ; bien accueillis par les éleveurs qui n'ont cessé de les regretter, mais mal jugés par l'administration départementale, ces étalons furent abandonnés après une expérience courte et incomplète.

« Enfin, mû par une idée heureuse, le département chercha à régulariser l'amélioration des chevaux au moyen d'un système bien pensé, habilement mis en pratique, mais dont le défaut capital est de pécher par la base ; en un mot, de n'être pas physiologique.

« Dominés par la mode, par l'anglomanie du jour, les hippologues ardennais émirent en principe *que nul pays ne peut relever sa race chevaline, s'il n'emploie à cette œuvre le cheval anglais pris dans ses différents degrés de perfection.* C'est ainsi qu'ils ont avancé d'une manière absolue qu'on n'était en droit d'espérer un succès qu'à la condition de l'emploi, pour la reproduction, du pur sang, du demi et du quart de sang anglais. Le conseil général adoptant ces principes, que le ministre de l'agriculture protégea, le système d'amélioration dit des anglo-normands fut imposé au pays. Dès 1834, on rejeta les étalons percherons, qui furent remplacés par des anglo-normands, que le gouvernement appuya par des stations d'étalons pur sang anglais. Le rejet des étalons percherons, qui, partout, avaient donné des résultats encourageants, fut une détermination que l'expérience ne tarda pas d'improuver hautement. Mieux qu'aucun autre, l'étalon percheron pouvait remplir les vues de l'administration départementale, en donnant plus de taille et un plus grand développement de formes aux juments ardennaises, tout en leur conservant les bonnes qualités qui les distinguent.

« Préconisés avec ardeur, présentés comme devant fournir des ressources précieuses à la remonte de notre cavalerie et donner conséquemment aux éleveurs des produits que la guerre rechercherait et payerait un bon prix, les étalons anglo-normands furent accueillis avec faveur par plusieurs riches propriétaires qui employèrent leur influence et leur argent à cette œuvre qu'ils croyaient lucrative et nationale.

« Une erreur acceptée comme vérité entraîne toujours les plus funestes conséquences. Dans la question qui nous occupe, une expérience de dix années est venue fournir la preuve la plus évidente de l'insuccès. Elle a fait connaître à la grande majorité des éleveurs du département que, en persistant dans l'application du système anglo-normand, le moins qui puisse arriver, c'est une perte d'argent, un dégoût général pour l'amélioration des chevaux, et mieux que cela, la continuation, pour longtemps encore, de cette pénurie si déplorable de bons chevaux.

« Lorsqu'une méthode est bonne en principe, elle l'est aussi dans son application. Les éleveurs, ne consultant que leur intérêt, ont dû rechercher les anglo-normands. En est-il ainsi? non, assurément, puisque, pour ne citer que ce qui est à notre connaissance, l'arrondissement de Sedan, qui compte 5,640 juments propres à la reproduction, n'en a présenté, l'année dernière, à ces étalons que 123 ; ce qui fait à peu près neuf par reproducteur. Donc la grande majorité des éleveurs, reconnaissant l'inefficacité du système de reproduction adopté, repousse les étalons fournis par le département. Ceci est la conséquence d'un principe physiologique qui veut, pour que les croisements soient avantageux, que les étalons se trouvent en rapport avec l'espèce à améliorer, non-seulement quant à la taille, aux formes, au tempérament, à l'ancienneté de la race, mais aussi quant aux produits du sol et aux soins qu'ils reçoivent dans le pays, le cheval arabe seul fait exception.

« Nous l'avons déjà dit dans notre cours d'hippologie. Les métis ont d'autant moins d'aptitude à améliorer une race que cette race est plus ancienne et qu'ils s'en éloignent davantage, tant sous le rapport des formes que sous celui des qualités. Une race ne transmet ses caractères à un autre d'une manière durable qu'autant qu'elle est plus ancienne que celle dans laquelle on l'introduit.

« Il est important de diriger le croisement d'une manière rationnelle : bien appliqué il produit d'heureux résultats ; employé sans principes physiologiques, au lieu d'améliorer, il détruit les bonnes qualités de la race que l'on voulait rendre meilleure ; il remplace quelques-uns de ses défauts par d'autres plus graves encore. Les caractères qui distinguent les races deviennent d'autant plus constants, d'autant plus difficiles à faire disparaître par de nouvelles influences, que la race s'est conservée la même pendant une longue suite de générations. Ces caractères de race se perdent, au contraire, d'autant plus vite, d'autant plus facilement, que la race est moins ancienne. Les métis anglo-normands, d'une origine trop nouvelle et d'un tempérament différent de celui des chevaux de l'antique race ardennaise, sont inaptes à changer cette race en des produits meilleurs. Ces métis important dans les Ardennes avec le sang normand, bien inférieur au sang ardennais, une structure s'harmonisant peu avec celle de la race à améliorer, il ne peut résulter d'un semblable accouplement qu'une perturbation, dont le moindre inconvénient sera la perte du temps, puisque les métis auglo-normands, trop nouveaux, mal assortis, étant incapables d'influencer la race ardennaise, le peu de sang anglais qu'ils pourront introduire s'effacera avec une rapidité égale au peu d'ancienneté des propagateurs ; il ne restera donc que des individus décousus et sans énergie.

« La nature a des lois générales qui gouvernent la production de tous les êtres ; les animaux domestiques, comme tous les autres, les subissent. Si l'homme veut contrarier ces lois, il établira avec la nature une lutte dont il ne pourra triompher qu'à force de travail, de temps et d'argent. C'est ce qui est arrivé en Angleterre. En marchant avec la nature, au contraire, il y a avantage assuré, puisque le succès prompt et soutenu est à cette condition. Mais là se trouve la plus grande difficulté à surmonter. Je veux parler de l'appréciation judicieuse, non-seulement du mérite des étalons, mais encore et principalement de leur aptitude à améliorer la race avec laquelle on veut les croiser. C'est ainsi que le département des Ardennes, quoique animé assurément de bonnes intentions, et conseillé par des hommes instruits, n'a pu voir réaliser ses espérances. Il aurait dû employer, non, comme il l'a fait, le pur sang anglais et l'anglo-nor-normand, mais les reproducteurs présentant les plus grands rapports de similitude avec la race de ce pays. Si les chevaux, même de noble race, perdent de leurs qualités en changeant de contrée, que doit-on penser d'améliorateurs chez lesquels le sang normand coule en abondance ? Nécessairement ils subiront les conséquences de toutes les influences qui les entourent, puisqu'ils ne sont pas doués d'une constitution assez heureusement organisée pour résister à une pareille lutte. »

La première condition à remplir, quand on se fait critique, c'est d'être impartial et vrai. M. Dubroca n'a pas seulement été exagéré dans ses plaintes, disons le mot : il n'a pas été appréciateur exact et vrai de la situation qu'il voulait analyser.

Il pose en fait, par exemple, que l'étalon percheron a partout donné des résultats satisfaisants, et que les reproducteurs de pur sang et de demi-sang ont été frappés d'un insuccès général, complet, absolu; que ceux-ci avaient partout semé la ruine et le découragement, au lieu de faire leur œuvre toute d'amélioration et de progrès, toute d'appropriation de l'espèce locale en produits plus précieux, et aptes à remplir les exigences diverses de la consommation à l'époque actuelle, et notamment les besoins de la cavalerie.

La vérité est que l'étalon percheron n'a fait aucun bien, préparé aucune amélioration, réalisé aucun progrès. Tout au plus, pouvait-il reproduire une espèce commune, dotée tout à la fois des imperfections de sa race et des défectuosités de celle qu'il s'agissait de transformer. M. Fouquier-d'Hérouel a constaté ce résultat en allant étudier les effets du croisement de la jument ardennaise par l'étalon percheron, et nous l'avons déjà dit en le citant : *les produits quelquefois ne valaient pas les mères.*

Voilà pour l'étalon percheron.

Quant aux chevaux de sang pur et mêlé, nous avouerons en toute sincérité, que beaucoup ont mal produit, tout aussi mal produit en leur genre que l'étalon percheron. Ces mauvais résultats ont surtout été observés au début de l'application du système anglo-normand, comme l'appelle M. Dubroca. Ils étaient dus non au système en lui-même, mais aux instruments incomplets, défectueux, insuffisants qu'il employait. Le cheval de pur sang était bien éloigné de la jument ardennaise et n'offrait pas dans la perfection de ses formes, dans le mérite d'une structure irréprochable, le moyen de corriger cette faute contre les règles d'un bon accouplement. Et de même pour beaucoup des étalons anglo-normands, prématurément introduits dans les Ardennes, il s'en est suivi de nombreux mécomptes; cela est vrai, très-vrai.

La part ainsi faite à l'insuccès, qu'on nous permette de compléter l'étude et de constater qu'à côté des mauvais résultats il y en a eu de très satisfaisants, et que les sujets réussis n'ont pas été si clairsemés, si rares, qu'il n'y ait point à en tenir compte. Les faits nous viendront en aide contre les assertions si tranchantes de M. le vétérinaire du 8e dragons, et nous les puiserons à des sources authentiques, si authentiques même que M. Dubroca ne sera pas tenté d'en contester la valeur.

En 1844, c'est-à-dire après dix années d'application du système anglo-normand, laissons-lui ce nom, cela est sans aucun inconvénient, en 1844, le dépôt des remontes de Villers-sous-Mézières achetait 169 chevaux, nés et élevés dans le département des Ardennes.

En 1845, les achats ont porté sur 84 chevaux de selle, tous nés dans les Ardennes, et sortis de l'alliance de la jument ardennaise avec l'étalon anglo-normand, à l'exception de quatre qui provenaient de l'étalon de pur sang.

Ces animaux étaient jugés d'une manière favorable par l'administration des remontes ; elle les tenait pour bons et plaçait le pays qui les donnait au rang des plus importants, au point de vue de la satisfaction des besoins de l'armée. Elle louait l'emploi du cheval de demi-sang comme reproducteur ; elle faisait mieux, elle l'encourageait par ses achats, et s'appuyait elle-même sur le bon accueil que recevaient dans les régiments les chevaux de cette origine et de cette provenance. « Les différents corps auxquels le dépôt de « Villers a fourni des chevaux, lisons-nous dans une lettre « écrite, le 21 août 1845, par un capitaine attaché à cet « établissement, se sont plu à reconnaître la supériorité de « nos chevaux sur les remontes provenant des autres dé- « pôts. Le colonel du 8e de dragons, et le vétérinaire du « même régiment, — M. Dubroca, — m'ont fait des éloges « des derniers convois qu'ils ont reçus de Villers. »

Que M. Dubroca se tire de là comme il l'entendra ; ce

n'est pas nous qui interprétons sa pensée ni qui le faisons parler.

Les chevaux achetés avaient été répartis comme ci-après :

40 chasseurs, payés en moyenne 522 fr. 87 c.
25 dragons, — —   607   »
19 cuirassiers, — —   689   75

En tout 84 chevaux pour une somme totale de 49,195 fr. — Moyenne générale : 585 fr. 65 c.

Dans ces acquisitions, il n'est pas fait mention des chevaux achetés pour l'artillerie, et dont l'origine était nécessairement différente.

En 1846, les opérations de la remonte portent sur 215 chevaux de selle, nés dans les Ardennes et répartis de la manière suivante entre les divers services :

52 chasseurs, payés en moyenne   548 fr. » c.
3 —   hors ligne,   —   846 fr. 66 c.
99 dragons,   —   626 fr. 31 c.
10 —   hors ligne,   —   1,073 fr. 30 c.
50 cuirassiers,   —   765 fr. 20 c.
1 —   hors ligne,   —   1,200 fr. »

Soit 215 chevaux pour une somme de 143,230 fr. — Moyenne générale : 666 fr. 18 c.

Ces faits n'admettent pas de réplique. Ils sont officiels. Nous les avons relevés sur des états joints à la lettre dont nous avons parlé, et ils sont encore en nos mains.

En comparant entre eux les achats effectués par le dépôt des remontes, pendant les années 1845 et 1846, on mesure les progrès réalisés d'une génération à l'autre. Le nombre des acquisitions a presque triplé ; mais ce qui est plus significatif, c'est l'accroissement du nombre des chevaux de ligne et de cavalerie de réserve, qui de 44 s'élève tout d'un coup à 160. Un autre argument en faveur de l'amélioration obtenue, c'est l'élévation des prix d'achat puisque la moyenne de 1846 est supérieure à celle de 1845 de 80 fr. 55 c. par tête. En 1846 encore, on signale des chevaux hors ligne, ce qui n'avait point encore eu de précédent. Enfin, 134 chevaux d'artillerie — trait, — achetés en 1846 dans les Ardennes, et représentant l'élite de la population indigène, améliorée ou non par l'étalon percheron, n'avaient été payés en moyenne que 565 fr. 63 c., soit 100 fr. 55 c. de moins que le prix moyen accordé pour les produits nés du croisements avec le cheval de sang. N'est-ce donc rien qu'une plus-value semblable obtenue en dix années seulement ? Mais si ce fait pouvait être généralisé, savez-vous que les trois millions de chevaux que nous possédons représenteraient une augmentation de richesse égale à trois-cents millions ? Ce ne serait pas un si déplorable système que celui qui produirait de tels résultats avec d'aussi minces ressources.

Mais les preuves abondent contre M. Dubroca, et ceux dont il n'a été que le porte-voix. Une observation jointe aux états fournis par le commandant du dépôt porte textuellement ceci : « Les corps de cavalerie se plaisent à reconnaître « l'excellente qualité et la supériorité des chevaux des Ar- « dennes sur ceux d'autres provenances. Ils signalent sur- « tout les produits des anglo-normands et tous ceux d'espèce, « comme aquérant par les soins hygéniques et la bonne « nourriture, de la beauté, de la force et de la souplesse « que les chevaux communs ne prennent jamais; et c'est « avec empressement que ces mêmes corps demandent au « ministre de la guerre de continuer leurs remontes au dé- « pôt de Villers. »

Ce témoignage ne peut être suspect. En voici un autre non moins certain et non moins explicite. Il émane du comte d'Astorg qui a inspecté, en 1846, le dépôt de Villers. Il écrivait, le 21 septembre de cette année, au général baron Nicolas, ancien inspecteur-général de cavalerie lui-même, et membre du conseil général des Ardennes :

« Mon cher général, vous m'avez exprimez le désir d'a-

voir quelques renseignements sur le dépôt des remontes de
Villers, l'inspection que je viens de passer de cet établissement m'a fait reconnaître qu'il était dans une voie de progrès bien notable. Il est à désirer que rien ne vienne arrêter
l'élan imprimé à la production ; le département des Ardennes
est celui dans lequel l'amélioration des chevaux, tant sous
le rapport de la qualité que sous celui de la quantité, s'est
le plus fait sentir. J'ai eu surtout lieu de remarquer l'accroissement survenu depuis quelques années dans le nombre des chevaux de cuirassiers et de dragons : ceux destinés
à cette dernière arme sont surtout remarquables par leurs
formes, leur fond et leur vigueur. C'est une espèce en quelque sorte nouvelle pour les Ardennes et qu'il est important
de développer. Dans un moment où la cavalerie de ligne a
tant de peine à se remonter, elle assurera aux éleveurs un
débouché avantageux et facile. L'introduction dans ce département d'étalons anglo-normands a fait naître ces produits
qui lui ouvrent un avenir nouveau. Je crois qu'on ne saurait trop en multiplier le nombre ; on parviendrait peut-être,
par ce moyen, à arrêter une concurrence fâcheuse des étalons belges, dont les produits sont bien loin de valoir ceux
des premiers. »

Nous pourrions nous en tenir à ces documents ; mais nous
voulons vider la question ; car elle a ici une immense importance. Et d'ailleurs, ceci est tout à la fois de la théorie et de
la pratique ; c'est de la belle et bonne science par conséquent. C'est l'appréciation impartiale de faits nombreux qui
sont la vérité vraie, la vérité vivante.

Les associations agricoles sont, en général, pour le gros
cheval, pour le moteur dont le travail est le plus utile à l'exploitation du sol. Elles spécialisent ainsi l'instrument aux
mains du producteur, laissant en dehors tous les rapports
qu'il peut avoir avec une spéculation plus générale. Les
réunions agricoles du département des Ardennes ont partagé, à cet égard, les vues de presque toutes les sociétés de

même nature qui existent en France. Eh bien! voici l'opinion de la Société d'agriculture des Ardennes, exprimée par
M. Millard, son secrétaire, et recueillie par le *Journal d'a-
griculture pratique*, n° de juin 1847 :

« A l'égard de la remonte, dit M. Millard, il n'y a qu'une
autorité compétente pour statuer, c'est celle des chefs de
corps auxquels les produits du système anglo-normand ont
été livrés, qui tous ont fait les plus grands éloges des achats
effectués. La Société d'agriculture, elle-même, n'a jamais
entendu contredire ces éloges quant à la remonte, et, si elle
a fait scission avec le conseil général et le gouvernement, ce
n'est que pour l'emploi des anglo-normands aux travaux de
l'agriculture.

« Le département a donc fait beaucoup pour l'amélioration de la race chevaline ; car, quelle que soit l'opinion qui
sera définitivement adoptée sur le fond des systèmes, que je
suppose encore tous deux à l'état d'essai, par rapport à l'agriculture, les résultats obtenus pour la remonte, la cavalerie,
la selle, le carrosse sont assez importants et assez authenti-
quement établis, pour que le département et le gouvernement n'aient point à regretter les sacrifices qu'ils ont fait
depuis plus de dix ans. . . . . »

Cette déclaration est formelle. Nous pourrions en donner
d'autres, et nous n'aurions que l'embarras du choix, en com-
pulsant les procès-verbaux des jurys chargés des distributions des primes à la production et à l'élève. Mais à quoi
bon? Ce qui précède doit suffire pour prouver ce fait que
tout n'a pas été mécompte dans l'œuvre entreprise de la
meilleure appropriation de la population chevaline des Ardennes, non aux travaux des champs, mais aux divers services de l'armée et du demi-luxe. Or, c'était précisément le
but proposé. Tout n'a pas été réussite — cela n'était pas possible; — mais la part de succès déjà réalisée ne laisse pas
que d'être à la fois satisfaisante et encourageante.

Cependant, pour nous qui avons creusé la question, deux

faits ressortent bien évidents de nos études, à savoir : — 1° L'étalon de pur sang et le cheval de demi-sang, amples et bien conformés, seuls réussissent quand ils n'ont pas trop de taille et ne portent aucune tare essentielle. Ils doivent être, comme le voulait M. Fouquier d'Hérouel, « bien membrés, près de terre, se rapprocher un peu par ce côté de la forme écrasée et trapue des poulinières, mais avec l'énergie et la distinction qui manquent à celles-ci. » — 2° Le croisement poussé trop loin, même avec des étalons bien conformés, conduit ici au résultat observé partout, il affine vite et trop l'espèce locale qui aurait besoin d'être grossie, au contraire ; elle réclamerait donc le concours de reproducteurs d'un autre ordre tant que le demi-sang anglo-normand, lui-même, ne réunira pas la double condition d'un cheval de sang athlétique et compact. Ces reproducteurs, nous l'avons dit, n'existent pas ; nous voulions les créer. La chose n'avait rien d'embarrassant en Bretagne, dans le Perche, dans le Boulonnais où nous trouvions des poulinières capables ; elle est moins sûre et moins facile dans les Ardennes, où la création ne devait, en quelque sorte, emprunter que des éléments étrangers à la localité. Cependant nous aurions essayé, et c'est pour cela que nous avions accueilli avec empressement la fondation d'un dépôt d'étalons à Charleville, afin d'être plus près de l'industrie chevaline ardennaise et de la surveiller d'une manière plus complète et plus suivie. L'établissement s'achevait au moment même où nous avons été écarté ; il a failli sombrer, mais les engagements pris étaient si formels, qu'il a bien fallu accepter ce legs de notre administration. Reste à savoir si la direction que nous voulions imprimer à la production est comprise ou seulement soupçonnée, par ceux qui, aujourd'hui, ont charge de continuer le passé. . . . .

Notre intention était de donner pour circonscription au nouveau dépôt de Charleville, les départements de la Marne et des Ardennes. Braisne aurait eu encore un assez vaste territoire à desservir et une population chevaline assez nombreuse à pousser dans une voie de progrès fort désirable.

La question du pur sang, traitée par un éleveur du département de la Marne, M. Em. Hémart, y a trouvé la même solution que dans le département de l'Aisne. On demande l'étalon de demi-sang comme transition nécessaire; on veut qu'il prépare en quelque sorte la couche, le lit au cheval de pur sang. « Pour les juments telles que nous les avons, dit M. Hémart, il ne faut pas procéder *ex abrupto* avec le pur sang, la nature aurait trop à faire pour rapprocher ces distances-là, et nos poulinières de Vitry et de Sainte-Ménehould qui auraient dû produire le cheval de guerre, n'ont donné qu'un cheval décousu, avec le pur sang. Les avantages et les inconvénients sont aujourd'hui choses connues pour notre département comme pour toute la France. Partisan de cette espèce, je l'ai toujours employée pendant dix ans dans les accouplements; avec ce genre de cheval, il faut la jument améliorée; dans le département de la Marne, et généralement en France, nous savons qu'elle manque. Est-ce donc avec le pur sang que vous retremperez nos espèces? Non; c'est employer l'argent des contribuables en folles dépenses, il faut en rester bien persuadé.

« L'administration des haras et les personnes s'occupant de chevaux, admettent en principe que l'on peut arriver à faire (ce qui n'est nullement prouvé pour moi) le cheval étoffé carrossier, avec une jument de trait et du pur sang. Du premier croisement, c'est impossible....... Si le résultat de l'accouplement présente quelques beautés d'un côté, de l'autre il a des parties un peu courtes avec de trop longues, et, comme l'influence de la mère l'emporte pour ce qui concerne la faculté d'apprendre et le tempérament, il résulte que l'éducation de ce produit est difficile; les allures sont rarement déterminées, et si l'énergie du père existe, le tempérament manque, et *vice versá*......, vous ne pouvez obtenir de bons chevaux avec nos espèces communes qu'en introduisant en elle le sang par degré, avec mesure et sans secousse.... » (1)

En lisant avec un peu d'attention ces quelques lignes, on sent qu'on n'a point affaire à un esprit systématique ou prévenu, mais à un praticien qui a appris à ses dépens. M. Hémart écrivait en 1845, sous l'impression des produits obtenus au moyen d'étalons de pur sang, insuffisants, et de producteurs de demi-sang incomplets, dont l'alliance n'avait point été interrompue et qui étaient revenus sans intermédiaire découdre l'espèce locale et l'affiner outre mesure. Ce résultat s'est modifié d'une manière très-heureuse, dans ces dix dernières années, grâce à l'emploi d'étalons supérieurs ; mais l'observation favorable à l'introduction graduée et modérée du sang persiste en son entier. Elle éloigne moins le produit du genre de ceux qu'utilise l'agriculture et ménage une utile transition entre l'espèce actuelle, fort bien appropriée aux travaux des champs, aux habitudes de l'éleveur, et l'espèce transformée qui sortira du métissage commencé si on ne brusque pas trop la quantité de sang à fixer peu à peu dans les métis.

Le cheval de sang a pénétré tardivement dans les autres parties de la circonscription du dépôt de Braisne. Il y a reçu plus favorable accueil, parce qu'il s'y présente en de meilleures conditions qu'au début de son emploi. Mais alors il eut été repoussé avec une grande vivacité, car les éleveurs de ces diverses localités étaient bien moins préparés encore que ceux de l'Aisne, des Ardennes et de la Marne à changer l'espèce lourde et commune dont ils tiraient si bien parti contre un produit plus léger et plus distingué dont ils n'apprécient pas bien tous les avantages, malgré la nouvelle position faite aux grosses races par la multiplication des che-

(1) Mémoire couronné par la Société d'agriculture, etc., du département de la Marne.

mins de fer et l'état d'amélioration très-avancée de toutes nos voies de communications ordinaires.

Autrefois, comme aujourd'hui, la population chevaline du Nord, de l'Oise, de Seine-et-Marne et de l'Aisne était plus lourde que légère, plus commune que distinguée. Elle tenait de près à la race picarde dont elle était une émanation, une branche moins caractérisée toutefois; elle avait sans doute quelque valeur comme espèce de trait, mais elle n'a pas laissé de nom, et elle n'en a pas davantage aujourd'hui.

En ce moment encore, le cheval de trait domine dans l'Aisne, où il semble avoir été formé par le contact et le mélange du cheval de gros trait du Nord et l'espèce la plus forte des Ardennes. Ce n'est donc pas une population complètement homogène; le caractère qui en relie les dissemblances, c'est le commun. Le point du département le plus avancé est l'arrondissement de Laon, dans lequel on trouve déjà nombre de chevaux propres à l'arme de la cavalerie de réserve. Ils naissent de la jument de trait bien choisie et de l'étalon anglo-normand bien conformé. Ils montrent qu'un métissage judicieux mènerait droit au type carrossier, commun ou distingué, suivant qu'on laisserait dominer l'influence du père ou de la mère.

Le département de l'Oise commence à marcher dans le même sens. Vers Compiègne et Senlis, on remarque une tendance très-marquée à l'allégissement de l'espèce. Le cheval de trait, à l'allure lente et lourde, est remplacé par un cheval apte au service de l'artillerie, encore un pas et nous arrivons au cheval de ligne trapu et corsé, à ce moteur puissant que l'on prise tant en France, mais qu'on a plus cherché jusqu'à présent dans la masse et le poids que dans une véritable énergie. Le commun est souvent l'apanage du gros, mais la force n'exclut pas la distinction. La réunion de ces mérites ne peut s'obtenir que par le mélange rationnel des qualités du cheval de sang et des formes développées de la poulinière indigène ; elle constitue les races les plus précieuses. Nous n'avons pas encore su les produire en France où elles nous manquent. Ce type était notre point de mire; c'est une tâche utile à remplir que celle-ci : en rapprocher le plus possible toutes nos espèces communes, et faire que ces dernières fournissent enfin leur contingent annuel, à la satisfaction pleine et entière de tous nos besoins.

Nous avons déjà vu que le cheval champenois n'avait pas de réputation dans le passé malgré les 133 étalons approuvés qu'elle possédait. Parmi ceux-ci 92 avaient été remis directement aux détenteurs par l'État. Eh bien ! ces ressources étaient insuffisantes, car l'assemblée des états de Champagne décidait, dans sa séance du 10 décembre 1787, qu'il serait acheté et entretenu, dans deux établissements, 20 étalons et 400 poulinières bien choisies. Mais ce n'était que le point de départ de l'institution projetée. Celle-ci se complétait par la création de quatre autres établissements. Leur effectif réuni portait le nombre des étalons à 60 et celui des juments à 1,200. L'assemblée votait, en outre, des fonds pour distribution de primes à la production améliorée. Les événements politiques ont mis obstacle à la réalisation de ce projet.

Mais laissant à l'écart un passé aussi incertain, voyons ce qu'est le présent.

Dans les arrondissements de Châlons et de Vitry, la population chevaline de la Marne est en pleine voie de transformation. Dans le premier, le cheval prend de la vivacité, de la légèreté, de la distinction ; il devient cheval à deux fins dans la meilleure acception du mot. Le cheval commun et lourd n'y domine plus. L'influence du sang s'y fait bien sentir de la manière la plus heureuse, soutenue qu'elle a été par de bonnes alliances et un mode d'élevage plus perfectionné. La petite espèce des environs de Vitry a subi des modifications d'un autre ordre ; elle a pris de la taille et de la corpulence, elle a épaissi et grandi tout à la fois de façon à s'élever au-dessus d'une aptitude plus grande, à se rapprocher beaucoup de la conformation du cheval de ligne. Son point de départ était inférieur, comme force et taille, au cheval de cavalerie légère. Le progrès est donc très-marqué.

Nous arrivons à la race ardennaise, la seule qui, dans toute cette circonscription, ait laissé des souvenirs, une réputation.

Comme toutes les origines, celles du cheval ardennais est pleine d'obscurité. On prétend que des chevaux arabes, amenés en France par les croisés, au XIe siècle, après la prise de Jérusalem, jetèrent les premiers fondements de la race. On assure, en outre, que les établissements religieux et agricoles du Mont-Dieu, d'Orval et de Saint-Hubert entretenaient des étalons arabes de premier ordre « dans l'intention de porter les chevaux ardennais au plus haut degré de perfection possible. » Et l'on ajoute que les étalons orientaux vinrent bien plus nombreux encore aux XVIe et XVIIe siècles, lorsque les Espagnols occupèrent les Ardennes. Ces nouvelles importations, à ce que l'on assure, « ont très-avantageusement secondé le système améliorateur mis en pratique sur les domaines d'Orval, du Mont-Dieu et de Saint-Hubert.

« A cette époque, les chevaux ardennais étaient tellement supérieurs aux chevaux allemands, que Turenne, campé en Allemagne, envoya en Ardennes pour la remonte de sa cavalerie. »

Voici une existence que la tradition impose. Personne n'a fait le portrait du cheval ardennais d'autrefois. On se contente de le proclamer une race antique, douée des meilleures qualités, et d'entourer son souvenir d'une réputation qu'on serait mal venu de contester.

Voyons ce que la révolution de 1789 a fait de « cette race célèbre. »

Elle commence par supprimer toutes les immunités dont jouissaient les gardes-étalons et tout aussitôt les reproducteurs confiés aux gardes, et les étalons approuvés disparurent. Puis vinrent les levées et les réquisitions qui prirent la fine fleur de la race, et, plus que cela, tout ce qu'elle avait de sujets valides.

« Le but des réquisitions, dit M. Dubroca, à qui nous avons déjà emprunté plusieurs citations, le but des réquisitions étant de pourvoir aux besoins pressants de la cavalerie, elles devaient nécessairement enlever, et de préférence, les bons étalons, les plus belles comme les meilleures poulinières, ainsi que les poulains chez qui la taille et le développement du corps avaient devancé l'âge. Forcé d'assurer les travaux pour garantir sa fortune, le laboureur vendait ses produits d'espérance, qu'il s'empressait de remplacer par d'autres que le manque de taille et le disgracieux des formes mettait à l'abri de l'impôt républicain. Livrés à la reproduction, ces êtres chétifs donnèrent aux cultivateurs une sécurité entière, mais aux dépens de la qualité de ses chevaux. Enfin, les besoins incessants de l'empire hâtèrent l'épuisement de la race ardennaise.

« Petits, mal faits, mal nourris, ces chevaux étaient incapables de satisfaire les exigences d'une exploitation rurale; l'agriculteur sentit le besoin de les améliorer ou de les régénérer. Abandonné à ses propres ressources, comprenant mal ses intérêts, le laboureur employa sans ordre, sans méthode et, le dirai-je, sans intelligence, tout ce qu'il crut propre à lui faire atteindre le but de ses désirs. C'est ainsi que des étalons champenois, picards, flamands, furent employés à la reproduction et donnés à des juments trop jeunes. Des poulains de deux à trois ans, vivant dans les pâturages avec des pouliches du même âge, les fécondèrent. De là, l'usure prématurée des mâles, le peu de taille et la défectuosité des formes des produits, état qu'aggravaient encore une nourriture insuffisante et un travail exédant la force des sujets. »

Telle était la situation misérable de la race, en 1806, à

la réorganisation du service des haras et à la fin de l'empire.
Nous arrivons ainsi à 1815 pour constater une pauvreté immense, une déchéance complète. La période qui s'ouvre alors devient particulièrement favorable au gros cheval, et voilà le cultivateur exclusivement adonné, non plus à l'amélioration de sa race dont il a peu souci vraiment, mais au grossissement du moteur qu'il emploie, de l'instrument qu'il applique à la culture et aux pénibles travaux de son exploitation. Cette modification de la population chevaline a été poursuivie au moyen d'étalons flamands et de diverses variétés de la grosse espèce belge. Elle avait tellement affaibli les qualités inhérentes au cheval ardennais, qu'on ne le retrouvait plus sous cette nouvelle enveloppe et qu'on tentait de les lui rendre en le croisant avec le cheval percheron, dont la récente renommée faisait une véritable illustration. C'est alors que le département et l'administration des haras s'entendirent pour appliquer un système d'amélioration plus sûr. Nous avons dit ses insuccès et ses mécomptes, nous avons dit aussi l'heureuse influence qu'il a exercé. Le bien et le mal se sont rencontrés ici, comme en tout et partout, mais, en se prolongeant, la lutte a fini par être favorable au progrès. Celui-ci a été lent, parce qu'il n'a pas reçu tous les éléments qui lui eussent été nécessaires, mais il est sorti du temps et de la persévérance. Nous en avons donné les preuves.

Nous voudrions faire sentir d'une manière plus frappante, les différentes phases de la production du cheval dans les Ardennes. Nous l'essaierons en esquissant les trois portraits qui suivent :

Le premier se rapporte aux temps antérieurs à la révolution de 1789. Il appartient aux chevaux que les achats réguliers ou les réquisitions avaient donnés aux troupes légères, et, notamment, à l'arme des hussards, qui semblait être sa destination par excellence. En voici les principaux caractères : tête sèche, carrée ou peu camuse ; œil proéminant, orcilles courtes et bien plantées, physionomie intelligente et éveillée; encolure droite, épaules plates; poitrail un peu étroit, garrot élevé, hanches un peu cornues, membrure forte et régulière, cordes tendineuses larges et bien détachées; cependant les jarrets petits et un peu crochus; taille 1 mètre 42 à 1 mètre 52 centimètres. Cette conformation, courte et ramassée, ne faisait pourtant pas un beau cheval; la race ardennaise n'a jamais été comptée parmi les races distinguées du pays, mais elle possédait un fonds extraordinaire, beaucoup d'énergie et une grande résistance. Elle vivait longtemps et brillait encore par sa sobriété; ses qualités ont été particulièrement remarquées pendant la pénible campagne de Russie.

Vers 1834, les caractères sont bien autres. Le cheval ardennais a disparu sous une enveloppe grossière qui le rend méconnaissable; sa tête est toujours droite, mais elle est lourde, épaisse, chargée de ganache, mal coiffée, sans expression et sans grâce; son encolure est grêle et pauvre; le garrot s'est enfoncé; la ligne du dos et des reins a fléchi en s'allongeant; la croupe est en pupitre et défectueuse, la queue basse; la côte est plate, le ventre avalé; la saillie des hanches est excessive et disgracieuse; le membre antérieur est grêle et faible, eu égard surtout au volume du corps, au poids qu'il doit supporter; le genou est mince, effacé, il manque de largeur; le tendon est failli, collé à l'os; l'ongle est de nature cassante et la surface plantaire tend à la forme plate; au membre postérieur, la jambe n'est point assez fournie, le jarret est clos, le pied panard; la taille s'est élevée de 4 à 6 centimètres; le tempérament est moins résistant, plus lymphatique que musculaire : c'était le contraire chez le cheval d'autrefois; il en résulte que les qualités propres à la race ardennaise ont baissé : celle-ci a pris du volume et du poids, elle n'a conservé ni toute sa vigueur ni toute sa sobriété. L'ancien cheval n'était pas beau, mais solide; celui-ci est laid, lourd, disgracieux et n'a que les

IV.   16

qualités, en quelque sorte négatives, de l'espèce commune.

Le système anglo-normand avait pour mission de remédier à tous ces vices de conformation et de relever cette population, maintenant placée trop bas sur l'échelle de l'espèce. Il est évident qu'au début, il y a 20 ans, l'anglo-normand n'avait pas la perfection de formes nécessaires pour opérer cette utile transformation; il n'était pas non plus assez confirmé dans sa propre race pour agir ici avec toute l'efficacité voulue. Mais, sous ce dernier rapport, il devait être appuyé de l'influence plus réelle de l'étalon de pur sang. Malheureusement, ici comme partout, on a fait du croisement et les résultats n'ont pas toujours été avouables. Ils ont eu au moins cet avantage de disjoindre les forces anciennes, de briser une partie des résistances que pouvait offrir l'indigénat, et de préparer ainsi aux futures générations une réussite qui est aujourd'hui dans les faits, et qui tend à donner à la population actuelle des formes et des qualités très-appréciées en ce temps-ci.

La tête perd de son volume sans revenir tout à fait au caractère de la vieille race. Le sang normand a imprimé là un vieux cachet qui ne s'effacera que lentement; ce sera l'œuvre du cheval de sang. L'encolure sort plus élégamment et montre plus de puissance. La ligne du dos et des reins laisse encore à désirer, mais elle sera facilement améliorée. La croupe, si commune et si défectueuse, s'élève et s'harmonise mieux avec le tronc; la queue est déjà mieux attachée et mieux portée dans l'action. La côte s'arrondit, le ventre ne tombe plus comme dans les espèces dégénérées; le poitrail s'ouvre; les membres prennent de la distinction et de la force, les articulations s'améliorent et s'allongent; les jarrets s'écartent, et la panardise des pieds postérieurs s'efface. Les mouvements ont plus d'ensemble, les allures plus d'extension; les qualités du bon cheval reparaissent et se confirment à chaque génération nouvelle. Il y a là, certainement, un progrès incontestable, une amélioration marquée qui élève le prix du produit en même temps qu'elle rehausse son utilité, en le rapprochant peu à peu des conditions imposées par les exigences de l'époque.

Les arrondissements de Rethel et de Vouziers sont les plus avancés, les plus riches en produits de cette nature. Dans cette partie du département la nouvelle famille fait nombre et montre ce qu'elle peut pour la prospérité agricole de la contrée. Le type général tend à se niveler sur l'aptitude du cheval de ligne — lancier et dragon.

Les influences locales sont d'ailleurs essentiellement favorables. Le fait devient surtout remarquable par l'importation de nombreux poulains, achetés à l'âge d'un an, aux foires de Namur et de Givet, et élevés par les cultivateurs des arrondissements de Rethel, Vouziers et Rocroy. Ces jeunes animaux, lourds, ventrus et communs, prennent en quelques mois, sur notre territoire, et bien que le mode d'élevage laisse beaucoup à désirer, un fond de vigueur inconnu chez le cheval belge, et une certaine distinction que celui-ci n'acquiert jamais quand il ne passe pas la frontière en bas âge. Cette transformation est si complète, que l'animal importé ne semble pas avoir appartenu à sa propre famille; elle dénote une action salutaire dans les circonstances physiques, et montrent qu'en améliorant leurs procédés d'élève, si défectueux en général, les cultivateurs ardennais obtiendraient, sans beaucoup de difficultés, des chevaux distingués et capables, un type de cheval de service vraiment supérieur.

XXI.

Circonscription du dépôt d'étalons de Rosières. — Création du dépôt. — Ressources offertes à l'industrie avant 1789. — Population chevaline dans les temps antérieurs. — Organisation de 1806. — Statistique comparée. — Influence des progrès de l'agriculture en Lorraine sur l'espèce indigène. — Fausse direction prise par les particuliers livrés à eux-mêmes. — Composition modifiée de l'effectif du haras de Rosières ; — ses résultats. — Divisions de l'espèce chevaline. — Caractères ; — aptitudes ; — qualités. — Nos vues sur la Lorraine hippique.

La circonscription du dépôt d'étalons de Rosières est formée de l'ancienne province de Lorraine y compris le territoire connu autrefois sous ce nom : les trois évêchés, c'est-à-dire le pays messin, le Toulois, le Verdunois et le duché de Bar ou Barrois. Ces différentes contrées répondent aujourd'hui aux départements de la Meurthe, de la Moselle, de la Meuse et des Vosges.

La fondation du dépôt de Rosières remonte à 1766. A cette époque, dit-on, la population chevaline de la Lorraine manquait de taille et n'atteignait qu'en partie fort restreinte aux exigences de la cavalerie légère. Le grand nombre était de chétive apparence et la cause de cette pauvreté était générale. L'espèce, employée tout le jour à de pénibles travaux, était abandonnée, pendant la nuit, dans de maigres pâtures. Telle était alors l'existence du cheval lorrain.

« C'est pour le régénérer et l'améliorer qu'en 1766, M. de la Gallissière, intendant de la province, fit venir 36 étalons normands d'espèce carrossière, et créa le dépôt d'étalons qui existe encore aujourd'hui. »

D'autres importations suivirent celle de M. de la Galissière; le dépôt renfermait 50 reproducteurs au moment où éclata la révolution. Supprimé comme tous les établissements du même genre, le dépôt de Rosières devint bientôt un haras.

C'est en 1795 qu'on y transféra le haras de Deux-Ponts. Mais en 1807, ce dernier fut reporté à Deux-Ponts, et Rosières redevint simple dépôt d'étalons jusqu'en 1814, époque à laquelle le personnel en chevaux, juments et produits fut ramené dans ses écuries pour être plusieurs fois décimé et définitivement expulsé en 1841.

Mais il s'agit de l'histoire des chevaux de la province et non de celles de son principal établissement hippique.

Les 50 étalons royaux entretenus à Rosières avaient pour auxiliaires 40 autres reproducteurs du même rang, déposés comme eux dans des établissements spéciaux et se répartissant sur les terres des trois évêchés. C'était une force de 90 étalons pour la province entière qui n'avait pas un seul étalon particulier approuvé. Ce fait témoignerait-il du peu d'aisance des particuliers ou de leur incurie à l'endroit de la reproduction du cheval? Il se compose apparemment de l'une et de l'autre cause.

Aucun document n'indique que la population indigène à cette contrée ait jamais été élevée sur l'échelle de l'espèce. C'est dans les auteurs contemporains seulement qu'il est question de la *race* lorraine. Ce n'est pas qu'on ne lui trouve une illustre origine. Elle descend, bien entendu, des races nobles d'Orient. Les ducs Charles, René et Léopold, assure-t-on, introduisirent de nombreuses colonies de chevaux turcs, tartares, hongrois et transylvains. Après eux, Stanislas, roi de Pologne, fit plus encore et devint, en quelque sorte, le fondateur de la race lorraine, en qui, « après cent ans et plus, on saisit encore les traces du sang d'Orient. »

Dans son aperçu rétrospectif, Huzard père s'exprime ainsi au sujet de la population qui nous occupe : « La Lorraine et les Trois-Evêchés avaient beaucoup de chevaux; mais, en général, de peu de figure et de petite taille, malgré les étalons qu'y entretenait l'administration, et malgré les pâturages abondants et de bonne qualité, dont la province est pourvue. On fait remonter aux guerres de Louis XIV, la dégénération de cette race. Les cultivateurs, obligés de fournir aux magasins des armées et à toutes les réquisitions, privés des subsistances nécessaires pour les animaux qui leur restaient, firent, comme beaucoup de ceux de nos jours, ils évitèrent d'avoir des chevaux de taille, et se bornèrent à de petits chevaux rabougris et défectueux qui suffisaient à leurs besoins, que les réquisitions rejetaient et qui coûtaient beaucoup moins à nourrir. »

François de Neufchâteau avait aussi constaté ce fait. « L'espèce des chevaux, dit-il, a été rabaissée exprès dans certaines provinces, par une cause qui accuse les malheurs de la guerre et les torts des gouvernements. Dans les temps de Louis XIV, la ci-devant Lorraine et tous les pays limitrophes furent continuellement vexés, soit pour les charrois militaires, soit par l'enlèvement forcé des chevaux des fermiers pour remonter les troupes ; comme on avait fixé la taille des chevaux susceptibles d'être employés dans ce service, les habitants de la campagne préférèrent d'avoir des chevaux dégradés et d'une petite stature, afin qu'on ne fût pas tenté de les en dépouiller. Ce préjugé devint si fort, qu'on a fini par croire que les terres de ce pays ne pouvaient être exploitées par de plus grands chevaux. Il n'est pas très-rare d'y voir huit à dix haridelles attelées à une charrue. »

« Le département de la Moselle, reprend Huzard, n'a que des chevaux de la taille de $1^m,54$ centim., tout au plus. Il fût forcé, lors de la dernière levée, d'aller chercher son contingent hors du département.

« On élevait dans les pâturages des bords de la Meuse, une race plus forte et d'une assez bonne conformation, propre à la cavalerie et à l'artillerie.

« Le département de la Meurthe possède une race dont la conformation est peu agréable : sa tête est grosse, et ses jambes sont minces, mais elle est vigoureuse et propre à supporter les fatigues. Elle est le produit dégénéré des chevaux turcs que les ducs de Lorraine, qui commandèrent les armées impériales, amenèrent successivement, en grand nombre, dans leurs États.

« Quoique le haras actuel de Rosières n'y soit que depuis quelques années, on s'aperçoit déjà du bien qu'il a fait dans les départements voisins. On reconnaît la facilité qu'il y aura à relever cette race et à lui rendre ce qu'une parcimonie mal entendue lui a fait perdre, et ce que l'ignorance des croisements l'a empêché de gagner. Les productions venant des étalons du haras sont de la plus belle espérance et ont beaucoup acquis, quant aux formes et à la taille.

« Dans les Vosges enfin, la race est petite, abâtardie et dégénérée. Cette dégénération remonte à la guerre de 1740, pendant laquelle une épizootie fit de grands ravages parmi les chevaux de ce pays. Les cultivateurs, ruinés par l'épizootie et par des corvées lointaines, ne purent réparer leurs pertes, qu'en employant à la reproduction les juments épuisées et hors d'âge qui leur restaient : on ne fit rien pour venir à leur secours. »

Voilà pour l'époque antérieure à la révolution de 1789. Ce n'est pas une situation brillante que celle qui vient d'être constatée. Quoiqu'il arrive, dans les années que nous allons traverser, nous n'aurons certainement rien à envier au passé.

L'organisation de 1806 a maintenu le dépôt de Rosières. Mais en fixant son effectif au maximum de 40 étalons, il ne faisait pas pour la province en raison de ses besoins, ni surtout de l'importance numérique de sa population chevaline, car ici la quantité paraît avoir toujours été fort considérable. Les deux derniers recensements officiels ont compté celui de 1840, — 242,003 têtes, et celui de 1850, — 251,562 existences. Admettant le renouvellement au dixième, les naissances annuelles devant donner 25,000 produits. Cela suppose un nombre de 60,000 juments et plus livrées à la reproduction et une force étalonnière de 1,200 chevaux environ.

Nous sommes loin de compte. L'effectif maximum fixé par le décret impérial de 1806 a été dépassé, mais les 60 étalons entretenus en moyenne de 1831 à 1850, au dépôt de Rosières, n'ont formé que le vingtième de ceux qui ont été employés au renouvellement annuel de la population.

Cette infériorité a porté ses fruits. L'espèce est restée dans sa pauvreté ou à peu près. Elle n'a pas suivi le mouvement de progrès qui a presque partout marqué les quinze dernières années, et tout le territoire, si abondamment pourvu, suffisant à peine à sa consommation intérieure limitée aux stricts besoins de l'exploitation du sol, n'a pas seulement fait défaut à la consommation générale, il a encore emprunté à d'autres localités les forces nécessaires au luxe et aux différents services publics. La Lorraine, si peu aidée, si mal secourue dans son impuissance, est un exemple de plus à opposer à ceux qui veulent s'en remettre à l'industrie privée du soin d'améliorer ou de transformer une population chevaline dégénérée, insuffisante surtout par la bonne conformation et les qualités, destituée qu'elle est du principe même de toute amélioration, — le sang.

Et cette dernière observation est si vraie, si fondée en fait, que les progrès de l'agriculture, considérables pourtant depuis cinquante ans, n'ont pu agir que sur un point, — un seul, — l'élévation de la taille, qui mesure aujourd'hui de 10 à 12 centimètres de plus qu'au commencement de ce siècle. Ce résultat est dû à l'introduction et à l'extension des prairies artificielles dont le produit a permis de nourrir moins pauvrement le chétif animal exclusivement alimenté jusque-là sur des pâtures par trop insuffisantes. Mathieu de Dombasle, constatant cette petite amélioration, obtenue en dehors de l'influence des croisements, en a fait grand bruit et a montré, dans l'avenir, la race lorraine très-grandie, très-étoffée, très-distinguée, par le fait seul de l'amélioration du régime. Ses prévisions ne se sont pas réalisées, et il est très-remarquable même que la multiplication incessante des prairies temporaires n'ait pas amené des changements plus marqués dans la conformation, toujours très-défectueuse, de la population chevaline de la province. Nous en attendions plus et mieux, et nous prenons acte avec un immense déplaisir des médiocres effets produits sur une espèce « abrutie dès longtemps et rapetissée par la misère. » Selon l'expression même du célèbre agronome. Non, tout n'est pas dans le régime, dans la quantité et la qualité des aliments, ce n'est là qu'un côté de la question, et il demeure incomplet, lorsqu'il n'est pas aidé et soutenue par d'autres éléments d'amélioration, de même que ceux-ci ne tiennent pas tout ce qu'ils promettent quand le régime et une bonne hygiène ne favorisent pas leur entier développement.

Mais les éleveurs eux-mêmes n'attendaient pas d'une nourriture plus abondante seule le grossissement et l'élévation de leurs produits. Ils n'ont rien tenté dans aucun sens de 1789 à la fin de l'empire. Le souvenir des pertes imposées sous Louis XIV, réveillé par des faits parfaitement semblables dans les années malheureuses qui suivirent, entretint chez le cultivateur, des craintes que trente ans de paix n'avaient pas encore dissipées, car elles se sont ranimées très-vives et très-puissantes, en 1848, au premier bruit de guerre, à la première nouvelle du passage de notre cavalerie du pied de paix au pied de guerre.

Ce ne fut donc que tardivement et timidement que l'éleveur lorrain tenta d'obtenir des produits plus capables. Ces velléités d'amélioration, coïncidant avec l'époque du développement du roulage, de la multiplication des messageries, et, par conséquent, avec une recherche plus active du gros cheval, c'est vers la production de ce dernier que les efforts furent dirigés. Dans le même temps, le haras de Rosières ne fournissait à l'industrie que des étalons de selle et de petite taille, l'industrie les abandonna pour des étalons épais, lourds et communs. Elle prit le contrepied de ce qu'elle avait à faire; elle demanda des étalons à des races éteintes ou inférieures. Et le goût du gros cheval, malgré l'immense insuccès qui a partout suivi son emploi, s'est propagé, étendu, généralisé, est devenu une pratique usuelle qui dure encore, mais que l'ouverture des chemins de fer dans l'Est va nécessairement frapper et dissiper.

« Aujourd'hui, écrivait, en 1845, M. de Dombasle, les cultivateurs lorrains ne connaissent guère qu'un genre de beauté dans l'étalon qu'ils veulent employer : c'est une haute taille; et cette condition fait disparaître à leurs yeux la conformation la plus vicieuse. Ils savent que leurs produits auront, en général, plus de valeur s'ils ont plus de taille; et ils en sont encore à croire que la race peut être grandie par l'emploi d'un grand étalon, sans calculer si la taille de leurs juments peut permettre les accouplements, et s'ils pourront consacrer à des animaux plus grands que ceux de la race indigène, dans l'état où elle se trouve en ce moment chez eux, une nourriture suffisante pour leur alimentation. »

C'est aux races ardennaise, franc-comtoise, flamande, belge et percheronne que l'éleveur lorrain s'est adressé pour grossir et grandir sa petite espèce. Il en est résulté un singulier mélange et de terribles mécomptes. « Ces croisements réussissent fort mal, dit encore M. de Dombasle, chez les éleveurs qui ne sont pas encore assez riches en fourrages; l'espèce dégénère bientôt chez eux, et devient plus chétive peut-être qu'elle ne l'était avant l'introduction d'un autre sang dans la race du pays. »

Ces mauvais résultats passaient inaperçus et les mêmes fautes se répétaient invariablement chaque année. Les haras avec l'insuffisance des moyens dont ils disposent ne pouvaient rien contre un entraînement aussi général, aussi fâcheux. Ils luttaient vainement et bien faiblement d'ailleurs,

car les étalons de Rosières, pour la plupart de la race ducale
de Deux-Ponts, nés à Rosières même, n'obtenaient qu'une
moyenne de saillies de 35 juments par tête. C'est le chiffre
officiel de 1831 à 1843 inclusivement. A partir de 1844, la
composition de l'effectif, modifiée quant à la provenance
des étalons, obtint plus de succès. Des étalons anglo-normands, aussi bien choisis que possible, parmi les plus corpulents et les plus petits, furent plus recherchés que les petits étalons de la race ducale, et relevèrent la moyenne des
saillies au chiffre de 46 pour les sept années suivantes. Il
est évident que l'avenir est au cheval de demi-sang bien
pris et corpulent. Le cheval de trait a fait son temps ici,
mais il n'aurait jamais dû y pénétrer. Il a surtout nui à la
population indigène par l'obstacle apporté par lui à la recherche des étalons qui lui auraient le mieux convenu. Il
a trouvé l'espèce locale dans un grand état de pauvreté et
d'avilissement; le peu qu'elle a gagné, pendant tout son
règne, est dû non à son influence, car il n'en a exercé aucune; mais aux effets d'une alimentation nouvelle un peu
moins parcimonieusement administrée qu'il n'entrait dans
les habitudes du cultivateur de le faire, quand il n'avait que
les produits de ses prairies naturelles et la maigre ressource
de la pâture en commun.

En l'état, la population chevaline des quatre départements lorrains peut être divisée, quant à l'aptitude, en
chevaux de trait plus ou moins défectueux et en chevaux
d'espèce légère plus ou moins chétive. Mais ces deux catégories ne se présentent pas en forces égales, en nombres pareils. Le cheval de trait occupe la place la plus considérable;
le rapport proportionnel entre les deux divisions est de 7
à 5.

En dépit des éléments hétérogènes versés sur la population entière par le mélange et la confusion des diverses races
nommées, le trait propre à la localité, le caractère indigène
n'a pas été complètement effacé et se retrouve encore assez

facilement sous les modifications diverses qu'a fait subir à la race lorraine le contact de plusieurs autres. La physionomie générale est restée; le cachet spécial se révèle toujours et quand même.

L'exiguité de la taille est encore et toujours le caractère le plus saillant et le plus constant. Il trahit de suite, sinon la pauvreté absolue, du moins l'insuffisance du régime alimentaire. Cela même dit très-nettement que le producteur opère exclusivement en vue de ses propres besoins, qu'il ne songe point encore à spéculer sur la vente de ses produits. De là, cette indifférence naturelle à ceux qui demeurent étrangers aux mille exigences de la consommation générale. En de telles conditions, la marche du progrès est singulièrement ralentie. La main de l'homme s'appesantit sur l'espèce pour la retenir sur les degrés inférieurs; aucuns soins ne l'entourent plus, et les principes d'une amélioration successive demeurent à peu près sans application. Les petites dimensions de l'espèce, sont une cause d'insuccès qui empruntent un nouveau caractère d'insuccès à cette circonstance particulière qu'elle est due, en très-grande partie, à l'insuffisance de la nourriture.

Toutefois, et déjà nous l'avons reconnu, cet état de choses a subi, depuis un quinzaine d'années surtout, des changements notables. Ici comme ailleurs, l'agriculture a progressé et partout élevé la fertilité du sol, accru par conséquent la masse des fourrages et donné les moyens d'améliorer le régime des animaux qu'elle nourrit. Le résultat, en ce qui concerne la population chevaline, nous l'avons constaté aussi, c'est une élévation générale de la taille évaluée de 10 à 12 centimètres.

L'expérience a donc confirmée en Lorraine l'observation de tous les temps et de tous les lieux, à savoir : — une nourriture pauvre, insuffisante, retient les races au plus bas degré de l'échelle; — l'effet certain, incontestable d'une alimentation plus copieuse ou plus riche, est de grossir le corps et de hausser la taille. Aucune tentative de croisement ne donnerait seule le même résultat. La part du régime, isolé des autres conditions de progrès, paraît être surtout de produire ce qu'on pourrait appeler la race locale, il résume en quelque sorte les forces mêmes de l'indigénat, influences du sol et du climat réunies et confondues. Elle agit dans une certaine mesure sur l'étoffe, le poids la corpulence; mais elle reste sans action appréciable sur la conformation; elle ne modifie en rien le patron sur lequel la génération moule les individus.

L'administration des haras, malgré le délaissement de ses étalons légers, a donc fait selon les principes d'une saine doctrine en ne les remplaçant par des reproducteurs plus développés que lorsque la population indigène, déjà grandie par la manière de vivre habituelle, pouvait être alliée avec avantage à des étalons d'une taille plus haute et de plus fortes dimensions, choisis néanmoins parmi les animaux les plus petits de leur propre tribu. Il n'y avait rien là de contraire aux prescriptions les plus rigoureuses de la science; encore fallait-il pourtant que les accouplements, que le mariage pur et simple des sexes ne fît point obstacle au progrès, et que les juments les plus larges, les plus étoffées et les plus grandes fussent livrées à ces reproducteurs. Toute la difficulté est là, dans la judicieuse application du précepte. Le contraire a souvent eu lieu; les petites juments ont été alliées aux nouveaux étalons, et les meilleures poulinières sont restés le partage des gros animaux qui ont tant nui à toute notre population chevaline de l'Est. Les bonnes pratiques deviennent facilement usuelles sur un étroit espace, quand elles ne doivent emprunter que le concours de quelques volontés intelligentes; elles sont difficilement généralisées et souvent oubliées, méconnues, lorsqu'elles doivent embrasser une vaste surface, et se vulgariser au sein des masses. Quoiqu'on fasse, le grand nombre ne suivra jamais bien rigoureusement les règles les plus fixes de la science, les

leçons les plus utiles de l'expérience, il s'en écartera, il y
contreviendra très-fréquemment, au contraire, et l'amélio-
tion générale en sera toujours retardée, le progrès s'en trouvera toujours entravé.

C'est ainsi que de mauvais résultats sortent, quand même,
des meilleures dispositions. Il y aurait donc une souveraine
injustice à ne voir et à ne constater que le mal. L'esprit
doit être plus libre, l'observation plus dégagée. Il faut nécessairement s'élever au-dessus d'un certain niveau pour
saisir l'ensemble, pour apprécier sainement les effets d'une
pratique nouvelle.

Quant à présent, le cheval lorrain que son aptitude peut
faire classer parmi les chevaux de trait léger, présente les
caractères suivants : — tête carrée, encolure courte; garrot déprimé; rein bas, souvent mal attaché; hanches communes, mais fortes; croupe courte, basse, avalée; fesse généralement assez garnie, jarret clos et coudé; articulations
des membres grêles, effacées, quoique sèches et nettes; pied
bien conformé; taille 1 mètre 48 centimètres environ.

Les animaux de cette catégorie qui montrent le plus de
qualités et qui ont le plus de valeur, occupent les parties du
pays les plus riches en fourrages; celles aussi à qui l'État a
fourni les reproducteurs les plus capables. Leur taille est
plus haute, leur conformation est plus régulière et mieux
agencée. Le fait est fort appréciable dans le canton de Vé-
zelise, dans la vallée de la Seille, dans les cantons de Dême
et de Château-Salins (Meurthe); dans toute la vallée de la
Meuse; dans les cantons d'Audun et de Morhange (Moselle);
enfin dans ceux de la Marche et de Vittel qui appartiennent
au département des Vosges. La contre-partie de cette amélioration se remarque sur les points montagneux de l'arrondissement de Sarrebourg. Là, en effet, la population
indigène s'est à peu près exclusivement reproduite sur elle-
même, et la stérilité du sol, jointe au défaut absolu de soins,
l'a depuis longtemps fait tomber au dernier échelon.

Le cheval qu'on qualifie de cheval de selle, bien que ce soit là une prétention un peu excessive, est plus svelte et trop svelte même : sa tête ne manque ni de cachet, ni d'expression, elle est fine, elle est belle; le dessus présente généralement des lignes assez régulières; les formes, très-anguleuses, n'ont aucune trace de distinction; le dessous, quoique mince, grêle et pauvre autant qu'on puisse se l'imaginer, est pourtant de bonne nature, rarement déshonoré par d'autres tares que celles déterminées par la fatigue et l'usure souvent prématurée; les articulations sont courtes, effacées; les jarrets sont presque toujours coudés et trop près l'un de l'autre; la taille varie de 1 mètre 38 à 1 mètre 50 centimètres, mais le grand nombre appartient encore aux proportions les plus basses.

Les chevaux lorrains ont beaucoup de nerf; ils sont sobres et durs à la fatigue. Leur conformation, alors même qu'elle les rapproche du cheval de trait, les rend plus propres aux allures accélérées qu'au tirage de pesants fardeaux. « On n'en attelle presque jamais moins de 6 à la charrue, dit M. de Dombasle; on voit plus souvent des attelages de 8 chevaux, et quelquefois davantage. L'attelage des chariots se compose aussi ordinairement de 6 chevaux au moins, dans le cas même où le chargement ne dépasse pas 1,500 ou 2,000 kilog. Mais le cultivateur revient toujours du marché le même jour, même lorsqu'il en est éloigné de 6 ou 7 lieues; et le retour s'exécute au grand trot et souvent au galop. En général, rien n'est plus rare que de rencontrer un charretier lorrain cheminant à vide, au pas; et bien souvent, sur un beau chemin, il conduit au trot un char de foin ou de gerbes. Les fermiers de ce pays ne montent plus guère à cheval, mais tous ont des chars à bancs légers qu'ils attellent d'un ou deux chevaux, avec lesquels il font de très-longues courses, et toujours à l'allure du trot. »

Nous voulions profiter des qualités inhérentes à la production des chevaux, en Lorraine, et des habitudes prises

d'en user aussi largement, pour pousser toute cette population dans une voie de progrès fort désirable, pour élever
tout à la fois son aptitude et sa valeur intrinsèque. Nous aurions ainsi obtenu deux résultats en un seul, car en aug-
mentant le prix du mobilier agricole de la province, nous
rendions ses chevaux plus capables et nous les faisions concourir, dans un temps donné, à la satisfaction des besoins
généraux du pays. Nous arrivions par là à diminuer le chiffre des importations, et nous conservions au pays tous les
capitaux qui soldent ces dernières à l'étranger. Ce but,
toujours présent à notre pensée, nous étions en voie pour
l'atteindre.

En ce qui regarde la Lorraine, nos vues ont été traver-
sées par les efforts souterrains d'un fonctionnaire des haras,
qui avait avait pour mission et pour devoir d'en assurer le
succès. Nous aurions pu, nous aurions dû provoquer sa destitution ; il nous en a souvent fourni l'occasion et les moyens,
nous ne l'avons pas voulu. Nous avons laissé un être malfai-
sant en face de sa conscience ; Dieu nous tiendra compte de
notre longanimité. Le fonctionnaire dont nous parlons n'é-
tait pas seul, d'ailleurs, à médire de l'administration qu'il
aurait dû servir avec zèle et loyauté ; il en est quelques autres qui l'ont aidé à nuire au service, quand la masse était
si active et si intelligente à bien faire. En pareil cas, c'est le
pays qui souffre ; la Lorraine en a donc souffert.

Dans le compte-rendu de 1851, nous avions exposé nos
vues sur cette province, en ces termes :

« La situation hippique de la Lorraine est digne du plus
grand intérêt. La population de cette contrée est très-considérable ; ce serait chose utile que de l'élever davantage
sur l'échelle de l'espèce, et de la mettre à même de remplir
une partie des besoins généraux du pays. Le nombre d'étalons réclamés par la commission de circonscription de Rosières (153), n'est pas exorbitant ; nous voudrions même
plus encore, mais, par elle-même, l'administration ne peut

rien au delà de ce qu'elle fait en ce moment (72). C'est aux départements à entrer dans une voie nouvelle, et à aviser à combler le déficit par les moyens déjà indiqués aux départements bretons. L'administration tentera; les conseils généraux décideront. Si chaque département lorrain possédait 30 étalons réunis à ceux de l'État, la province en compterait environ 200, qui feraient 10,000 saillies par an. Les résultats seraient bientôt appréciables, si la question était posée sur des bases aussi larges. »

L'administration a tenu parole, elle a tenté en Lorraine comme sur plusieurs autres points. En Lorraine seule, elle a échoué, grâce aux efforts en sens inverse de son premier agent dans les départements de l'est.

XXII.

Circonscription du dépôt d'étalons de Strasbourg. — Ressources offertes à l'industrie par l'ancienne administration. — État de la population chevaline avant 1789. — Situation pendant la république et l'empire. — Après 1816. — De 1831 à 1850. — Bons résultats de l'emploi de l'étalon anglo-normand. — Non-réussite du cheval de pur sang, — preuves à l'appui. — Le cheval de trait du Haut-Rhin. — Portrait du cheval amélioré du Bas-Rhin.

Les deux départements taillés dans l'ancienne Alsace ont eu la faveur d'un dépôt d'étalons exclusivement réservé à l'étendue de leur territoire. Mais, en le rétablissant, l'organisation de 1806 n'a pas fait pour cette province autant que la précédente administration, laquelle, indépendamment des 48 étalons royaux entretenus dans un dépôt spécial, situé comme celui-ci à Strasbourg, approuvait chez les particuliers 141 reproducteurs, — total 189.

Ce chiffre est considérable; il fait supposer que la province avait alors des ressources importantes et qu'elle cédait une partie de ses produits à la consommation générale. Les 189 étalons royaux ou approuvés servaient quelque chose comme 5,000 juments en Basse-Alsace seulement; c'est le double, peut-être, de ce qu'on en livre maintenant à la reproduction dans le département du Bas-Rhin.

Malgré cela, le cheval alsacien n'a pas laissé de nom. Les vieux auteurs ne le citent pas. Huzard père est le seul qui en ait fait mention.

« La haute et la basse Alsace, dit-il, ont toujours élevé beaucoup de chevaux entiers, propres à la culture des terres, à la cavalerie et à l'artillerie. Il était peu de riches cultivateurs qui n'eussent un étalon particulier pour la reproduction, et on en retrouve encore quelques-uns malgré les réquisitions. »

Le comte de Montendre a dit la même chose presque dans les mêmes termes : « Si je tourne mes regards vers l'est de la France, en commençant par l'Alsace, je vois une espèce présentant de la taille, de la figure. On y rencontrait des chariots, des charrues tirés par des chevaux qui, de là, passaient au carrosse, aux remontes de la grosse cavalerie, à l'artillerie, et les plus étoffés au halage des bateaux du Rhin. Outre les haras que le gouvernement y entretenait, plusieurs riches propriétaires avaient chez eux un étalon de mérite, et généralement le cultivateur se complaisait dans son écurie qu'il soignait de son mieux. »

Avant 1789 donc, sans avoir une famille de chevaux tellement supérieure que le souvenir ait pu en être gardé, l'Alsace avait néanmoins une population chevaline assez bien douée pour remplir les plus grandes exigences de l'époque, et assez nombreuse pour que ce ne fût pas précisément un fait exceptionnel. Et, en effet, avec son caractère et ses mœurs, l'Alsacien a toujours dû s'attacher à la possession des plus beaux attelages. Il aime le cheval, chose bien rare en France ; il le soigne et le choie ; il sacrifie beaucoup au plaisir, à la satisfaction d'en faire parade ; c'est à cela, peut-être, qu'il met le plus d'ostentation, et ce n'est pas peu dire.

Cet attachement au cheval, qui pousse à la possession des meilleurs, a causé, dans nos jours de détresse, la ruine du cultivateur alsacien. Les chevaux du Bas-Rhin, voisins des races allemandes les mieux appropriées aux besoins de la cavalerie, et par leur configuration extérieure et par leur aptitude au service, ont été enlevés d'autorité pour la remonte de nos régiments, ou pillés au profit des armées étrangères. Ainsi, placé entre le vol et les réquisitions forcées, le cultivateur, incertain du terme de la guerre et de ses afflictions, toujours exposé aux mêmes pertes, s'est mis promptement à l'abri en ne remplissant les vides que d'êtres chétifs et sans valeur. Il a recherché avec soin et empressement le rebut et la lie de l'espèce; il a remplacé les plus brillants attelages par des animaux dégradés, malades ou infirmes. On ne voyait plus dans ses écuries, naguère si bien garnies, que des vieillards plus ou moins invalides et des bêtes affectées d'une maladie assez commune alors et depuis — l'immobilité; on y voyait, enfin, une telle quantité de chevaux borgnes ou aveugles, mais aveugles surtout, que, parmi les sujets encore jeunes et d'une certaine apparence, on n'en aurait pas compté quatre au cent dont la vue fût intacte.

Telle était la population, à la paix, en 1816. Tels ont été les fruits de la révolution, — *fructus belli*. Que l'on compare les deux situations au sortir et au retour de la monarchie.

Il a fallu partir de bien bas, quand on s'est mis en route pour relever cette population. Tout était à refaire, — le moral et le physique, — car tout était dégradé et vicié. L'immobilité et la cécité, fixées à la longue par l'hérédité, ont offert de grandes résistances, et l'œuvre d'amélioration à poursuivre devait être d'autant plus lente et difficile, que rien, dans les circonstances extérieures où il était placé, ne pouvait inciter le cultivateur à presser le pas. En dehors de l'effectif du dépôt de Strasbourg, qui a compté pendant nombre d'années moins de 40 têtes, la province ne trouve plus un seul étalon autre que des sujets indignes et nuisibles; la consommation générale ne pouvait plus, en l'état, rechercher les produits de l'Alsace, image fidèle du dernier degré de l'avilissement. Les générations allaient donc se succéder avec une lenteur désespérante pour le progrès, puisqu'elles devaient être usées sur place par le travail et le temps, car le mouvement rapide du commerce qui déplace et emporte tout,—bon, médiocre et mauvais,— ne pouvait rien pour elles.

S'est-on rendu compte de cette situation, quand on a reproché avec tant d'amertume à l'administration des haras de ne pas améliorer — à la vapeur — la population cheva·

line de l'Alsace? A-t-on pris la peine de compter le nombre
de générations nécessaires pour extirper, au moyen du croisement, des vices et des maladies que l'hérédité a fait passer dans le sang, que les années ont incrustés dans la forme,
et que l'état misérable des individus retient comme une
force, comme une livrée inhérente à sa nature? Il était bien
plus simple et plus facile de constater la pauvreté de la population, quant à ses mérites, que d'indiquer les moyens
d'en sortir avec précipitation, et surtout de se mettre à
l'œuvre pour donner un salutaire exemple autour de soi.
Telle est, sans doute, l'unique tâche des critiques qui mor-
dent sur tout et ruent sans cesse. Il s'en est trouvé de cette
espèce en Alsace; où n'y en a-t-il pas?

Mais les choses ont bien changé. Pour marcher lentement, le temps marche cependant, et rien ne saurait demeurer stationnaire. Une fois la paix assurée, le goût du
cheval s'est réveillé plus vivace chez le cultivateur alsacien.
L'animal dégradé, hideux, aveugle, estropié ne pouvait aller à ses besoins, aux exigences même de l'exploitation du
sol. Nulle part, en effet, le territoire n'est plus morcelé;
nulle part, peut-être, les travaux des champs ne réclament
plus de célérité : cette condition, le bon cheval seul peut la
remplir. L'insuffisance des services obtenus de la population
nouvelle, si chétive et si incapable, n'avait fait que mieux
sentir les avantages d'une espèce supérieure. La réforme et
le remplacement ont été aussi prompts que possible. Les propriétaires les plus aisés ont commencé, les autres sont venus
à la suite; chez les plus pauvres, le premier sou disponible a
reçu cette destination; ç'a été une curieuse et bien intéressante
émulation parmi tous. L'arrondissement de Wissembourg,
partie la plus avancée de la contrée, avant 1789, s'est encore retrouvé à la tête du mouvement; favorisé par le dépôt
de Strasbourg qui lui envoyait ses étalons les plus capables,
il a régénéré sa petite tribu et a fourni des poulinières aux
autres localités du département, dont il est devenu en quel-

que sorte le pourvoyeur. Vers Strasbourg, et sous l'action directe des haras, le Kokesberg a marché avec la même résolution, et repeuplé d'animaux plus puissants les parties du Bas-Rhin qui emploient le cheval fort et corpulent, une manière de carrossier ou de cheval propre à la cavalerie de réserve.

De 1816 à 1830, le dépôt de Strasbourg a donc accompli sa tâche; voyons quels autres services il a rendus pendant les vingt années qui suivent, en condensant les faits par des moyennes quinquennales.

	Nombre d'étalons.	Nombre des saillies.	Moyenne par tête.
De 1831 à 1835,	39 ;	1,850 ;	47.
De 1836 à 1840,	45 ;	2,277 ;	50.
De 1841 à 1845,	47 ;	2,687 ;	57.
De 1846 à 1850,	50 ;	2,236 ;	44.

Les événements politiques ont manifestement influé sur la moyenne des cinq dernières années en réveillant mille appréhensions par le souvenir des pertes éprouvées dans le passé. Mais ce n'est là qu'un accident; le calme dissipera toutes les craintes, et ramènera facilement ceux qui se sont mis à l'écart à la première pensée d'une guerre possible.

Jusque vers 1830, la composition du dépôt était un peu hétérogène; elle renfermait des étalons de toutes provenances, et particulièrement des chevaux allemands ou des produits plus ou moins réussis et achetés dans le Bas-Rhin. Ceux-ci étaient nés de juments importés et des étalons de l'État. Ces animaux n'étaient certainement pas des régénérateurs bien recommandables, mais il s'agissait moins de régénérer que de refaire une population nouvelle. Cette œuvre accomplie, la mission devenait tout autre; les exigences étaient plus grandes, il y avait lieu d'adopter un système raisonné et de remplacer au dépôt les étalons de toutes sortes, réunis pour leurs qualités individuelles, par des reproducteurs de bonne origine, en état de dominer les poulinières et par le sang et par la conformation, de manière à obtenir une amélioration réelle et durable, de manière à fonder quelque chose comme une sous-race, utile par son mérite et sa valeur.

Étude faite des résultats laissés par les étalons de diverses provenances qui avaient formé l'effectif du dépôt à partir de 1807, époque de son rétablissement, on reconnut que le cheval normand, sauf la tête, était encore celui qui avait eu le plus de succès ; seulement il ne devait pas être trop haut, loin de terre. Cette indication fut suivie, et les écuries du dépôt de Strasbourg ne reçurent plus guère que des anglo-normands de taille moyenne, corpulents et bien membrés. Nous avons déjà constaté (t. III, p. 218) les résultats de ce croisement par métis, car sur ce point ç'a été un véritable croisement ; nous avons expliqué les causes de la réussite et montré quels avantages la contrée devait retirer de la continuation d'emploi des mêmes étalons. Un mot nous a suffi alors pour dire que l'étalon de pur sang n'était point ici sur son terrain, et que l'expérience ne lui avait point été favorable. Nous devons au lecteur la preuve de cette assertion, la voici :

De 1831 à 1856, le dépôt n'a possédé que 1 étalon de pur sang, et il a sailli en moyenne, chaque année, 46 juments. Ce chiffre témoignait d'une certaine recherche et prouvait, jusqu'à un certain point, de la bonne influence du pur sang sur la production. La moyenne générale était de 47 ; l'étalon pur marchait donc sur un pied d'égalité parfaite avec le cheval non tracé. Il produisait, d'ailleurs, de charmants chevaux qui eussent fait d'admirables montures pour officiers de cavalerie légère ; ils avaient de la distinction et du brillant, mais le mode d'élevage à l'écurie, trop exclusif, en n'exerçant pas les membres, les laissait grêles au delà de toute expression, et les jeunes chevaux apparaissaient usés, ruinés, avant la mise en service. Trop minces et trop irritables pour les travaux ordinaires de la ferme, ils tombaient en non-valeur à l'âge le plus favorable à la vente. Ils constituaient alors une perte considérable pour le cultivateur, car l'élevage domestique est particulièrement cher en Alsace, où le système agricole embrasse des cultures industrielles et ne réserve que le moins possible à la culture des animaux. Les produits du demi-sang se présentaient en de meilleures conditions ; on s'y arrêta comme on s'arrête à ce que l'intérêt commande. Dès lors, l'étalon de race pure perdit du terrain ; on ne l'employa plus qu'avec beaucoup de ménagement, et l'on fit bien, car il ne donne point assez gros, assez lourd pour travailler de bonne heure et s'use sur lui-même, à l'écurie, avant qu'on trouve à s'en défaire pour un prix inférieur à celui de revient.

La moyenne des saillies, pour les quinze dernières années, répond à ce que nous venons de dire ; voici les chiffres officiels :

	Moyenne des saillies par l'étalon de pur sang.	Moyenne générale.
De 1837 à 1841,	41,	50 ;
De 1842 à 1846,	37,	57 ;
De 1847 à 1851,	38,	44.

Du reste, le nombre des chevaux de pur sang n'a jamais été considérable au dépôt de Strasbourg ; en voici la moyenne pour les trois époques indiquées ci-dessus : — 4, — 6 — et 3. Nous n'avions pas l'intention de grossir ce dernier chiffre ; nous étions bien plus diposé à l'abaisser encore. C'est que, pour nous, un fait a toujours été un fait, et que toute étude tendait nécessairement à une conclusion. Ici les faits parlaient hautement, nous en avions compris la signification. Nous ne voulions pas marcher en sens contraire des intérêts de tous, et nous n'avions pas assez d'étalons pour en laisser en jachère morte, pour en entretenir sans utilité pour le pays.

Qu'était-ce, en effet, que cinquante reproducteurs, chiffre moyen des cinq dernières années, et le plus élevé qu'ait encore eu le dépôt de Strasbourg ? qu'était-ce que cinquante reproducteurs pour une population aussi nombreuse que celle des deux départements du Rhin, lesquels possédaient, en 1850, — 80,538 têtes de chevaux ainsi répartis :

Bas-Rhin. . . . . 52,525 dont 20,485 juments,

Haut-Rhin . . . . 28,015 dont 10,060   id. ?

Cette masse de chevaux est loin d'être homogène. Le cheval du Bas-Rhin ne ressemble en rien à celui du Haut-Rhin. Chez le premier, on trouve des traces de l'ancienne race ducale de Deux-Ponts, et une empreinte assez marquée des caractères propres à la nouvelle famille anglo-normande; mais tout cela revêt une teinte particulière qui rappelle vaguement la structure de races allemandes.

Dans le Haut-Rhin, c'est un type très-différent ; on ne rencontre guère que des chevaux de trait. Dans l'arrondissement de Colmar, la population a la tournure belge ou flamande; dans les arrondissements d'Altkirch et de Belfort (ancien Sundgau), c'est un mélange des races suisse et franc-comtoise. Mais d'où qu'il vienne, le cheval de trait du Haut-Rhin est lourd et commun ; ce type serait celui de la production locale abandonnée à elle-même. Aucune tentative n'a réussi, au contraire, à l'acclimater en Basse-Alsace, où le cheval prend et conserve, en général, des formes sveltes et légères, et seulement dans une partie les dimensions du carrossier. Toute importation de chevaux de trait a échoué ici, et c'est un fait bien remarquable assurément. Le cheval de sang, livré à la jument du Haut-Rhin, a trouvé celle-ci moins réfractaire, et il en est parfois sorti des résultats satisfaisants. Mais ils étaient exceptionnels, accidentels en quelque sorte; la masse présentait plus de décousu que de véritable valeur : nous avons vu que ce n'est point ainsi que les races de trait veulent être attaquées quand il s'agit de les transformer en une espèce intermédiaire, moins lourde et moins commune que la mère, plus forte et plus corpulente que n'est la race du père.

La description du cheval de trait à demi indigène au département du Haut-Rhin n'offrirait aucun intérêt. Il n'en est plus de même du cheval du Bas-Rhin, qui tend à former groupe à part, famille distincte, une véritable sous-race créée sous l'influence répétée de l'étalon de demi-sang anglo-normand.

En l'état, il présente sur le passé une amélioration incontestable. Partout, en effet, le progrès est marqué, bien senti, réellement appréciable. L'Alsace ne fournit pas encore abondamment au pays; mais ce qu'elle donne, elle le donne bon. Son produit, plus ou moins développé, suivant qu'il a été plus ou moins substantiellement nourri, ne manque pas d'une certaine tournure; il a de la distinction, quelquefois même de l'élégance dans l'avant-main, à l'exception de la tête, chez les carrossiers du Kokesberg, car le cheval plus léger et plus svelte des arrondissements de Wissembourg, Soultz-sous-Forêts et Saverne a la tête bonne et caractérisée, bien que longue plus que carrée néanmoins. En général aussi, le corps est bien tourné, ample en suffisance, mais un peu long dans la région du rein, dont l'attache laisse à désirer. Le côté faible de cette conformation, la partie la plus défectueuse, c'est l'arrière-main. Les muscles n'y sont point assez accusés, les formes y sont trop minces, trop effacées. Le membre antérieur, assez riche dans ses rayons supérieurs, est complétement manqué sous le genou, où il se montre faible et dévié dans l'aplomb par suite d'une stabulation permanente, qui ôte tout ressort et fatigue par l'inaction. Le plus grand vice de l'éducation, toute domestique, que reçoit le cheval alsacien, c'est le défaut d'exercice, la nécessité de demeurer enfermé quand le grand air et le mouvement seraient si impérieusement réclamés. Le membre postérieur participe de l'état de faiblesse que nous venons de constater dans le bipède antérieur; souvent aussi il est taré dans son articulation principale, le jarret, assez fréquemment étroit et serré.

Somme toute, cependant, si ce portrait ne représente pas celui de la perfection, il ne donne pas non plus, toute com-

pensation établic, l'idée d'un vilain ni même d'un mauvais
cheval. Il y a des parties à fortifier, mais bien plus encore
par l'éducation que par l'influence héréditaire. Si l'Alsace,
presque exclusivement livrée aux cultures industrielles du
tabac, de la garance, du houblon, de l'orge destinée à la fabrication de la bière, si exclusivement livrée même à ces
cultures qu'elle ne se nourrit ni en pain ni en viande, avait
été, au contraire, riche en herbages, en nourritures propres
à l'alimentation du cheval, nul doute que la production et
l'élève de ce noble animal n'y eussent pris une grande extension et n'eussent donné les meilleurs résultats. Les influences extérieures sont favorables ; les habitants aiment à
s'occuper du cheval, ils s'en servent largement et pourtant
avec tous les ménagements que comporte un bon service. Le
type le plus commun aurait été, comme il l'est en ce moment, le fort cheval de cavalerie légère, ou le cheval de ligne
puissant.

XXIII.

Circonscription du dépôt d'étalons de Jussey. — Une digression hippique à propos d'autrefois et d'aujourd'hui. — Des ressources offertes en étalons dans les temps antérieurs et de nos jours. — La race franc-comtoise a été bonne, puissante et nombreuse. — Statistique comparée. — De 1816 à 1830. — Quel but s'étaient proposé les haras en Franche-Comté. — Mauvaise influence du cheval suisse sur la race franc-comtoise. — Résultats du système imposé aux haras. — Ce que nous nous étions proposé à partir de 1806. — Situation de 1851. — Portrait de l'ancien cheval franc-comtois — et du cheval de l'époque actuelle. — Améliorations à réaliser en Franche-Comté. — Caractères et aptitude à donner à la nouvelle race.

La Franche-Comté a formé trois départements, — la Haute-Saône, le Doubs et le Jura. A la réorganisation des haras, la province est restée entière. On lui a donné un dépôt d'étalons dont l'effectif devait être portée à 80 têtes. D'abord placé à Besançon, l'établissement a dû faire place, après 1830, à des exigences toutes militaires. Il fut alors transféré à Pontarlier, puis à Jussey, d'où il est revenu une seconde fois à Besançon en 1851.

Sous l'ancien régime, nos provinces de l'est étaient bien pourvues; les reproducteurs officiels y étaient nombreux. La Franche-Comté, l'Alsace et la Lorraine comptaient 743 étalons royaux ou approuvés. En 1850, les dépôts de Jussey, Strasbourg et Rosières, chargés de desservir les neuf départements taillés dans ces trois provinces, n'entretenaient que 155 étalons. Les auxiliaires de ceux-ci, — les étalons approuvés, — au nombre de 79, portaient à 254 le chiffre des ressources offertes à la production. Nous ne serions pas très-sévère en retranchant les étalons approuvés. Ils sont tellement pauvres, et si peu capables dans cette partie de la France, qu'ils y nuiraient beaucoup à la population chevaline, si l'approbation y était un titre accrédité, un moyen de vogue, une recommandation en faveur des chevaux qui l'obtiennent. Il n'en est point ainsi. Le brevet d'approbation n'est en estime qu'auprès de l'étalonnier à qui il assure une prime, un petit revenu ; les possesseurs de juments n'en font aucun cas, et l'État n'en retire d'autre avantage qu'une dépense improductive parfaitement inutile. C'est de l'argent perdu. Le système des primes aux étalons particuliers est un leurre ; ceux qui le préconisent et veulent le vulgariser n'ont pas, autrement et plus que nous, confiance en ses résultats. C'est le manteau dont ils couvrent le dessin, bien arrêté et souvent avoué, de donner au budget des haras une destination toute différente de celle qu'il a aujourd'hui ; et par là on simplifierait bien les choses. De la somme totale on ferait deux parts, fort inégales, par exemple. La première, je ne dis pas laquelle, serait attribuée aux courses, exclusivement réservées aux chevaux de pur sang ; l'autre servirait les primes offertes à l'étalonnage privé. Mais bientôt, jugé nul dans son action sur l'industrie chevaline, celui-ci serait abandonné, et sa dotation reviendrait entière à l'hippodrome. Les choses ne se passent-elles pas ainsi en Angleterre ? Est-ce que, dans ce pays, on sait un mot, un seul, de toutes nos inventions, — haras, — dépôts d'étalons, — jumenteries de l'État, — primes aux étalons, — primes aux juments, — primes aux poulains, — achats de reproducteurs, — courses au trot, — primes de dressage, — quoi encore ? — on n'y sait, on n'y pratique qu'une chose, — la course au galop, — et l'industrie chevaline est prospère. — Soit, disons-nous ; mais les courses, en Angleterre, n'ont pas plus de budget officiel que le reste ; allez donc loyalement jusqu'au bout dans votre système, et supprimez tout, en commençant par les allocations que vous réservez aux plaisirs et à l'utilité du turf. Que, si vous jugez cette suppression impossible et fatale, à fortiori faut-il admettre la nécessité, la dure, mais indispensable nécessité du *reste*, dont nous faisons le principal avec tous les esprits sérieux, quand vous n'êtes vous que l'accessoire, si obligé, d'ailleurs, que vous le voudrez.

Nous voilà bien loin de la Franche-Comté, vraiment. Nous nous sommes dérobé, et nous en demandons pardon au lecteur ; mais nous rentrons par le point même où nous avons quitté la ligne tracée par le titre de cet article.

Donc les ressources offertes à l'industrie de la production sont bien inférieures, en ce moment, à ce qu'elles étaient autrefois, non-seulement en Franche Comté, mais dans toutes nos provinces de l'est. En les négligeant comme on l'a fait depuis le commencement du siècle, on a tari l'une des sources vives de la production nationale, qui, détournée de sa voie, livrée à ses seules forces, est devenue insuffisante, même à remplir tous les besoins locaux. Autrefois elle allait au delà, elle versait l'excédant de ses produits au sein de la consommation générale, qui, depuis, est allée prendre hors du territoire les instruments de travail qu'elle ne trouvait plus à se procurer à l'intérieur. Telles ont été les conséquences d'une intervention sérieuse, efficace, et d'une action molle, insignifiante.

Avant 1789, nous l'avons dit, 743 reproducteurs dans les trois provinces ; en 1850, seulement 155 : ce chiffre a été bien moins élevé encore ; en 1857, par exemple, il s'arrêtait à 107 : l'organisation de 1806 avait fixé 170, sans qu'on ait jamais pu atteindre ce nombre. Qu'on s'étonne après cela que l'étranger doive être appelé à suppléer à notre insuffisance ! Quand par votre système incomplet vous privez d'aussi grandes surfaces des éléments les plus essentiels à une bonne reproduction, ces surfaces se retirent du travail national ; que voulez-vous qu'elles fassent pour le pays quand vous les rayez, ou à peu près, de la carte hippique du pays? Vous êtes inconséquents, mais les faits ont une logique inflexible. En ne vous occupant pas sérieusement de nos provinces à chevaux, vous faites le vide à l'intérieur et encouragez puissamment l'industrie rivale, qui devient votre pourvoyeur au détriment des producteurs étrangers. Il faut être d'une belle force pour ne pas voir ces choses dès qu'on y regarde un peu.

Entrons plus avant dans les faits et constatons la situation des temps antérieurs comparée à celle de notre époque.

« L'ancienne province de la Franche-Comté, a dit le comte de Montendre, jadis fort renommée par le nombre et la qualité de ses chevaux, mérite qu'on s'en occupe et qu'on fasse sentir les avantages qu'elle peut présenter encore pour l'élève du cheval.

« De 1740 à 1754, la Franche-Comté est régie par l'administration des haras sous l'empire du règlement de 1717. Alors elle était divisée en deux départements, qui avaient, chacun, un inspecteur particulier; il y avait un étalon approuvé par canton. Le nombre des cantons était de 120 pour un département, et de 230 pour l'autre; cela donnait donc un total de 350, en outre de ceux appartenant à l'État.

« Ces étalons étaient achetés par le garde-étalon et reçus par les inspecteurs; c'étaient souvent des animaux mal conformés et tarés. De grands abus régnaient dans ce service.

« En 1754, on substitue à ce régime l'établissement de deux dépôts, l'un à Besançon, l'autre à Quingey, contenant ensemble 56 étalons royaux.....; mais plus tard on revint à l'organisation de 1740, qui enveloppait plus puissamment et plus complétement le pays dans son action, si bien qu'en 1789 le nombre des étalons royaux était de 56 et celui des étalons approuvés de 428.

« Comme toute la population chevaline de la France, celle de la Franche-Comté eut beaucoup à souffrir des guerres de Louis XIV; elle n'en était pas remise encore à la fin du siècle dernier, malgré les sacrifices qu'on s'était de toutes parts imposés pour revenir à une grande supériorité. Les désastres qui ont suivi la révolution de 1789 n'ont pas aidé à ce résultat. Ils ont anéanti, ajoute le comte de Montendre, toute espérance de prospérité future. Cependant la Franche-Comté offrait anciennement des chevaux de diverses espèces, pour le carrosse, la cavalerie, les dragons, l'artillerie et le trait ; il s'en exportait un nombre très-considérable. On admirait leurs belles formes, et surtout leur énergie musculaire et nerveuse. Mais ces belles espèces ont disparu, on n'y trouve plus que des chevaux de trait communs et assez mal tournés. »

Huzard père avait précédemment constaté la même situation. Mais on ne s'arrêtait pas à ce point-là dans une statistique équestre de l'ancienne province, car on écrivait ceci en toutes lettres : « la race franc-comtoise, dont le berceau est la haute montagne, — c'est-à-dire le département du Doubs, et dans celui-ci, les cantons de Mèche, Bussey et Morteau, — est une *race mère*, douée de caractères distinctifs qu'elle tient de la nature. » Certes, aucun auteur moderne n'aurait osé attacher à la race franc-comtoise une pareille qualification. C'est donc qu'elle est bien loin aujourd'hui du mérite qu'elle a eu autrefois. A quelles circonstances, à quel ordre de choses devait-elle le rang qu'elle paraît avoir eu sur l'échelle hippique et dans l'estime des hippologues, sinon aux éléments de reproduction qu'on accumulait dans le pays, afin d'assurer tout à la fois sa multiplication et la conservation de ses qualités? Or ces éléments paraissent avoir été si nombreux à une époque, qu'à notre grand regret nous ne pouvons préciser, car nous ignorons la date du travail statistique ancien, dans lequel ces renseignements ont été puisés par le comte de Montendre, à qui nous les empruntons nous-même; ces éléments paraissent avoir été si nombreux, disons-nous, qu'ils enveloppaient la population entière. En effet, dit le document dont il est question, 34,000 juments étaient désignées pour être saillies par les étalons royaux et provinciaux; il y avait 18 des premiers et 740 des seconds, en tout 758.

Quand on compare ces moyens de reproduction, dit avec raison le comte de Montendre, aux ressources actuelles, on ne doit pas s'étonner de la dégénération de la race.

Mais ce n'est pas seulement dans son mérite, dans ses qualités plus ou moins élevées que la race franc-comtoise s'est
affaiblie, c'est aussi dans son importance numérique. Le chiffre
de la population entière ne nous est pas connu pour les
temps antérieurs, mais nous nous emparons de celui que
nous venons de copier et qui porte à 34,000 le nombre des
juments annexées aux reproducteurs officiels, et nous en faisons le point de départ de la petite échelle suivante, bien
qu'il n'indique certainement qu'une partie des existences
en juments, celles qui avaient été désignées comme pouvant
être livrées à la serte des étalons reconnus :

D'après une vieille
statistique donc,   34,000 juments (chiffre incomplet);
Statistique de 1840,   23,042   —   (chiffre complet);
Statistique de 1850,   26,773   —   (—   ).

De 1831 à 1850, le dépôt de Jussey a possédé, en
moyenne, 26 étalons. C'est ainsi qu'il a exercé le monopole sur la reproduction locale. Maintenant, quels sont les
résultats? une moyenne de 1,061 juments saillies, soit 42 par
tête. Messieurs les émancipateurs, c'est pour vous que nous
étudions; dans une main vous ayez la sape qui détruit; nous
avons voulu mettre, dans l'autre, des faits qui parlent; vous
trouverez qu'ils vous justifient : c'est votre logique à vous.
Eh bien donc, allez! nous vous avons donné du champ.

De 1816 à 1830, la race franc-comtoise a exclusivement
marché dans le sens des races communes. Elle s'est alour-
die, classée et confondue dans ce que nous avons appelé en
France la grosse espèce. Elle tenait le milieu entre le cheval
boulonnais, qui était plus puissant et plus agile, et le cheval
breton, qui était plus léger et mieux conformé.

A partir de cette époque et jusqu'en 1840, le dépôt de
Jussey ne recevait guère que des étalons de trait. Quelques-
uns étaient pris parmi les sujets les moins défectueux de la
race locale; la plupart venaient du Perche et du pays de
Caux. Par là, on cherchait à faire naître des poulains capa-

IV.   18

bles de devenir eux-mêmes les reproducteurs de la race aux mains des particuliers. Ce système n'avait pas placé bien haut le cheval franc-comtois, mais il l'avait aidé à se faire utile, à devenir capable de remplir la place qu'il avait su prendre dans les services publics. On sait qu'il était alors fort employé par le roulage, qui en couvrait toutes les routes de France et en tirait bon parti. Ce mode d'emploi allait bien aux aptitudes de la race telle qu'elle était alors, et elle accomplissait sa tâche de manière à satisfaire les exigences du temps.

Mais bientôt l'étalon de trait — cauchois ou percheron — cessa de plaire au cultivateur, qui montra une préférence marquée pour l'étalon d'origine suisse. On essaya donc de reproduire la race franc-comtoise par la race suisse. Il y avait entre elles plus d'un rapport et même une certaine affinité. Scientifiquement, ceci aurait dû être un motif d'éloignement, une cause de répulsion. Comparées l'une à l'autre en effet, et quoique se ressemblant beaucoup, ces deux races n'étaient point égales en mérite; la meilleure n'était pas celle de nos voisins. — Pourtant elle fut choisie, acceptée comme type de reproduction, comme moyen d'améliorer celle qui lui était supérieure. De pareilles erreurs ne pardonnent pas. Au lieu de monter, le cheval franc-comtois a descendu; il a perdu tout à la fois les traits qui le distinguaient du cheval suisse et les qualités qui, à l'user, le rendaient de beaucoup préférable à ce dernier.

En touchant avec sagacité la race comtoise, on pouvait la ramener à son ancien type qui paraît avoir été le cheval d'artillerie ample et corsé, ou le cheval de dragons un peu lourd et commun. En suivant le mode que nous venons de dire, on l'a haussé et allongé; on l'a alourdi, non en le grossissant, mais en développant en lui tous les caractères du tempérament lymphatique, qui a pris le dessus et dominé le tempérament primitif, lequel résultait d'une heureuse alliance des systèmes osseux, musculaire et nerveux. En même temps que les viscères du ventre prenaient du volume et que se développait la lymphe dans le cheval nouveau, les os et les muscles perdaient de leur force et de leur densité, la charpente se désarmait, l'extérieur se déformait, la poitrine et les organes qu'elle renferme, si essentiels à la vie, s'effaçaient dans leur action, et la dégénération avançait toujours. Un pareil résultat est un progrès en arrière.

Et, quand les choses en ont été là, on a fait à l'administration des haras, cela va sans dire, un crime d'avoir laissé se détériorer une race qui autrefois avait eu une existence, un nom, une réelle utilité. On lui a reproché de n'avoir mis à la portée des cultivateurs que des étalons de trait incapables de lui rendre le nerf, la légèreté, la vigueur qui paraissent avoir fait sa réputation sous l'ancien régime, et qui la mettaient en état de porter un cavalier lourd et son armure. Ces plaintes ont été entendues. Dans le même temps, et par la signification donnée à un vote de budget, on imposait aux haras l'obligation d'expulser de tous les établissements de l'État les chevaux de trait qui s'y trouvaient encore. Il fallut obéir : la réforme commença. Elle fut plus lente en Franche-Comté que sur d'autres points; mais elle s'opéra peu à peu. Le reproducteur de quart de sang et celui de demi-sang vinrent remplacer l'étalon de la grosse espèce. On a même été jusqu'au pur sang. Mais ici l'effectif n'en a jamais compté plus de trois à la fois, le plus souvent un seul. Ici donc le cheval pur n'a été expérimenté que sur une échelle insignifiante.

Il sera curieux de faire parler les chiffres et de leur demander compte de l'application du système imposé, par une théorie trop absolue, à des hommes de pratique. Ceux-ci ont constamment combattu l'erreur, et leur science n'est pas éloignée d'avoir raison, car elle a pénétré les masses. La vérité triomphera, quoi que disent et fassent ceux qui luttent puissamment contre elle en ce moment.

Voici des chiffres officiels qui résument les faits pendant

les vingt dernières années. Ils ont certainement une haute signification. On peut les consulter avec fruit ; ils ne seront pas lettre morte pour toutes les intelligences.

ANNÉES.	NOMBRE MOYEN des étalons		MOYENNE DES SAILLIES par les étalons	
	de trait.	d'espèce légère.	de trait.	d'espèce légère.
De 1831 à 1835	30	»	40	»
De 1836 à 1840	17	3	54	41
De 1841 à 1845	12	13	50	32
De 1846 à 1850	11	17	46	29

Dès 1846, nous avions reconnu la nécessité de revenir au cheval de trait, rapide et distingué, autant qu'on peut le trouver ainsi conformé dans cette espèce. Mais il était difficile de tourner les injonctions de la chambre. Plus tard, nous nous sommes trouvé plus libre, et en 1851, par exemple, nous avions placé à Jussey vingt étalons de trait améliorés, non compris dix-huit autres de même espèce que nous avions pu faire acheter au compte des départements et qui restaient au dépôt, soumis au même régime que ceux de l'État. Notre pensée était de porter le nombre des étalons départementaux à cent soixante-cinq, d'élever l'effectif des étalons nationaux à trente-cinq, et de donner ainsi deux cents reproducteurs de choix à la province. Nous pouvions arriver, par ce moyen, à faire saillir douze mille poulinières. Une fois maître du terrain, après nous être assuré d'une nombreuse clientèle, nous aurions dirigé à notre guise la production chevaline, jusque-là et pour cause, méfiante et rebelle; nous aurions travaillé alors avec certitude de succès, avec efficacité à la transformation d'une population que les voies de fer ont déjà en partie destituée de son utilité pratique. Nous nous donnions ainsi le temps de rétablir dans le Boulonnais la création du demi-sang spécial qui aurait servi à cette transformation, et nous préparions le lit à ce nouveau reproducteur en nivelant l'espèce locale sous des qualités de conformation qu'il est toujours bon d'avoir avec soi dans une opération aussi difficultueuse.

Nous n'hésitons pas à dire ce que nous voulions, car nous étions déjà en marche. Nos idées ne seront pas suivies. En effet, on a déjà supprimé la classe des étalons départementaux. On n'a pas su comprendre que cette nouvelle forme d'entretien d'étalons était le plus sûr moyen et même le seul moyen d'arriver à une situation satisfaisante partout où l'État ne peut apporter qu'un concours en quelque sorte illusoire. Nous qui cherchions à fortifier toutes les parties de notre population chevaline, réduites, par insuffisance ou par abandon, au dernier état, nous avions imaginé de mettre à la charge des départements toutes les augmentations de dépenses nécessaires, tous les nouveaux sacrifices jugés utiles, sur tous les points, pour arriver à de bons résultats. Partout on avait répondu à nos avances, et nous allions à grands pas vers un but bien défini. Une partie du crédit alloué pour primes aux étalons prenait cette direction et recevait une fructueuse destination, au lieu de n'être, comme par le passé, qu'une dépense stérile, qu'un encouragement sans portée.

La race franc-comtoise ne peut rester ce qu'elle est ; il faut qu'elle soit profondément modifiée et améliorée. Par quelle voie obtiendra-t-on la transformation devenue impérieuse, urgente ? — Le cheval de trait ne saurait l'opérer ; il est impuissant à ce résultat, et d'ailleurs, comme le cheval franc-comtois, il est atteint et se débat contre les nécessités du moment : — le cheval anglo-normand ! Il ne fera rien de bien ici. Ce terrain ne lui convient pas, et l'expérience lui a été complétement défavorable. Lisez les chiffres du tableau que nous venons de tracer, ils vont, — pendant quinze années, toujours en descendant : — 41 — 52 — 29 ; — voilà l'échelle de ce progrès à rebours. Ne montrez pas un superbe dédain pour ces résultats, faites-en votre profit au contraire. C'est chose grave que la question chevaline en France; elle est ailleurs encore que sur le turf et dans les pages du Stud-Book.

La race franc-comtoise, vaille que vaille, pouvait, à la rigueur et jusqu'à un certain point, se passer du large concours de l'État, tant qu'elle trouvait l'emploi de ses produits dans l'activité du roulage par terre. Tout le monde a connu le chariot comtois à quatre roues, attelé d'un cheval du même pays, chargé de 2,000 kilos et plus, qui traversait naguère encore la France dans tous les sens. C'était en quelque sorte la spécialité de cette race; mais ce mode de transport s'en va et laisse inoccupés de nombreux produits qui semblaient voués de naissance à cette destination. Il y a nécessité, par conséquent, de leur donner une autre aptitude, de les approprier à d'autres besoins.

L'histoire de cette race est, assurément, très-curieuse et fort instructive. En moins d'un siècle, le cheval franc-comtois aura passé par trois phases distinctes : on l'a connu cheval d'armes, un peu lourd et un peu commun sans doute, mais estimé et recherché; nous l'avons vu cheval de roulage décousu et lymphatique, mais accomplissant bien sa tâche, eu égard aux exigences du temps; nous pouvons le retrouver, dans quelque vingt ou trente ans, cheval à deux fins corpulent et solide, tenant une place utile dans la satisfaction des besoins généraux, et refoulant sur son territoire le cheval allemand, qui ne le vaudra pas. Tout au moins est-ce à ce résultat que doivent tendre aujourd'hui les efforts et les travaux de l'industrie chevaline en Franche-Comté.

Fixons mieux ces trois états de la race en déterminant les caractères et les qualités propres à chacun d'eux.

Au temps de sa prospérité, le cheval franc-comtois, dit-on, avait la tête carrée, le front large et l'œil vif; l'encolure, un peu forte et rouée, sortait du tronc avec quelque grâce, bien que le garrot fût épais et charnu; le poitrail était musculeux et large, la côte ronde et bien faite, le rein fort et double, la croupe un peu commune et basse, les membres un peu minces pour le poids à porter, et laissant presque toujours à désirer dans le jarret, qui était le côté faible de la race; les allures ne manquaient ni de légèreté ni de régularité.

Voyons ce qu'est devenu ce cheval : nous le connaissons avec la tête longue, étroite, commune et mal portée; les yeux petits et sans expression; l'encolure grêle et droite; le garrot bas, le dos plat; le rein long et mou; les hanches cornues; la croupe courte, large et avalée; la queue basse, touffue, lourde et molle; le poitrail serré; la poitrine trop loin de terre; les épaules plates; le ventre gros; les cuisses, et surtout les bras, grêles; les genoux et les jarrets étroits; les canons minces, les tendons faillis; les extrémités chargées de lin et souvent empâtées; les sabots courts, plats, volumineux, à la corne cassante; le pied de devant panard; le système musculaire peu développé, mince et plat; les allures molles, les mouvements lents. Taille de 1^m,50 à 1^m,60; robe baie ou grise.

Avec des formes aussi ingrates, le cheval comtois tient plus qu'il ne promet; il est doux, facile sur la qualité de la nourriture, quoique gros mangeur, froid et patient comme tout bon cheval de charrette. Il est, par conséquent, d'un dressage et d'un menage aisés; pourvu qu'on le leste en suffisance, il accomplit fort bien une tâche assez rude, à la condition qu'elle n'impose aucune activité dans les mouvements. Il a peu de ressort et de nerf, peu de vitalité, et se débarrasse péniblement des nombreuses maladies qui l'atteignent. Suivant qu'il est bai ou gris, le commerce l'importe dans deux directions opposées : le poil bai convient mieux à la Suisse et favorise l'exportation, dans cette contrée, du poulain franc-comtois ; les marchands de la Brie et du Dauphiné donnent la préférence à la robe grise. Le roulage partageait le goût des éleveurs suisses, car ils étaient tous d'un bai plus ou moins lavé ces chevaux comtois qui couvraient naguère encore les routes de France.

Contrairement à ce qui se remarque partout ailleurs, en Franche-Comté le cheval est de plus haute taille sur la montagne que dans la plaine, et moins grand encore dans la moyenne montagne que sur les points les plus élevés du pays. C'est un caprice de la nature, qui a donné ici plus de succulence et de qualités nutritives aux herbes et aux fourrages sur les hauteurs que dans les situations basses ou moyennes. Contrairement aussi à ce qui se pratique dans toutes les contrées qui élèvent le cheval de trait, la castration est ici dans les habitudes du cultivateur, dont les produits sont tous hongrés de bonne heure. Un autre usage enfin, qu'on chercherait vainement dans une autre province, fait atteler seule, au chariot à quatre roues, une nature de cheval qu'on n'utilise, partout ailleurs, qu'à la charrette à deux roues, ou bien à des chariots qui nécessitent des attelages multiples disposés par files ou par paires.

Il y a bon parti à tirer de ces deux habitudes pour l'avenir : elles peuvent aider beaucoup à la réussite des modifications à apporter à la structure du cheval franc-comtois tel qu'il est de nos jours.

C'était pour corriger ses imperfections, pour faire disparaître ses vices de forme, pour lui communiquer les qualités qui lui manquent, que nous voulions intervenir largement, efficacement dans la production et l'élève de cette race. Sa tête eût été raccourcie et allégie, élargie dans la région frontale, siége de l'intelligence. L'œil eût pris de l'expression et eût donné de la physionomie à l'animal. Sans s'alourdir, l'encolure eût gagné en force et en puissance pour remplir les conditions d'un bras de levier utile. En s'élevant, les apophyses vertébrales, qui forment la base du garrot, eussent donné de l'élévation et de la distinction au bout de devant. En raccourcissant le rein, on lui eût fait une meilleure attache, et la ligne du dos eût été mieux soutenue ; les flancs eussent été moins longs et plus pleins ; la croupe, redressée et allongée, eût moins pesé sur les membres ; les masses charnues, moins abreuvées de lymphe, eussent été moins lourdes et plus énergiques. La capacité de la poitrine, accrue dans le sens de sa largeur et de sa hauteur, eût facilité le développement des poumons et du cœur ; l'activité vitale se serait élevée, et eût transmis à toutes les parties des forces nouvelles ; les membres eussent grossi et les aplombs se fussent régularisés ; la démarche, plus vive, eût été mieux assurée ; le tempérament musculo-sanguin eût dominé ; les besoins de la vie eussent été moindres, car la faculté d'assimilation se serait développée, et la résistance au travail eût été proportionnée à toutes ces améliorations réunies.

Tel était le modèle à réaliser.

La jument comtoise peut servir à ce résultat. Plus elle en est éloignée, plus l'étalon à lui donner devra s'en rapprocher. Là est le nœud de la difficulté, car l'étalon qui convient ici n'existe pas encore. Nous avons dit quelles mesures nous avions prises pour le créer. Avec sa vieille existence, son ancienneté, la race franc-comtoise offrira des résistances au métissage. Le cheval de récente création, nous l'avons dit et nous l'avons constaté sur le terrain même où nous sommes, n'exerce qu'une action très-limitée dans l'acte générateur lorsqu'il s'attaque à une famille qui a puisé sa raison d'être dans les forces mêmes de la localité, dans ce qu'on appelle indigénat. A une vieille race il faut donc opposer une puissance supérieure, sous peine d'insuccès et de mécomptes. Cette force supérieure ne peut être rencontrée que dans la combinaison réussie du cheval de sang et de la poulinière boulonnaise, qui, elle aussi, appartient à une race qui a pour elle la sanction du temps, qui est bien fondée.

XXIV.

Circonscription du dépôt d'étalons de Montierender. — Ressources offertes à l'industrie autrefois et aujourd'hui. — Nos projets sur cette circonscription. — Ce que nous attendions et ce qu'il faut attendre du système actuel. — Histoire de la production chevaline dans la contrée. — Les étalons rouleurs belges. — Des variétés de l'espèce dans la circonscription. — Le cheval de sang a peu à faire ici. — Insuffisance et utilité du dépôt suivant que son effectif est bien ou mal composé.

L'ancienne province de Champagne et l'ancienne Bourgogne ont été mises à contribution pour former la circonscription du dépôt de Montierender, laquelle comprend, d'une part, la Haute-Marne et l'Aube, d'autre part la Côte-d'Or et l'Yonne. Les choses n'ont pas toujours été ainsi disposées. L'organisation de 1806 avait donné un établissement à la Bourgogne et un autre à la Champagne. Les suppressions de 1832 ont forcé de remanier les premières fixations de territoire, d'en morceler plusieurs et de faire des enclaves.

Le passé ne nous offre rien ici de bien saillant ; il y avait, toutefois, une certaine utilité maintenue, grâce aux 300 et quelques étalons royaux ou approuvés répartis dans les deux provinces : — 155 pour la Champagne, ainsi que nous avons eu déjà l'occasion de le dire, et — 155 pour la Bourgogne entière, dans laquelle un troisième département a été taillé, — celui de Saône-et-Loire.

Le décret impérial accordait moins à cette circonscription. Les deux dépôts de Montierender et d'Auxerre ne devaient compter, au maximum, que 70 étalons. C'était peu, mais c'est plus qu'on ne leur a jamais donné.

Nous trouvons ici un nouvel exemple à ajouter à ceux que nous avons déjà rencontrés sur notre route, relativement aux effets que détermine l'abandon, par l'État, d'une contrée à la

seule action de l'industrie privée. On voit aussitôt cette contrée perdre son rang comme province chevaline, et sa population équestre, quelle qu'elle ait été, devenir grossière et
commune, ou chétive et sans valeur, suivant la position géo-
graphique, la fertilité du sol et la nature du climat.

Les quatre départements où nous sommes fussent aisément
devenus riches en chevaux par la qualité autant qu'ils le
sont, qu'ils l'ont toujours été par la quantité; mais, au lieu
de les laisser en friche, de les laisser envahir par une tourbe
de rossards, par ce qu'on nomme, en Angleterre, *les mauvaises herbes*, il aurait fallu s'en occuper, il aurait fallu
donner une utile direction à l'active production de la contrée.
C'est en opérant avec sagacité sur ces grosses races qu'on aurait forcé l'industrie particulière à remplir tons les besoins
de la consommation générale, à produire cette nature de
chevaux épais, corpulents, et, malgré cela, lestes et légers,
qui manquent encore à la France, et qu'elle remplace par ces
mauvais chevaux allemands dont nous encourageons depuis
plus de quarante ans l'élève, contrairement à tous nos intérêts, — intérêts politique, agricole et commercial. Notre
persévérance, à cet égard, n'a d'analogue que dans notre
persistance à laisser à l'écart les contrées les plus favorables
au but qu'il eût fallu poursuivre, et dont on s'éloigne plus
que jamais en ce moment.

Nous avions voulu faire plus ici qu'on n'avait encore fait.
C'est par le dépôt de Montierender que nous étions entré
dans la nouvelle voie ouverte par nous à la prospérité chevaline. Les conseils généraux de la Haute-Marne et de l'Aube
nous avaient suivi et secondé. En 1851, ils nous avaient remis 25 étalons achetés à leurs frais; réunis aux 44 étalons
nationaux, ils formaient un effectif de 69. C'était deux fois
plus que la moyenne des vingt dernières années. Mais nous
ne nous serions pas arrêté là, nous serions arrivé au chiffre
de 120 étalons départementaux, de manière à répandre dans
la circonscription 200 reproducteurs capables. Nous nous

faisions encore ici une clientèle de 12,000 poulinières au moins, et nous transformions, sans augmenter les dépenses de l'État, une population chevaline nombreuse. L'amélioration de celle-ci aurait concouru au développement de la fortune publique, tout en ouvrant à la localité une nouvelle branche de revenus pour les particuliers.

Nous n'avons fait qu'un rêve; mais le pays, lui, aura un douloureux réveil à la suite d'un pénible cauchemar. Tous ceux qui voient clair dans cette situation viennent nous la dénoncer; ils nous disent avec tristesse : — Vous serez, vous êtes déjà bien vengé. — Oh! nous repoussons avec énergie ce mot. Le système qui conduit à mal la France hippique nous afflige plus que personne et surtout plus que nous ne saurions dire, mais il ne nous venge pas, car nous ne cherchons pas la vengeance; nul autant que nous ne désire le progrès général et la prospérité réelle de notre industrie chevaline. Notre patriotisme se révolte à la pensée qu'on peut nous croire préoccupé d'une autre idée, et nous saisissons avec empressement la première occasion qui s'offre à nous de faire justice d'un mauvais sentiment que nous n'avons jamais donné à personne le droit de nous prêter.

Il y a dans cette circonscription une grande séve, beaucoup de forces vives, détournées et perdues. Nous voulions les ramener et les utiliser. Nous le voulions ainsi, parce que nous avions vu de près les choses et que nous avions trouvé une conclusion au bout de nos études. D'autres sont venus qui ont arrêté le travail sans y regarder et qui replongent la contrée dans l'impuissance. Voilà ce qu'ils ont fait en renvoyant les 25 étalons départementaux, qui n'étaient pour nous qu'un point de départ.

Nous venons de dire quelle devait être leur influence sur la reproduction; mettons en regard ce que va rester l'action des haras isolés de ce puissant auxiliaire. Les faits sont là, officiels, irrécusables. On jugera entre les deux systèmes, — celui d'une intervention large, effective, directe, et celui du laisser-faire si commode, mais si improductif en fait de bonne production chevaline.

De 1831 à 1835, une moyenne de 34 étalons donne une moyenne, par tête, de 34 saillies.
De 1836 à 1840,   —   27   —   —   —   32 —
De 1841 à 1845,   —   29   —   —   —   37 —
De 1846 à 1850,   —   37   —   —   —   49 —

Les résultats les plus favorables appartiennent à l'année 1850, qui avait un effectif de 44 étalons nationaux servant 2,372 juments; — moyenne, 54. Ces chiffres laissent loin les moyennes quinquennales. D'où vient cela? C'est que, dès 1850, le département de la Haute-Marne avait déjà remis aux haras 10 étalons qui ont été, par leur nature, plus rapprochés de la conformation des juments, une sorte d'enseigne du goût des cultivateurs, et que les étalons de l'État en ont été d'autant plus recherchés. L'influence des étalons départementaux s'exerçait ainsi par deux côtés à la fois et permettait de doubler le pas, avantage inappréciable dans une opération si lente par elle-même en dehors des obstacles qui peuvent entraver sa marche.

Eh bien! quels résultats vont produire vos 44 étalons nationaux? Pour répondre avec connaissance de cause à cette question, il y a nécessité de mettre en regard le chiffre décomposé de la population chevaline de la circonscription. Il y a là encore un utile enseignement pour ceux qui examinent avec leur conscience.

Le recensement de 1850 a compté 185,363 existences ainsi divisées :

Chevaux de 4 ans et au-dessus, 77,745 ; —   387 de plus qu'en 1840.
Juments de 4 ans et au-dessus, 72,525 ; — 4,501   —   —
Poulains de 3 ans et au-dessous, 35,093 ; — 14,678   —   —

Augmentation totale. 19,566

Est-il donc naturel qu'une masse de population formant le qunzième environ de l'espèce en France s'use presque exclusivement sur elle-même et ne fournisse pas son contingent à la satisfaction des besoins généraux? C'est de la sorte que les produits de l'agriculture ne s'obtenant qu'au moyen de gros sacrifices ressortent à des prix élevés et ne donnent que de minces revenus.

Dans un autre ordre d'idées, nous avons souvent entendu dire : il faut faire rendre à l'impôt tout ce que l'impôt peut rendre. Nous accordons volontiers cette proposition, mais nous voudrions qu'on nous accordât celle-ci : il faut faire rendre à l'agriculture tout ce qu'elle peut et doit rendre, afin que l'impôt, si abondant qu'il soit, lui devienne léger, afin que l'impôt enrichisse tout à la fois l'Etat qui le prélève et le cultivateur qui le paye. On ne marche pas dans ce sens quand on livre à elle-même l'industrie chevaline impuissante, car alors elle suffit à peine à produire des sujets impropres à tout autre usage que l'exploitation du sol,—le seul service précisément qui n'exige aucune spécialité de conformation et qui aurait, par conséquent, le privilége de les utiliser presque toutes avant l'âge auquel chacune les accepte et les emploie. Nos idées et notre pratique, à nous, conduisaient,—toutes voiles déployées,—vers ce but élevé. Et parce que nous avons étudié consciencieusement les faits, afin de ne rien tenter d'inutile et de ne pas nous retarder encore, on nous a couvert, en manière d'injure et de mépris, de cette apostrophe étrange: — *Vous n'êtes qu'un statisticien*. Oui, nous sommes un statisticien, et puis autre chose encore d'honorable; vous en avez les preuves. Notre statistique était féconde; c'était le flambeau qui éclairait nos pas après avoir illuminé les faits; elle eût produit des richesses. Votre dédain est et restera stérile; il fait et fera votre honte, car il ne porte en lui que des germes de pauvreté.

L'histoire de la production chevaline dans cette circonscription n'offre rien de particulier depuis le commencement de ce siècle. Nous l'avons déjà faite plusieurs fois, car elle est absolument la même que dans toutes les localités négligées ou abandonnées. Le gros cheval, recherché comme

étalon, donne des produits communs, plus ou moins défectueux, auxquels l'éleveur n'accorde ni soins ni affection ;
c'est du bétail, rien de plus ; mais un bétail qui use obscu-
rément sa vie et n'a aucune autre destination que de mourir
à la peine. Le bétail produit, élevé, nourri en vue de la
vente, au contraire, est l'objet d'attentions incessantes, in-
téressées, et s'améliore toujours si lentement que ce soit.
Ici le cheval n'a encore stimulé ni l'amour-propre ni le
désir du gain chez le cultivateur. Sa reproduction, poussée
vers le gros et le commun, est devenue le fait du hasard.
Les étalons de l'État, trop peu nombreux, n'étaient pas recherchés avec beaucoup d'empressement ; ils n'entraient
pas, du reste, par leur conformation, dans les idées de l'éleveur, servi à souhait, au contraire, par l'étalonnage
belge, qui mettait à sa disposition des espèces de monstres
dont il commençait pourtant à reconnaître la fâcheuse influence.

En effet, l'étalon rouleur belge a longtemps eu la préférence ici comme en Lorraine, comme dans une partie de la
Franche-Comté, et presque toute l'ancienne circonscription
du dépôt de Braisne. Chassé de Belgique par les commis-
sions spéciales chargées d'autoriser les étalons capables et
de repousser les reproducteurs nuisibles, il envahit nos provinces du nord et de l'est, court impunément de ferme en
ferme, favorisant ainsi les habitudes d'insouciance du cultivateur, qui l'accepte sur place, sans examen, et par cela seul
que son emploi ne lui cause aucun dérangement. Ce que ce
mode a porté de dommages à notre industrie chevaline est
incalculable ; il lui a nui par les vices, les tares et les défectuosités, dont il a fixé tous les germes dans l'espèce ; il lui a
nui encore en familiarisant l'éleveur avec une nature de
chevaux dont il n'y a rien à attendre pour la vente. Il en
résulte que, au lieu de se faire marchand de chevaux comme
il est marchand de blé, le cultivateur s'est contenté de produire le cheval pour ses besoins personnels : son rôle de pro-

ducteur est incomplet; il consomme, au lieu de vendre. C'est la pire condition pour une industrie comme celle qui nous occupe, en présence surtout de l'énorme population qu'il emploie et dont il use à peu près toutes les forces, quand il ne devrait tendre qu'à les développer, en vue d'un profit toujours renouvelé.

Nous aurons quelques difficultés à nous reconnaître au milieu de cette masse de chevaux de toutes paroisses qui forment la population mêlée de la circonscription du dépôt de Montierender. C'est un composé un peu informe des caractères diversement combinés de l'espèce locale, du rouleur belge ou flamand, de l'étalon du Perche, du cheval comtois issu tantôt du boulonnais, tantôt de la race suisse et de l'un et de l'autre. Tous, en effet, se disputent la possession de la poulinière de ces quatre départements. Une même aptitude, néanmoins, les réunit et les rapproche, celle du trait lent, du trait au pas.

Malgré cela, plusieurs variétés assez distinctes se détachent et forment des groupes séparés auxquels de plus hardis que nous appliquent la dénomination de race, que nous trouvons, — nous, — par trop ambitieuse.

L'une de ces variétés vit dans la partie sud-est de la Haute-Marne appelée le Bassigny, et en porte le nom. Sa taille varie de 1ᵐ,45 à 1ᵐ,52; sa tête est lourde, commune, mal coiffée; son encolure est grêle et courte. Elle a le garrot noyé, le dos long et la croupe basse, défectueuse; mais les membres ne manquent pas de largeur. Les articulations ont de la netteté; la poitrine est vaste; le corps a de l'ampleur. L'ensemble est peu gracieux, il est même commun; mais tous les détails s'agencent assez bien. Les proportions sont bonnes et bien cousues. Il y aurait là des éléments d'avenir pour le cheval de quart sang et de demi-sang bien choisi. Aller au delà serait compromettre l'opération et lui faire rapporter des fruits qui avorteraient aux mains de l'éleveur.

Dans l'arrondissement de Vassy, situé au nord du même département, on trouve, — dans un certain rayon, — des traces éloignées, un peu vagues, de parenté avec le sang oriental. Au moins la tradition le veut-elle ainsi. Les caractères qui accusent cette origine rappellent les étalons arabes introduits en Lorraine par Stanislas, roi de Pologne, et le séjour prolongé, au temps de la seconde invasion, d'un régiment russe exclusivement monté en chevaux cosaques. Ici, quoique souvent mal attachée, la tête est expressive; le garrot est élevé; la croupe suit une bonne direction; la queue est élégamment portée; les membres sont purs, secs et nerveux. Les parties à corriger sont le dos et le rein, qui n'ont point assez de force et de soutien; la côte, qui est plate, et le pied, qui est plein. La taille varie de 1^m,48 à 1^m,52. En général, les formes sont anguleuses; elles sont sveltes et donnent au cheval l'aptitude du service de la selle. Des soins, une nourriture suffisante, des étalons de sang étoffés et bien choisis relèveraient promptement cette petite famille, qui fournirait d'excellentes remontes à l'arme des lanciers.

Les cantons d'Auberive, Clermont et Saint-Blin nourrissent une variété qui offre tous les caractères du cheval de montagne : — peu de taille et d'étoffe, les jarrets clos, de la sobriété, de l'énergie, et une grande résistance au travail, eu égard surtout à l'exiguïté des formes.

Dans la Côte-d'Or, l'étalon percheron domine depuis quelques années, il a succédé au cheval franc-comtois, plus ou moins mêlé, qui s'est trouvé en possession de la jument du pays pendant assez de temps pour lui imprimer les traits les plus saillants de la conformation. Il en résulte que la population chevaline de ce département offre, en proportion variable, un amalgame plus ou moins heureux, plus ou moins complet des deux familles d'où elle sort.

Dans la partie sud-ouest de l'arrondissement de Semur, dans plusieurs cantons rapprochés de l'Yonne et compris autrefois dans la petite contrée appelée le Morvan, on trouve une tribu qui procède de l'ancienne race morvandelle dont elle avait tous les caractères et les mérites. Extérieurement, les chevaux qui lui appartiennent ont peu de grâce; les formes sont très-accentuées et d'apparence grêle; la taille est peu élevée : il y a néanmoins dans l'action beaucoup de solidité, de vigueur et de résistance relative. Les qualités de la race morvandelle tenaient et des influences locales, toutes-puissantes quand l'éducation est plus sauvage, plus libre que domestique, et de sa filiation avec les étalons de sang oriental que les riches seigneurs du pays entretenaient autrefois sur leurs terres. La révolution de 1789 a détruit tous ces établissements privés, qui avaient été la source féconde de la prospérité hippique du Morvan.

L'Yonne et l'Aube n'ont pas de race particulière. Leur population chevaline se compose d'animaux de trait, rappelant pour la corpulence le type du cheval du nord de la France et de la Belgique, sans cachet spécial et sans autre analogie que celle de l'aptitude. Le cheval percheron, l'étalon anglo-normand ont aussi passé par là et confusionné les caractères sans porter atteinte aux qualités. C'est du gros et du commun, mais ça travaille puissamment; voilà tout ce qu'on en peut dire.

L'arrondissement de Sens, une petite partie de celui de Joigny dans l'Yonne, et plusieurs cantons de l'arrondissement de Nogent, à l'ouest de l'Aube, présentent une population bigarrée, hétérogène, comme les éléments dont elle est composée. Dans cette partie de la circonscription, on ne fait pas naître, on se borne à élever des poulains importés des autres points du territoire, et notamment du Bassigny, qui ne pourrait nourrir tous ses produits.

Ainsi transporté, le poulain de la Haute-Marne subit d'heureuses modifications dans sa structure. Grâce aux influences nouvelles qui l'étreignent, à une alimentation plus riche, à plus de sécheresse dans le sol, à des soins plus complets et mieux entendus, il perd ses formes empâtées et molles, il acquiert plus de taille; sa tête s'allégit, la ligne supérieure du corps se relève, les membres se nettoient, l'énergie augmente : l'animal gagne dans sa tournure et devient marchand.

Les produits les mieux réussis sont exportés vers Chartres et placés comme percherons; c'est dire que le manteau est gris.

Cette spécialité d'élevage est particulièrement favorisée 1° par la facilité avec laquelle la terre peut être cultivée dans cette partie de la circonscription; 2° par son aptitude à porter des récoltes en grains et fourrages. Là tous les travaux de l'agriculture peuvent être exécutés par de jeunes chevaux dont la valeur augmente avec l'âge, tout en travaillant assez pour gagner leur nourriture. A l'époque ordinaire de la mise au service, les fermiers vendent les chevaux qui arrivent à l'état adulte et les remplacent par des poulains de dix-huit mois à deux ans. Aux nouveaux venus, quelques jours de repos suffisent pour se remettre; ils trouvent sur l'exploitation les animaux introduits pendant la campagne précédente et partagent bientôt avec eux le labeur de la ferme. Une nourriture abondante et substantielle répare les pertes et pousse à un développement rapide. En deux années, l'œuvre est complète. Telle est la pépinière des chevaux appliqués aux différents services du pays et même de plusieurs départements voisins. Les meilleurs, avons-nous déjà dit, les plus distingués et les plus légers d'allures sont emmenés dans la plaine de Chartres, où ils demeurent pendant un an; après quoi ils entrent dans la consommation sous le patronage de la vogue dont jouit la *race* percheronne.

En l'état, le cheval de sang à peu à faire dans cette circonscription. Il n'y a jamais obtenu que des succès négatifs. Le comte de Montendre, qui a pendant longtemps dirigé le dépôt de Montierender, écrivait en 1840 : « Cet établissement ne pourrait exercer une action puissante et salutaire

sur la population qui l'entoure qu'en étant composé de
manière à satisfaire aux besoins du pays et au goût des habitants. Du moment où on a décidé que les dépôts de l'Etat
ne posséderaient plus d'étalons de trait, celui de Montierender est devenu sans objet, sans utilité ; je dirai plus, il
peut être nuisible : car je prétends et soutiens que l'étalon,
soit de selle, soit d'attelage léger, du modèle et du mérite
de ceux qu'on envoie dans les établissements secondaires,
fait plus de mal que de bien dans les contrées qui ne possèdent pas une espèce bien caractérisée, mais qui a plus de
rapport avec le cheval de travail qu'avec le cheval de selle. »

Ce qui était vrai en 1840 l'est encore en 1855. Nous avons
montré l'insuffisance et l'inutilité du dépôt de Montierender, de 1831 à 1850 ; nous avons dit par quels moyens allait changer cette situation, que le comte de Montendre a
appelée nuisible quand, par un brusque retour, revenant à
ce qui s'est fait pendant les vingt dernières années, l'administration replace son établissement de la Haute-Marne en
face de son impuissance bien constatée, et le condamne à
dépenser en pure perte une partie de son budget.

L'expérience est bien rarement utilisée dans notre pays.
L'esprit de système y pousse partout avec force et vigueur,
répandant ses mauvais germes et semant à pleines mains les
plus fâcheux résultats. Les saines idées y sont partout en-
fouies, étouffées ; les bonnes pratiques n'y prennent pas aisément racine. Le sol de France, on le dirait, ne leur est pas
favorable, car elles n'ont pu encore y être acclimatées en
dépit d'efforts soutenus et d'intelligents essais. Nous en
sommes réduit à faire pour elles des vœux qui resteront
longtemps encore stériles. En effet, l'ivraie a le dessus, et
nul ne donne ses soins au bon grain.

XXV.

Station de Paris. — Population chevaline du département de la Seine.

Voici notre dernier relais ; une seule étape nous reste à parcourir pour arriver au terme de ce long voyage en France. En revenant au centre, nous nous retrouvons dans la généralité de Paris, laquelle avait autrefois, à Asnières, un établissement composé de quarante étalons royaux. Aujourd'hui Paris n'a plus qu'une station d'étalons de tête ; c'est assez, c'est trop même, par les idées d'émancipation qui courent les rues de la grand'ville et dont l'application aurait dû, avant qu'il fût touché à quoi que ce soit de la dernière organisation des haras, vider les écuries de la station permanente établie au bois de Boulogne. Mais ces messieurs du Jockey-Club disent d'une manière et pratiquent d'une autre. En ce moment, ils font la pluie et le beau temps ; ils règnent et gouvernent pour eux, dans un intérêt de plaisirs et de gain qui leur profitent. Ils entendent bien que l'agriculture se procure les éléments de reproduction et d'amélioration qui lui seraient utiles pour remplir la tâche imposée par l'obligation de travailler à la satisfaction de tous les besoins du pays ; mais ils entendent bien mieux encore que l'Etat, que le budget alloué à l'administration des haras soient pour eux une mine inépuisable, leur fournissent tout à la fois le nécessaire et le superflu, donnent à leurs chevaux et — « le vivre et le couvert. »

Nous ne serions pas à l'aise pour dire notre pensée et toute la vérité sur le présent. Aussi bien, et tandis que nous étions encore à la tête des haras, nous avons fait connaître, dans un précédent chapitre (*tome III de la* 2ᵉ *partie, p.* 1ʳᵉ), l'importance des spéculations privées qui s'exercent aux environs de Paris, non plus sur la population chevaline du département, mais sur quelques animaux de la race de pur sang anglais. Nous ne reviendrons pas sur ce sujet, bien que nous ne l'ayons pas épuisé. Notre abstention ne surprendra personne ; elle est toute de circonstance, car ici les faits se personnifient. Or nous ne voudrions pas qu'on pût rattacher l'expression de la vérité à quoi que ce soit qui prendrait la couleur d'un ressentiment. A nos yeux, dans toutes les occasions et dans tous les temps, les individualités s'effacent et disparaissent devant un intérêt supérieur, l'intérêt de tous.

Disons seulement que le département de la Seine, qui ne produit pas de chevaux, en consomme prodigieusement au contraire, et que Paris est le grand centre, l'aboutissant par excellence, une sorte de capharnaum où tout se produit, se distingue, se confond. Les plus beaux chevaux de selle brillent parmi les plus tristes haquenées ; les plus riches attelages côtoient les plus pauvres, et le cheval fainéant, — le fashionable de l'espèce, — forme contraste avec les malheureuses bêtes qui ploient partout sous le faix. Ici, plus et mieux qu'ailleurs, on découvre les nuances, on classe les individus ; ici, plus et mieux qu'ailleurs, chacun se retrouve à son rang, qui dans l'aristocratie, qui dans le peuple : les uns au pinacle avec les parvenus, les autres au dernier échelon parmi ceux qui touchent à la misère, tous bientôt en route pour Montfaucon. Là on cesse de les reconnaître ; là c'est bien l'égalité pour tous.

La population chevaline de la Seine compte de 36 à 40,000 têtes. Elle est plus bigarrée que sur un autre point du territoire et, sous ce rapport comme sous beaucoup d'autres, elle ressemble beaucoup à la population humaine qui l'emploie. On y voit beaucoup d'étrangers parmi ce qu'on nomme les chevaux de luxe ; les indigènes, peu nombreux dans cette classe, forment, au contraire, la presque totalité dans les autres catégories. Cela tient surtout à ce que le commerce des premiers est aux mains des juifs, tandis que celui des seconds est presque exclusivement fait par des marchands d'une autre religion. Les juifs vendent cher, ils vendent cuir et poil, comme on dit ; mais ils ont de grandes ressources et livrent à crédit, contre des lettres de change. Parmi celles-ci, beaucoup seront protestées et tomberont en non-valeurs ; mais là, comme chez les tailleurs en vogue, les bons payeurs payent pour les insolvables. Le cheval de luxe sera en minorité à Paris aussi longtemps que les israélites de Londres et de toute l'Allemagne formeront avec ceux de notre fashion une corporation d'industriels attachés à la fortune des fils de famille qui viennent se ruiner, des filles de joie qui viennent briller et des riches du jour qui ont la prétention de donner le ton.

Nous n'avons ici aucune description de race à donner. Il y a de tout à Paris, voire même de jolis chevaux, dont il est l'enfer, ainsi qu'on l'a dit depuis longtemps.

XXVI.

Dernières observations. Résumons en quelques mots les faits les plus saillants rappelés dans ce chapitre, en remontant vers le passé, en constatant la situation actuelle de la population équine de la France.

Si nous avons été exact dans nos appréciations diverses, bien des erreurs auront fait place à la vérité. L'opinion publique, si longtemps égarée ou hostile, en matière de production chevaline, est déjà revenue à un sentiment plus juste, plus impartial. Elle a cessé de croire à une pauvreté qui n'existe pas ; elle voit manifestement partout les améliorations obtenues, les progrès réalisés. Elle s'est donc bien modifiée dans ces derniers temps. Pour elle, la lumière s'est fixée sur le sujet du moment qu'elle y a regardé avec l'attention intéressée qu'elle avait bien le droit d'apporter dans l'examen d'une semblable question. Elle s'est éclairée avec bonne foi aux discussions importantes et approfondies de ces

dernières années, à celles notamment que nous avons pro-
voquées larges et solennelles en 1848, — 1849, — 1850
— et 1851. Nous savions bien ce que la question pouvait y
gagner de force et d'élévation, notre but a été atteint. Quoi
qu'on fasse aujourd'hui pour donner le change, la vérité
demeurera entière sur les hommes et les choses.

Nous ne pouvons être ingrat envers l'opinion publique.
Partout elle a rendu hommage à nos efforts et à nos vues;
partout elle a reconnu l'utile influence de notre direction,
applaudi d'une manière éclatante aux résultats produits.
Nous la remercions particulièrement de s'être inspirée de
nos travaux. En les lui adressant, nous n'avons pas fait
fausse route; qu'importe alors si nous avons déplu à certaines gens fort intéressés à ce que l'administration des
haras ne prît pas ainsi son point d'appui sur les masses, à
ce qu'elle n'arborât pas son drapeau d'une main ferme au-
dessus d'une petite coterie qui avait la prétention d'absorber
le tout à son profit? L'occasion s'est présentée, elle l'a saisie
violemment, sans habileté, il faut le lui dire. Gare à la réaction! Les positions fausses n'ont qu'un temps. Le jour où
celle-ci croulera, il y aura à redouter des représailles extrêmes. Le cas échéant, s'il en était jamais ainsi, nous ferions
comme en 1848, nous nous jetterions dans l'autre plateau
de la balance pour empêcher qu'une fois encore le mal ne
l'emporte sur le bien. Nous étions le régulateur et le modé-
rateur entre les intérêts hostiles qui se disputaient la prédominance; nous étions parvenu, tâche pleine de labeur, de
périls et d'impopularité, à faire accepter la partie par le
tout. Un beau jour, le tout a été écarté; la partie nous a
terrassé. Grande victoire! Puisse-t-on en user avec modération et sagesse, non en aveugle. Nous le souhaitons à la
fois pour le pays et pour les vainqueurs, si peu de sympa-
thie qu'ils méritent et nous inspirent. Notre vœu est sin-
cère, puisqu'il porte avec lui un bon conseil. Si notre pensée n'était pas pour le pays, nous applaudirions cordialement

aux fausses mesures déjà prises et nous encouragerions à pousser plus avant dans cette voie.

On ne trouvera pas mauvais que nous tenions à constater la situation où nous avons laissé les choses. Elle était prospère plus qu'en aucun autre temps. Les preuves morales et matérielles en ont été déposées dans les publications officielles de 1848 à 1851. Elles ne se perdront pas; on les retrouvera aisément quand la prospérité aura cessé, quand la nouvelle direction donnée au service des haras aura porté ses fruits. Il faut ajourner les faits à cinq ans d'ici. En effet, les produits qui vont naître cette année, et qui ne seront mûrs qu'en 1857, appartiennent au passé, non au présent.

Nous nous emparons de cette situation comme d'un patrimoine. Nul ne songera à nous en déshériter, nous tous qui avons, pendant vingt ans, consacré notre intelligence, un zèle toujours soutenu et fécond, au développement des richesses chevalines de la France. Celles d'aujourd'hui et celles des cinq années que nous allons traverser, on ne l'oubliera pas, c'est le passé qui les a créées.

Condensons les faits qui se sont déroulés dans les pages précédentes.

Et d'abord quel progrès a fait la population quant à son chiffre? Dans le tome Ier de cet ouvrage, nous avons donné les nombres comparés pour les temps antérieurs. Un nouveau recensement exécuté avec beaucoup de soin par les officiers des haras, en 1849-1850, nous permet d'ajouter aux résultats précédemment constatés. Il embrasse 85 départements; ceux de la Seine, de Seine-et-Oise et de la Corse sont restés en dehors de l'opération, faute de moyens d'exécution. Voici les chiffres pour les deux époques de 1840 et 1850, dans les trois catégories de l'espèce :

Chevaux de 4 ans et au-dessus, en 1840, 1,197,812; en 1850, 1,091,734.
Juments de 4 ans et au-dessus,   —   1,168,145;   —   1,232,772.
Poulains de 3 ans et au-dessous, —   347,505;   —   554,426.

Totaux. . . , en 1840, 2,713,462; en 1850, 2,878,932.

La différence, au profit de 1850, est de 165,470 têtes, soit une augmentation de 6.10 pour 100.

Mais la statistique a constaté d'autres faits que celui d'un accroissement successif et continu depuis 1789, époque du plus ancien dénombrement dont les chiffres nous soient connus. Elle montre, par exemple, que le rapport des naissances s'est élevé et que celui de la mortalité a faibli ; que les mâles, supportant des travaux plus rudes, vivent plus longtemps que les femelles.

Comparé au recensement de 1840, le dernier présente les différences suivantes :

Sur les chevaux de 4 ans et au-dessus, une diminution de 8.86 pour 100 ;

Sur les juments de même âge, une augmentation de 5.55 pour 100 ;

Sur les produits de 3 ans et au-dessous, un accroissement de 59.54 pour 100.

Nous le répéterons, car nous l'avons déjà dit, il est désirable que cette progression s'arrête. Économiquement parlant, la France n'est pas posée pour faire un nombre de chevaux de beaucoup supérieur à ses besoins ; nous les produisons plus chèrement que tous les peuples d'Allemagne, et ceux-ci travaillent déjà surabondamment pour eux-mêmes. — Améliorons nos races, meilleures au fond que celles d'outre-Rhin ; mais ne grossissons pas le chiffre de notre population équine : celle-ci tient beaucoup de place sur le sol, et ses exigences d'alimentation sont grandes.

Malgré les progrès déjà réalisés, c'est particulièrement la forme qui a besoin encore d'être perfectionnée chez nous. Notre cheval est plus commun que beau dans plusieurs de nos provinces ; nous en avons dit la raison. Sur ces points, il faudrait lui donner une apparence moins pauvre, un extérieur plus brillant, des dehors plus distingués, des formes plus légères, un peu plus de propreté. La main de l'éducateur intelligent et soigneux doit passer par là et façonner un peu ce lourdaud. Ailleurs, il a plus de sang que d'étoffe, plus d'énergie morale que de masse, plus de lame que de fourreau. Alors c'est la corpulence qu'il faut développer, c'est le poids, le volume qu'il faut accroître. Chemin faisant, nous avons eu soin de poser en tous lieux les termes du problème à résoudre et d'indiquer les moyens les plus rapides d'arriver à une solution satisfaisante et complète.

L'impulsion a été donnée dans ce sens; le pays a marché. Nous avons dit ce qu'il a déjà fait et mesuré l'espace qui reste à parcourir. C'est dans une nouvelle période de dix années qu'il faudra constater à nouveau les faits. Nous arrêtons volontiers, quant à nous, le bilan de la situation à la déclaration suivante faite à l'Assemblée législative par l'un des messages présidentiels :

« La reproduction chevaline, partout en progrès, présente les résultats les plus satisfaisants. L'administration des haras, qui marche avec un ordre et une régularité dignes d'éloges, a bien mérité de l'agriculture et de l'armée. Le nombre des chevaux s'est accru dans le pays; leur valeur s'est relevée. »

Voyons sous quelles influences ces résultats se sont produits. Le tableau suivant montre la progression des faits par moyennes quinquennales :

	Étalons.	Juments saillies.	Moyenne par tête.
De 1831 à 1835,	944;	30,322;	32.
De 1836 à 1840,	855;	29,586;	34.
De 1841 à 1845,	998;	42,440;	43.
De 1846 à 1850,	1,227;	58,819;	48.
En 1851,	1,366;	70,444;	51.

Ces chiffres sont officiels comme tous ceux dont nous nous sommes servi. Les derniers donnent, ce nous semble, une bien grande force au système que nous avons appliqué au régime des haras. De 1830 à 1840, les idées du Jockey-Club ont dominé; on voit ce qu'elles ont produit. A partir de 1841, l'administration, s'écartant peu à peu et de plus en plus, chaque année, de la théorie creuse et vaine de cette savante association, pour se rapprocher d'une pratique rationnelle et profitable, a obtenu des succès qui se mesurent par de gros chiffres et se prouvent par des résultats incontestables.

Mais nous avions atteint dans cette voie les limites extrêmes, c'est-à-dire que nous ne pouvions aller au delà avec les seules ressources de notre budget. Nous ne voulions pourtant pas rester ainsi à mi-côte ; d'autre part, nous ne voulions point accroître les dépenses du Trésor. Nous songeâmes alors à prendre, sous le contrôle des conseils généraux, la direction des allocations que la plupart des départements s'imposaient en pure perte, ou à peu près, et à les appliquer d'une manière plus utile aux intérêts hippiques locaux. Des ouvertures furent faites et parfaitement accueillies dans plusieurs contrées abandonnées jusque-là. Des fonds nous avaient été remis ; nous avions fait acheter pour les départements des étalons de choix qui, soumis dans nos établissements, au même régime et aux mêmes soins que les reproducteurs de l'État, devaient y être entretenus sans autre dépense pour le trésor public que le montant des primes qui eussent pu être appliquées au service d'étalons particuliers d'un mérite bien moindre. Nous arrivions ainsi à employer d'une façon utile et avantageuse une partie du crédit affecté aux approbations, lesquelles, jusqu'ici, ont coûté peu sans rien produire, et, dans l'avenir, peuvent coûter cher sans produire plus, si ce n'est une dépense considérable pour l'État.

Cette innovation, très-goûtée par l'Assemblée législative, avait ajouté, dans l'espace d'une seule année, 95 étalons départementaux à l'effectif des haras, si bien que la monte de 1852 s'est ouverte avec 1,336 étalons nationaux et 95 étalons départementaux, soit 1,431, le plus haut chiffre qui ait été écrit depuis 1789, époque à laquelle on en comptait 3,259.

Voici, d'ailleurs, en quels termes nous rendions officiellement compte des premiers résultats, en février 1852 : « Cette nouvelle forme d'entretien des étalons départementaux a tenu tout ce qu'elle promettait. Elle prendra une rapide extension, et rendra les meilleurs services à l'industrie chevaline ; elle devient l'auxiliaire le plus utile et le plus efficace de l'administration des haras, dont l'action peut doubler avant peu sans accroissement de charges pour l'État. Les départements qui ont confié leurs étalons aux haras sont, dès la seconde année, au nombre de 15, et l'effectif des étalons est déjà de 95 ; il ne faudra pas dix ans pour élever ce chiffre au niveau de celui de l'administration. C'est une voie pleine d'avenir et féconde en bons résultats. La Picardie, les Ardennes, la Franche-Comté, la haute Alsace, le Perche et la Bretagne sont en route ; la Lorraine et la Normandie ont adopté la chose en principe, pour la réaliser en 1853 ; le Poitou et la Vendée suivront, nous n'en doutons pas. D'autres parties de la France étudient le système et attendent ; c'est d'un favorable augure. Les idées justes et les saines pratiques ne font pas autrement leur chemin ; elles avancent lentement, mais elles ne reculent pas. »

Nous nous sommes trompé. A quelques mois de là, un coup de main nous a renversés, nous et nos idées et nos plans : tout a été culbuté à la fois.......

Mais les faits restent pour dire ce que nous avons fait et obtenu ; ils sont là comme un terme de comparaison où, après une dizaine d'années d'attente, nous reviendrons pour montrer qui, en ceci, avait tort, qui avait raison.

3,000 étalons de choix, nationaux ou départementaux, donnant 150,000 saillies et 1,000 étalons primés dans les mains des particuliers, servant 50,000 poulinières, telle était notre visée ; mais nous portions, quant à présent, nos plus grands efforts vers la première catégorie, parce que c'était le seul moyen d'arriver efficacement à la seconde. Toute autre tentative n'est pas sérieuse, elle échouera ; elle ne serait qu'un leurre. L'autorité de l'expérience nous permet de tenir ce langage ; le temps nous donnera bientôt raison en mettant les faits de notre côté, comme nous avions pris la précaution, dans notre marche administrative, de nous ranger avec eux, avec ce que la pratique et les circonstances rendaient utile, profitable et possible. . . . . . .

. . . .

Dans la course que nous avons faite à travers la France, nous avons constaté quelques pertes peu ou point regrettables, et des acquisitions d'un grand intérêt, d'une réelle utilité, celles-ci en nombre plus considérable et compensant très-largement les premières. Partout nous avons vu en pleine activité un travail d'amélioration et de transformation plus ou moins bien entendu, et promettant, à cause de cela, des résultats plus ou moins prochains; partout nous avons trouvé l'insuffisance des particuliers et la nécessité de leur venir puissamment en aide pour leur faire produire en nombre satisfaisant la nature de chevaux qui est dans les besoins de l'époque; partout enfin cette insuffisance et cette nécessité ont paru en opposition directe et formelle avec le système, insignifiant dans ses résultats, des étalons particuliers remplaçant les étalons entretenus par l'État.

Pour le moment, notre tâche est remplie......

DES FACULTÉS PROLIFIQUES ET DE LA DIRECTION
A LEUR DONNER.

I. Source, développement et emploi des facultés prolifiques. —
II. De la monte, — de l'étalon, — de la jument, — et du boute-en-
train. — III. Régime des reproducteurs. — IV. De la conception
— et de la gestation.

I.

Dans l'organisme, chaque fonction a ses instruments, son
appareil d'organes propres et différents, au moyen desquels
elle s'exerce.

Les facultés prolifiques ont pour siége — le cervelet, et
pour instruments — les organes de la génération.

Le cervelet n'existe que chez les animaux qui se reproduisent par accouplement; il n'y a rien de semblable à
cette partie de l'encéphale chez ceux dont la propagation ne
s'effectue pas par le concours des deux sexes.

Une parfaite coïncidence, disent les physiologistes, existe
entre l'époque à laquelle naissent les premiers désirs et
celle où le cervelet prend, acquiert son développement. On
va plus loin, et l'on établit ceci en fait : dans chaque espèce
et dans chaque individu il y a un rapport certain, constant entre le volume du cervelet et l'énergie des facultés
génératrices; il en est de même dans chaque sexe, — le
mâle a le cervelet plus volumineux que la femelle et le penchant à la propagation plus impérieux. Enfin le développement du cervelet est arrêté par la castration pratiquée dans
la première jeunesse; plus tardive, l'opération atrophie l'organe, qui perd ses facultés. Le fait devient particulièrement
remarquable lorsqu'un testicule seul a été enlevé. Alors le
lobe correspondant du cervelet (celui du côté opposé, puisqu'il y a entre-croisement des fibres qui viennent de la
moelle épinière pour former le cervelet) diminue de volume

et s'altère plus ou moins dans sa substance. La comparaison entre les deux lobes lève toute espèce de doute à cet égard et fixe de la manière la plus positive.

Tous ces faits appuient l'opinion du docteur Gall, qui place dans le cervelet le siége de l'instinct de propagation, et ne regarde les organes sexuels que comme des instruments chargés d'accomplir la partie matérielle de la fonction.

Chez le cheval on reconnaît difficilement, même quand on y prête une attention préparée, les signes extérieurs qui pourraient indiquer ou seulement faire soupçonner le plus ou moins grand développement du cervelet et, par conséquent, le plus ou moins d'étendue des facultés de génération. Après beaucoup d'hésitation, cependant, nous croyons avoir vérifié cette assertion émise par d'autres, que les étalons les plus prolifiques, ou tout au moins ceux qui montraient le plus d'ardeur et de véritable force auprès des femelles, avaient la nuque plus large et plus renflée que ceux dont la froideur, la lenteur, l'indifférence devenaient pour le possesseur de la jument un objet de mépris et de répulsion. Les étalons dont la nuque est étroite ont les oreilles rapprochées et piquées droit au sommet de la tête ; rarement ils montrent assez de feu dans l'acte générateur. Les chevaux à oreilles écartées, plus ou moins basses, ont généralement des dispositions contraires ; on les voit beaucoup plus dispos et presque toujours prêts ; ils ont, en général, une vigueur de bon aloi. Les autres ont quelquefois une énergie factice et qui n'aboutit pas. Il faut ajouter que chez la femelle, comme sur l'animal castré en jeune âge, la nuque est plus plate que bombée. Chez le cheval entier, la disposition convexe est très-marquée dans l'âge où l'étalon jouit de la plénitude de ses moyens. Enfin nous croyons encore avoir observé que les organes de la génération, dans leurs parties apparentes, étaient d'autant mieux conformés que les caractères de largeur et de renflement de la nuque étaient plus prononcés.

Mais ce n'est pas seulement dans l'espèce du cheval que ces particularités ont été signalées. On dit le taureau et le bélier d'autant plus ardents, d'autant plus aptes à la reproduction que la nuque offre plus de largeur. L'étude a été complétée, chez le dernier, par M. Bourgeois, lorsqu'il dirigeait avec tant de distinction la bergerie royale de Rambouillet. C'est un fait constant, disait-il, au temps ordinaire de l'accouplement, que la rougeur de la face, la couleur de feu des points lacrymaux, le *gonflement du nez et surtout de la nuque*. Ce dernier signe, le gonflement du nez et de la nuque, ne se manifeste jamais chez les béliers impuissants ni chez ceux qui ne recherchent pas les brebis ; il est d'autant plus considérable, au contraire, que le mâle montre plus d'ardeur à la lutte et l'accomplit avec le plus de succès. Cette observation toute pratique semble appuyer et confirmer l'opinion de Gall sur les usages du cervelet. Il semblerait vrai alors qu'à l'époque du rut, chez les animaux préposés à l'étalonnage et en qui l'on éveille à un haut degré l'instinct de propagation , une plus grande quantité de sang aborde à cet organe, en élève la vitalité en raison même de l'excitation développée , et en accroît l'importance et les forces.

Chaque espèce a des époques déterminées pour se reproduire. Le printemps est la saison des amours. Au début, les causes d'excitation étant moins rapprochées et moins vives, les désirs sont moins impérieux, la fonction sommeille encore et ne s'exerce pas avec beaucoup d'ardeur. Plus tard, la sollicitation, plus fréquente et plus pressante, active et grandit l'énergie des facultés, développe le pouvoir prolifique et communique aux instruments auxquels il commande l'irritation physiologique nécessaire à l'action. Ces effets s'apaisent ensuite, quand la saison est passée. Naguère si impétueux, le mâle offre alors le contraste très-marqué d'une indifférence à peu près absolue ; il a tout oublié. La fonction suspendue, les organes chargés de l'accomplir sont

au repos. Cependant ce n'est point une inactivité complète.
Par l'exercice fréquent et répété, dans un laps de temps relativement court, les facultés prolifiques ont été en quelque
sorte épuisées ; tout au moins y a-t-il eu dépense considérable et maintenant y a-t-il obligation de réparer les pertes.
La fatigue des instruments extérieurs répond à cet état du
cervelet. L'intervalle qui sépare les deux saisons n'a que la
durée nécessaire pour revenir à une condition physiologique satisfaisante et forte. On doit l'utiliser au profit des exigences que ramènera la saison nouvelle, et faire en sorte
d'accumuler dans la machine une somme de puissance égale
à celle qu'on cherchera à utiliser. Ceci est une science peu
connue ; peut-être même est-elle à peine soupçonnée ; elle
n'en est pas moins réelle. On développe chez les animaux la
faculté de reproduction comme l'aptitude au travail, comme
la faculté d'engraisser ou de donner du lait. Une hygiène
appropriée est la source de ces diverses aptitudes. Les hippologues ont tous fait connaître le régime spécial auquel
doivent être tenus les étalons de l'espèce chevaline, non-
seulement pendant la saison de la monte, mais aussi hors le
temps des fatigues particulières qu'elle impose. Ceci est
l'objet d'une attention très-suivie pour les directeurs de
haras, qui savent toute l'importance et toute l'influence
d'une bonne préparation du père sur les futurs produits.
En Angleterre, les étalons sont aussi soumis à une hygiène
raisonnée fort bien entendue. Nulle part, peut-être, on
n'exige plus des reproducteurs au temps de la monte, et
nulle part, cependant, on ne les utilise plus longtemps,
pendant un plus grand nombre d'années. Or les Anglais
ne pratiquent que ce qui est bon et profitable ; ils ne con-
serveraient pas à la reproduction des animaux chez lesquels
les facultés génératrices n'auraient pas une suffisante activité. Celles-ci, on le sait, se louent fort cher et sont l'objet
d'une spéculation presque toujours très-productive. L'intérêt a donc fait rechercher les moyens les plus favorables au

développement et au maintien du pouvoir prolifique chez les étalons de choix. Ces moyens, appliqués en France dans les établissements de l'État, conduisent aux mêmes résultats. Les étalons que n'atteint pas la réforme vivent, en général, fort vieux et conservent, jusqu'au bout, des facultés de reproduction très-sûres et très-étendues. Il n'en était pas ainsi autrefois. Rien n'était plus commun, au contraire, que de trouver des animaux dans la force de l'âge et pleins de santé, en qui les facultés avaient été enrayées ou éteintes par un régime opposé à celui qui les développe ou les exalte.

Les plaintes alors étaient nombreuses, car le plus grand nombre des juments restaient infécondes, et l'on accusait non le régime, qui était le grand coupable, mais la fréquence de l'acte générateur, qui, précisément, était rare et ne se renouvelait pas assez fréquemment alors.

Il en est de cette fonction comme de toutes les autres. L'usage excessif, l'abus nuisent à son exercice régulier ; mais le repos trop prolongé lui est tout aussi peu favorable. Il est de son essence de donner, de pouvoir beaucoup dans des limites de temps restreintes, à la condition d'être parfaitement dirigée. Les ménagements, loin de la servir, sont une perte. La pléthore n'est pas la santé ; si argenteux qu'il soit, l'avare est pauvre. Ne pas demander à l'exercice du pouvoir prolifique tout ce qui est en lui, c'est renoncer à ses forces et les laisser s'user sur elles-mêmes, sans profit pour l'animal en qui elles ont été développées, accumulées, sans résultat non plus pour la destination qui fait entretenir à chers deniers les reproducteurs les plus précieux (1).

(1) « Il est des étalons trop ardents, dit Grognier, qui, laissés sans exercice, au moment de la monte, éprouvent des écoulements spermatiques capables de les exténuer. »

Nous n'avons pas vu le fait se produire jusqu'à épuisement de l'animal, mais nous avons quelquefois constaté les efforts suivis de résultat auxquels se livraient des étalons inoccupés pour arriver à l'éjaculation.

Les exemples abondent à l'appui de cette proposition.

Il serait donc impossible de fixer aucune règle positive sur l'étendue et la durée du pouvoir prolifique. Celui-ci, comme beaucoup d'autres facultés, demeure sous l'influence et dans la dépendance d'une infinité de causes qui, presque toutes, sont du domaine des circonstances physiques, et notamment de la bonne direction imprimée à l'exercice même de la fonction à la faveur d'un régime convenable. Chaque animal donc, eu égard à sa force de production et de génération, ne peut réellement être comparé qu'à lui-même, et l'expérience seule peut permettre, à ses différents âges, de mesurer sa capacité prolifique. « On ne peut fixer *à priori* le nombre de femelles qu'un étalon peut féconder. La puissance de saillir est, en effet, variable en intensité dans les différents étalons, et aucun signe extérieur, aucun caractère particulier ne peut en donner la mesure. » (*Maison rustique du* XIXe *siècle.*)

L'excitant propre de l'instinct de propagation — est pour le mâle — la femelle, et réciproquement, — pour la femelle — le mâle. A l'état de domesticité, les bons soins, la nourriture abondante, des substances plus ou moins stimulantes aident à la nature, et provoquent ou conservent, en dehors des conditions normales en apparence, les désirs chez l'étalon, les chaleurs chez la jument, et mieux que cela la faculté de produire. Le résultat ne s'applique pas seulement à l'époque ordinaire du rut, à la saison qui ramène celui-ci chaque année, il s'applique aussi à l'âge des sujets qu'on rend plus ou moins précoces, ou chez qui l'on retarde presque indéfiniment l'extinction d'une faculté à laquelle les lois générales de la vie semblaient avoir pourtant assigné un terme plus rapproché.

Dans l'espèce chevaline et contrairement à ce qui arrive chez d'autres espèces, la puissance génératrice et la faculté de l'exercer se montrent plutôt au nord qu'au midi. En d'autres termes, l'état de puberté est plus précoce chez nos races chevalines dans les parties septentrionales que dans les contrées méridionales de la France. C'est l'inverse pour le retour de la saison des chaleurs. Elle ouvre naturellement plutôt sous l'influence de la température du midi que sous l'action prolongée des froids d'hiver dans nos provinces du nord.

Il n'est pas plus aisé de préciser soit l'époque de la vie à laquelle le pouvoir prolifique atteint son plus haut degré de développement, soit l'âge auquel son affaiblissement commande la réforme. La faculté que nous étudions, avons-nous dit, est sous l'étroite dépendance de causes diverses, essentiellement changeantes dans leurs effets et de nature à modifier profondément l'intensité même de la fonction, tantôt active, pleine, complète dans ses résultats, d'autres fois enrayée, suspendue, latente ou totalement éteinte.

En thèse générale cependant, c'est durant l'état adulte, période de la vie où les forces physiques et les facultés morales sont dans leur apogée, que les animaux devraient se montrer prolifiques au plus haut degré; alors aussi ils devraient être les plus aptes à transmettre à leurs extraits les qualités qui les recommandent le plus comme générateurs capables. Mais cette loi de nature souffre de très-nombreuses exceptions. Pour notre part, nous avons vu souvent le pouvoir prolifique et la force héréditaire s'élever au moment où les animaux semblaient devoir décroître et perdre une partie de la puissance de reproduction qu'ils auraient dû déployer à un âge moins avancé. Bien des fois, ce fait, remarquable à tous égards, nous a mis à la bouche ce dicton à l'usage des arts mécaniques : *Fit fabricando faber*. Eh bien, il n'est pas sans application dans l'ordre moral, et nous sommes bien convaincu, parce que l'expérience nous l'a très-expressément démontré, que l'étalon le plus précieux, dont le service comme générateur n'a pas toute l'activité proportionnée à son énergie, au développement de sa capacité prolifique, produira moins bien et moins bon que s'il était plus occupé, exercera sur les fruits une moins heureuse influence quand on ménagera trop ses forces pour obtenir précisément un résultat contraire. Le fameux *Hamdani Blanc* est dans cette catégorie d'étalons dont on n'obtient que des produits très-ordinaires, parce qu'on les a tenus sous verre, sous prétexte de n'en recueillir que la quintessence : faute d'avoir forgé, il n'est pas devenu et ne deviendra pas forgeron.

Donc, point de prévention, aucune règle absolue. Les étalons peuvent être mis à même d'user de leurs facultés prolifiques, dans la mesure correspondante à l'aptitude qu'ils montrent, avant l'âge de cinq, six ou sept ans, fixé par les anciens auteurs. Ils peuvent surtout servir un nombre de femelles très-supérieur à celui qu'on trouve indiqué, si soigneusement pesé dans tous les livres de haras. Il y a là des erreurs dont la pratique éclairée et réfléchie ne peut se rendre compte qu'en mesurant les progrès obtenus depuis peu dans le gouvernement et l'hygiène des animaux spécialement livrés à l'acte reproducteur.

Quant à l'époque de la réforme, elle est peut-être encore plus que le reste, subordonnée aux causes déjà déduites. Dans le cheval, avons-nous dit, le pouvoir prolifique, limité dans son exercice annuel, s'étend, pour ainsi dire, jusqu'au dernier terme de la vie. On le voit encore plein d'énergie et donnant les meilleurs résultats, chez certains chevaux atteints par la décrépitude, qui n'ont plus la force de *monter* les femelles qu'on leur présente et qu'ils fécondent néanmoins quand on est parvenu à les placer en les portant ou à peu près, et qu'on les maintient en position pendant toute la durée de l'acte de la copulation. Les exemples commencent à se multiplier en France ; mais il n'y a pas longtemps que les cultivateurs souffrent qu'on leur vende la saillie d'un vieux cheval. Naguère encore, ils ne voulaient que de jeunes étalons, et n'étaient plus jeunes, ceux-là qui avaient plus de sept à huit ans.

Au rapport d'Aristote, on citait avant lui un étalon qui avait fécondé plusieurs juments à l'âge de quarante ans. Il n'est pas rare de rencontrer dans nos dépôts d'étalons des animaux de vingt à vingt-cinq ans, très-défaits quant aux formes et pleins de séve encore quant à la puissance de reproduction, puisqu'ils donnent d'excellents poulains. Les Anglais ne savent pas ce que c'est que de réformer un étalon célèbre, un reproducteur dont les fils marquent et qui, par eux, s'est fait une réputation justifiée. Ils l'emploient jusqu'à ce qu'il s'éteigne. Grâce à ce système, n'ayant besoin que d'un moindre nombre de générateurs, ils n'admettent au bénéfice de la production que des sujets de valeur et d'une capacité éprouvée. En France, nous avions des idées et des pratiques opposées à celle-ci, mais nous commençons à nous rendre aux leçons de l'expérience. La tâche des haras en sera facilitée. Le nombre des étalons de mérite, déjà si restreint dans les conditions les plus favorables, est bien amoindri encore lorsque ceux qui les occupent refusent de les utiliser passé un certain âge, à l'âge justement où on peut les apprécier par leurs œuvres, où l'on peut les juger en toute connaissance de cause.

Ces considérations n'ont point encore été produites, que nous sachions. Si arides qu'elles paraissent, nous les croyons dignes d'être examinées, vérifiées, vulgarisées. Elles sont de nature à dissiper des préjugés qui ont beaucoup nui à l'avancement de la population chevaline. Pour arriver, nous avons tant de chemin à faire, qu'il ne faut négliger aucun sentier.

Une liste de 78 étalons, publiée en 1809 par le journal anglais *le Bell's life*, nous offre à ce sujet une curieuse statistique. Les animaux sont réunis là au hasard ; on les présentait avec recommandation aux propriétaires de juments. Tous sont de pur sang, bien entendu.

Il y en avait 1 de l'âge de 4 ans; prix de la saillie. . . . . 260 fr.
            27 de 5 à 9 ans; prix moyen de la saillie. . . 217 »
            21 de 10 à 13 ans ;   —   —   271 »
            29 de 14 à 25 ans ;   —   —   313 »

Le comte de Montendre avait déjà donné, pour 1844, une liste des étalons marquants. Il y en avait 72, savoir :

            30 de 5 à 9 ans; prix moyen de la saillie. . 192 fr.
            19 de 10 à 13 ans ;   —   —   438 »
            23 de 14 à 24 ans ;   —   —   380 »

Le vieil Emilius figurait encore dans cette liste; il avait vingt-quatre ans, et faisait la monte à 50 souverains (1,260 fr.).

Contrairement à ce qui se passe en Angleterre, l'industrie privée, en France, ne tient que des étalons jeunes; elle les fait saillir enfants, de deux à cinq ans, et les vend à l'âge de la mise en service. Les étalons d'âge appartiennent tous au gouvernement.

En l'état de liberté, c'est la femelle qui provoque le mâle et le force en quelque sorte à se préparer et à la féconder. Elle ne le reçoit pas, en effet, au premier ressentiment des désirs qu'elle éprouve. Il s'écoule toujours un délai plus ou moins long, variable suivant la saison, le tempérament et la condition physiologique actuelle, entre la première apparition des *chaleurs* et le moment où les organes de la génération sont aptes à remplir avec fruit la plénitude des fonctions qui leur sont dévolues. Jusque-là, et quelque tentative que fasse le mâle, l'accouplement n'a pas lieu. Le travail intérieur qui s'effectue dans l'appareil générateur de la femelle provoque l'étalon, le réveille et stimule l'action de ses organes; mais elle ne souffre ses caresses et ne cède à sa fougue qu'au moment où toutes les voies sont préparées pour la conception, laquelle alors est parfaitement assurée.

Les choses ne se passent plus ainsi en l'état de domesticité. Les femelles éprouvent les mêmes désirs, elles exercent à l'égard du mâle la même attraction; mais, à l'exception des petites espèces qu'on laisse plus libres, elles ne peuvent s'abandonner au mâle quand l'instinct les y porte, c'est-à-dire quand l'érection vitale, dans l'appareil générateur, est parvenue à son apogée. Ici l'homme intervient, le maître dispose, et malheureusement les leçons de l'expérience ne sont pas toujours écoutées. Conduite à l'étalon, garrottée, entravée, la jument est plus ou moins contrainte, et l'acte s'accomplit ou trop tôt, ou en temps convenable, ou trop tard, suivant l'occurrence. Le hasard, les circonstances sont pour beaucoup dans tout cela; mais la fécondation n'a lieu que dans les conditions physiologiques déterminées par la nature. Les efforts du mâle et la contrainte imposée à la femelle ne produisent aucun résultat utile dans son accouplement prématuré ou tardif. De là vient que tant de rapprochements demeurent infructueux; de là la nécessité de ramener souvent la femelle à l'étalon; de là tant d'assauts improductifs et d'inutiles fatigues pour le mâle.

Préparer les étalons aux exigences du service de la monte, développer en eux par une hygiène attentive la plus grande somme possible de pouvoir prolifique, telle est donc la première recommandation d'une bonne pratique.

Ne conduire la femelle à l'étalon qu'au moment où elle peut le recevoir avec fruit, telle est la seconde règle à observer, dans l'intérêt d'une conception certaine.

Il est donc essentiel de s'attacher à reconnaître le moment favorable, de chercher à saisir l'instant où le travail intérieur dont nous avons parlé est complet, a réuni les rudiments, organisé les matériaux du germe, où celui-ci est disposé à recevoir l'impression de la liqueur fécondante. Ce n'est pas toujours chose aisée. Une grande attention est nécessaire; car les signes apparents des chaleurs n'acquièrent pas chez toutes les juments le même degré d'intensité. Sous ce rapport, la femelle est un peu comme le mâle; elle veut être observée pour elle et ne saurait guère être comparée qu'à elle-même. Au surplus, et ainsi que d'autres en ont fait la remarque, l'état d'excitation extérieure qu'on nomme — chaleurs — n'est pas indispensable pour que la conception ait lieu, ou tout au moins cette condition reste parfois si obscure et parfois si peu durable, qu'elle échappe et passe inaperçue.

Cependant la règle générale est l'apparition des chaleurs, dont les caractères varient du plus au moins, et dont voici l'ensemble fort bien étudié, par l'un des écrivains de la *Maison rustique du* XIXe *siècle* à qui nous l'empruntons :

« Dans la jument en chaleur, la physionomie et l'habitude extérieure sont changées; plus vive dans ses mouvements, elle se tourmente et s'agite sans cesse, hennit fréquemment. Son appétit est diminué, et sa soif est ardente, comme dans un accès de fièvre. Si elle est libre, elle cherche les caresses et l'approche du mâle; si elle est retenue à l'écurie, elle s'agite dans sa stalle, tient la queue souvent redressée, se campe fréquemment comme pour uriner, gratte le sol avec les pieds de devant, abaisse voluptueusement la croupe, et témoigne, par des signes non douteux, de ses vifs désirs de copulation. Les lèvres de la vulve sont gonflées et tuméfiées; le clitoris apparaît souvent rouge et érigé; il s'écoule par l'ouverture de la vulve un liquide glaireux d'une couleur blanchâtre dont l'odeur exerce sur les sens du mâle une influence excitante. »

La réunion de ces différents signes indique la complète aptitude de la jument à recevoir l'étalon; causée par l'érection vitale de tout l'appareil générateur, elle témoigne que l'excitation physiologique a atteint le terme désirable, que la femelle, en un mot, est bien disposée pour la conception.

C'est le moment le plus favorable pour l'accouplement.

Les fécondations seraient nombreuses et les étalons n'éprouveraient pas de grandes fatigues, si toutes les femelles se présentaient à eux en cet état. La plus grande part des mécomptes et des insuccès, qu'on ne s'y trompe pas, viennent des juments. Les plaintes des propriétaires établissent nécessairement le contraire; mais le mal fondé, à cet égard, est poussé si loin, que le mâle n'est pas seulement pris à partie dans les non-fécondations, on l'accuse encore, jusqu'où ne va pas l'absurde, dans les cas d'avortement qu'on lui impute presque toujours. Cette manie de tout reporter à l'étalon est la source de préjugés et de vicieuses pratiques qui affaiblissent encore le nombre des accouplements fructueux. Nous reviendrons un peu plus bas sur ce point.

Il en est un que nous avons simplement énoncé, qui a besoin d'être traité d'une manière plus approfondie et de faire ses preuves.

Il fut un temps, avons-nous dit, où les étalons fournis par l'État aux particuliers servaient et ne fécondaient que très-peu de poulinières. L'insuffisance des résultats obtenus était, malgré cela, attribuée à des saillies trop nombreuses et trop rapprochées; il n'en était rien. La véritable cause de cette insuffisance était un régime mal ordonné, lequel poussait à la production de la graisse, non au développement des facultés prolifiques. Les récriminations ont été violentes à l'époque, et des volumes ont été écrits pour prouver, de par la physiologie, que l'abus des saillies, épuisant les mâles, les ruinait avant le temps, trompait les femelles qui restaient vides, et portait la plus grande atteinte au principe même de l'amélioration, car les rares produits qui naissent étaient, par avance, frappés d'incapacité, ne pouvaient que se montrer faibles, débiles, mal venants. S'il y avait épuisement, cet état ne tenait pas à la multiplicité des accouplements, mais à la faiblesse, au peu d'étendue du pouvoir prolifique. L'obésité, suite nécessaire d'un régime inapproprié, engendrait l'incapacité, l'inaptitude. Un régime tout autre, moins favorable au développement des facultés digestives et à l'accumulation de la graisse, véritable rouille animale, autour de tous les organes quelconques, donne des résultats physiologiques tout différents, accroît et concentre dans l'appareil générateur des forces vives, dont les effets se révèlent, pourrait-on dire, en raison même de la fréquence et de la multiplicité raisonnées des saillies. Cette observation n'est pas sortie de faits exceptionnels, mais d'études qui ont embrassé des nombres considérables et qui se sont étendues à toutes les parties de la France, puisque les haras nationaux en ont fourni tous les éléments. Voyons donc à quelle conclusion mènent ces études.

Antérieurement à 1830, les données manquent pour établir les faits d'une manière irrécusable. Nous savons seulement que les plaintes auxquelles nous avons fait allusion étaient extrêmement vives et générales alors, bien que le nombre des juments saillies fût peu considérable et ne dépassât pas la moyenne de 25 à 30, chiffre inférieur à celui des règlements de l'ancienne administration, qui annexaient 35 poulinières à chacun des étalons royaux ou approuvés.

A partir de cette époque, les nombres prennent une certitude officielle. La moyenne des saillies, par les étalons de l'État, pendant les dix années qui séparent 1830 de 1840, flotte annuellement, pour la France entière, de 29 à 35 par cheval; la moyenne générale se fixe à 32, et le rapport entre les naissances et les saillies à la moyenne décennale de 27.31 pour 100.

Dans les cinq années qui suivent, la moyenne des saillies s'élève à 42 juments par tête; c'est un progrès assez notable. Pour donner raison à la physiologie des hippologues, nous devrions trouver un déficit correspondant dans le chiffre des naissances constatées. En effet, si la moyenne des services, qui s'arrêtait au n° 32, était déjà excessive, suffisait à épuiser les étalons et n'engendrait que des produits pauvres et chétifs, la moyenne de 42, très-supérieure, doit proportionnellement aggraver la situation et faire enfin ouvrir les yeux à la vérité. Eh bien, c'est le résultat inverse qui se produit; le rapport de causes à effets se développe progressivement et monte successivement jusqu'à 59.13 pour 100.

Mais ce n'est point assez : il y a plus et mieux à attendre encore. Une fois acquise sur un point, l'expérience en éclaire d'autres, et, comme la tache d'huile s'étend et s'élargit, de même les améliorations gagnent de proche en proche et élèvent peu à peu les résultats jusqu'au maximum possible.

De nouveaux progrès ont donc été obtenus, et nous le constations dans notre *Compte rendu* pour l'exercice 1851 dans les termes rapportés plus bas.

« Et d'abord, la moyenne des saillies a atteint, de 1846 à 1851 inclusivement, le nombre 49, malgré la brusque interruption de la marche ascendante en 1848 et 1849 : elle était de 50 en 1847 ; elle a été de 52 en 1851. Sans les événements politiques, les faits seraient donc plus saillants; mais leur signification est encore assez marquée.

« Etudié pendant les quatre dernières années, disions-nous dans le document officiel que nous venons de citer, le rapport entre les naissances et les saillies résultant du service des étalons nationaux présente les chiffres que voici :

Monte de 1847, naissances constatées en 1848, 47.48 p. 0/0.
— de 1848,   —   —   en 1849, 48.77 —
— de 1849,   —   —   en 1850, 49.71 —
— de 1850,   —   —   en 1851, 50.24 —

« Cette amélioration successive dans les résultats obtenus, si lente qu'elle soit, mérite pourtant de fixer l'attention. Il est possible d'élever cette proportion. Chaque accroissement est un progrès qui réduit les mécomptes et ajoute aux bénéfices de l'élevage.

« La petite différence de 2.76 pour 100, constatée entre les naissances proportionnelles de 1848 et 1851, donne, au total, une augmentation de 1,692 produits pour une seule année. S'il était obtenu pour toutes les juments consacrées au renouvellement de la population, ce résultat décuplerait le chiffre posé, puisque le nombre des produits issus des étalons de l'État n'est que le 1/10ᵉ des naissances annuelles. En donnant à chaque tête de poulain né en plus la valeur fixée par la statistique générale de la France, soit 70 fr., on arrive, pour la masse, à une création de produits représentée par une somme de 1,184,400 fr.

« La connaissance du rapport proportionnel entre les saillies et les naissances rend compte d'un fait capital. Il n'y a si petite amélioration qui, étendue aux masses, ne mène à un résultat important. Les efforts de l'administration des haras produisent donc quelque chose d'éminemment utile et profitable, alors même qu'ils ne s'attachent qu'à un détail en apparence insignifiant. Les chiffres sont d'un grand secours, quand on sait les interpréter, dans toutes ces questions qui soulèvent des points scientifiques d'un grand intérêt. On les rend plus utiles, on leur donne toute leur signification, quand on les rapproche pour les comparer entre eux, quand on les consulte par séries, après en avoir composé des moyennes qui résument et condensent un grand nombre de faits. »

Ce qui ressort évidemment de tout cela, c'est qu'on ne savait pas, dans le passé, développer toutes les forces prolifiques des reproducteurs, et que, sous prétexte de les conserver plus longtemps au service ou d'en obtenir des extraits plus nombreux et plus vigoureux, on les abandonnait aux effets destructeurs de la rouille, qui les minait et les emportait avant qu'ils eussent rendu la plus faible partie des résultats qu'on devait en attendre.

Effectivement, la différence est grande entre l'utilité des étalons dont on obtient 28 pour 100 de produits et ceux qui rapportent 50 pour 100 et plus; mais elle n'est pas toute encore dans le chiffre qui sépare ceux-ci, elle se retrouve dans un autre ordre de faits plus considérable, dans la qualité même des produits, laquelle a suivi une marche ascendante très-élevée et parallèle à l'augmentation du nombre. La preuve de cette assertion est partout, car il est incontestable que la population s'est très-notablement améliorée depuis quinze ans en France.

Il y a donc nécessité de modifier les idées d'autrefois touchant l'étendue du pouvoir prolifique chez l'étalon de l'espèce chevaline, nécessité aussi de modifier les habitudes en ce qui concerne l'utilisation même des facultés de reproduction.

Mais voyons comment l'opinion publique peut être amenée à faire fausse route dans des questions de cette nature.

Soit une station composée de 2 étalons auxquels on aurait permis ensemble une monte de 100 poulinières, quelle sera la quantité de juments conduites, pendant la saison, au lieu réservé pour la saillie? On peut établir les faits de la manière suivante :

1° 25 juments non encore disposées et obligées de revenir. 25

100 juments qui auront été saillies en moyenne trois fois. 500

100 juments qui, refusant le mâle après fécondation, lui sont ramenées trois fois en moyenne pour être éprouvées. 500

25 juments qui auront été renvoyées comme impropres à l'amélioration. 25

50 juments non fécondées et amenées deux fois au moins en dehors des inscriptions régulières, pour obtenir des saillies de faveur, au refus des juments qui paraissent avoir retenu. 100

Total. 750

Et cependant les étalons n'auraient, en réalité, servi que 100 poulinières.

Mais ceci n'est qu'une supposition; si rapprochée qu'elle soit de la vérité, nous pouvons lui substituer des faits qui ont été officiellement constatés.

En 1847, un directeur de dépôt d'étalons, plein de zèle, eut l'attention, pour répondre à un désir que nous lui avions exprimé, de faire tenir état, note exacte des arrivages aux stations de toutes les juments amenées aux étalons. Il choisit les stations confiées aux palefreniers les plus soigneux et les plus intelligents. Voici les données officielles qu'il nous transmit à la clôture de la saison :

20 étalons avaient sailli 1,206 juments ; moyenne, 60.30 par tête.

Les saillies effectives ont été au nombre de. . 3,238

Les arrivages et les retours pour épreuves ont été de. 3,746

Juments renvoyées pour cause d'insuffisance du nombre d'étalons. 259

Juments repoussées comme incapables de bien produire. 169

Arrivages divers et non classés. 273

Total. 7,685

Dans la supposition que nous avions faite, chaque jument saillie représentait 7.50 des arrivages ; dans le fait officiel, le chiffre tombe à 6.36. Cette différence est très-considérable ; elle tient en partie au grand nombre de saillies qui ont été fructueuses. En est-il ainsi pour les localités où la race est féconde et pour les stations desservies par des palefreniers habiles et soigneux ? Cela peut être ; mais en général nous croyons la supposition que nous avons établie plus près de la vérité commune. La vérité exceptionnelle rapportée ci-dessus n'infirmerait en rien les plus grandes exigences de localités différentes. Ainsi, pour la station de Tarbes, par exemple, chaque jument saillie représenterait peut-être 30 arrivages et plus ; au dépôt du bois de Boulogne, ce n'est ni 2.68 ni 3 saillies que chaque poulinière reçoit en moyenne, mais 5, — 6 — et même 7. Nous avons eu le chiffre exact pour deux années consécutives ; nous n'avons pu le retrouver : cependant nous nous rappelons qu'il était fort élevé.

Il y a donc ici de nombreuses améliorations à introduire dans la pratique. Il faut dire qu'elles dépendent beaucoup plus des propriétaires de juments que des étalons. Il y a des réformes à faire dans les habitudes vicieuses, mais il y a aussi une plus grande attention à apporter dans le fait de la reconnaissance du moment où la femelle est disposée à recevoir le mâle et doit en être le plus souvent fécondée.

Le dépouillement du registre matricule des poulinières, dans chacun des haras de l'Etat, eût offert à ce point de vue un immense intérêt, et eût donné, pensons-nous, le résultat extrême auquel il est possible d'atteindre dans une pratique un peu soigneuse. En effet, une colonne spéciale était réservée à cette nature de renseignements et indiquait, pour chaque poulinière, le nombre de saillies qu'elle recevait chaque année. En rapprochant tous les chiffres, en les groupant diversement, on aurait trouvé toutes les solutions de la question. On aurait vu si la fécondation était plus difficile à fixer dans certaines années que dans certaines autres, si, toutes choses égales d'ailleurs, tel étalon avait montré des qualités prolifiques plus assurées, plus promptes que tel autre, si le tempérament et l'âge, — soit des femelles, — soit du mâle, exerçaient une influence quelconque sur la rapidité de la conception, etc., etc. Mais nous ne sommes plus en position de faire dépouiller les registres qui se tenaient autrefois à Rosières, au Pin, à Pompadour ; nous ne saurions, par conséquent, en offrir le résumé, la quintessence à nos lecteurs. Nous serions heureux qu'un autre fît le travail et le publiât, très-désireux que les documents qui sont là ne fussent pas complétement perdus pour la science. Nous les avons autrefois consultés avec un vif intérêt, et nous en avons tiré assez parti, par le simple examen, pour avancer ce fait, que les juments des haras, toujours données à l'étalon au moment où les chaleurs étaient convenablement développées, retenaient facilement et ne redemandaient pas souvent le mâle au delà de deux fois. La moyenne du nombre des saillies nous paraît devoir se fixer vers ce chiffre. Il en est beaucoup qui ne prennent l'étalon qu'une seule fois. Il serait impossible d'arriver à ce résultat avec les juments des particuliers; mais on pourrait s'en rapprocher et, conséquemment, faire mieux que ce qui est aujourd'hui.

Cette question n'a jamais occupé aucun hippologue; elle n'existe pas pour l'amateur qui n'a vraiment rien de commun avec la science. Aussi, quand une poulinière reste vide, c'est toujours, nous l'avons déjà constaté, du fait de l'étalon dont on a certainement abusé et qu'on ne sait pas tenir en condition favorable. Mais il y a deux manières d'abuser des forces d'un étalon et d'amoindrir en lui l'étendue des facultés prolifiques.

Nous avons parlé de la première causée par le trop grand nombre des femelles saillies. Nous savons maintenant à quoi nous en tenir sur celle-ci. Nous avons vu, preuves en main, que la théorie des anciens était erronée. Ajoutons que la moyenne élevée du chiffre des saillies, établie sur 1,000 à 1,200 étalons, n'indique que la moitié de la vérité, et que les reproducteurs les plus courus, ceux qu'on estime le plus parce qu'on en attend davantage, dépassent ordinairement le numéro 60 et vont souvent jusqu'à 80. Les étalons de l'industrie privée, dans les pays de grosses races, atteignent des nombres fabuleux, en France comme en Angleterre. Leur cahier de monte a souvent jusqu'à deux cents feuilles et se remplit. Il y a un moyen terme, et nous le croyons parfaitement établi par les chiffres officiels de l'administration des haras; mais il devrait arriver sans ajouter à la fatigue pour le mâle jusqu'au nombre 60. C'est à des soins plus éclairés, à une attention plus soutenue à réaliser ce nouveau progrès.

Nous voilà bien loin des idées et des recommandations de Bourgelat, qui ont fait loi jusqu'à présent parmi les vété-

rinaires et beaucoup de physiologistes amateurs. « Quand
même l'étalon aurait de la vigueur, a dit le maître, on ne
lui demande qu'un saut par jour. S'il en a un peu moins,
on le laisse reposer le quatrième, et, s'il pèche du côté de
la force et même de l'âge, il ne *couvrira* qu'une fois tous
les deux jours ; il dissipera moins et produira davantage.
Ainsi le nombre des juments à faire servir varie et diffère
d'après ces considérations, et il est certain que celui de 35 juments, fixé pour chaque étalon par les règlements des haras,
est excessif, et ne pourrait qu'énerver les chevaux. »

Il est évident que la pratique moderne s'est partout inscrite en faux contre de semblables ménagements, qui
feraient naître des exigences en étalons si grandes et si
pressées, que nulle part, assurément, on ne parviendrait à les
remplir. Les règlements des haras en Prusse imposent une
tâche un peu plus lourde au mâle de la jument. « Il est de
règle qu'un étalon, en bon âge et bien constitué, ne doit
saillir que deux juments *par jour* ; on ne doit en présenter
qu'une seule à celui de quatre ans ; un jour par semaine, tous
doivent se reposer. »

Le comte de Montendre, qui a rapporté cette prescrip-
tion, ajoute : « Nous avons fort souvent émis l'opinion
qu'en France on ne savait pas employer les étalons suivant
leur force et leur vigueur. Nous nous sommes élevé, en plus
d'une occasion, contre le préjugé existant trop généralement
encore, par suite duquel un grand nombre de personnes
croient que faire saillir un étalon une fois par jour est au-
dessus de ses forces et capable de le rendre improductif. Par-
tageant cette manière de voir, ou n'osant pas aller contre
des idées reçues, nos officiers des haras, nos vétérinaires, et
la plupart des écrivains qui se sont occupés de la génération
et de l'amélioration du cheval, ont fixé pendant bien longtemps trop bas le nombre des juments à donner à chaque
étalon pendant les trois ou quatre mois de monte, et celui
des saillies à leur faire faire dans un jour. Les Anglais et les

Allemands, plus éclairés ou moins timides, ont osé franchir les limites posées et s'en sont bien trouvés. Nous-même, en nous moquant des craintes et des préjugés de nos éleveurs, en réfutant les opinions de nos vétérinaires et de nos écrivains hippiques, avons entraîné l'administration dans une meilleure voie, et maintenant nos étalons sont beaucoup plus employés, sans cesser, pour cela, d'être prolifiques (1). »

Le comte de Montendre écrivait ceci en 1858; nous avons établi comment les faits lui ont donné raison. Un point reste néanmoins à éclaircir : la première saillie du jour offre-t-elle plus de certitude que la seconde? celle-ci est-elle moins prolifique que l'autre? Ceux qui ont recommandé des ménagements excessifs pour l'étalon et qui l'auraient volontiers condamné au mariage unique, à une sorte d'état conjugal ont préjugé la question et se sont beaucoup récriés sur l'ignorance des partisans d'une double saillie ; la pensée d'un troisième saut, dans la même journée, les eût fait sauter au plafond. Il n'y a de bonne saillie, d'accouplement fructueux que celui qui s'effectue dans toutes les conditions fixées par la nature; l'heure n'y fait rien, elle y fait si peu même, que, par des motifs particuliers à l'ordre du service et pour économiser le temps des subalternes, nous avions pris l'habitude, à Pompadour, lorsque la direction de ce bel établissement était en nos mains, de faire éprouver dans la matinée les juments du haras, et de leur envoyer l'étalon le soir quand était rempli, par conséquent, le service des poulinières venues du dehors. Peu nous importait vraiment que les éta-

(1) « Qu'un cheval de six à quinze ans ait pu servir annuellement, pendant le temps ordinaire de la monte, 50 juments et même davantage, et qu'il s'en soit même trouvé dans un haras qui ont été employés douze ans de suite comme étalons, et ont couvert tous les ans, l'un portant l'autre, 80 juments, et qui, néanmoins, avaient encore, à l'âge de vingt ans, du feu, de la santé et de la vigueur; c'est de quoi l'on peut s'assurer en lisant l'ouvrage allemand qui a pour titre, *Zellische nachrichten*, 2 *band, seite* 216. » (*Traité des haras*, par Hartmann.)

lons eussent ou n'eussent pas sailli dans la journée, nous n'y regardions pas de si près; que l'étalon fût en santé et dispos, nous n'en demandions pas davantage. Nous prenions ainsi les restes des particuliers, que la saillie eût été unique ou répétée dans le jour. La parfaite préparation de la poulinière et la bonne condition physiologique du mâle, tels étaient nos motifs déterminants, en dehors de toutes autres préoccupations. Loin de nous coûter un regret, cette manière d'agir nous a constamment réussi. Les fécondations étaient si nombreuses, au haras de Pompadour, que la jument vide y était une exception (1). La répétition fréquente du saut n'y a jamais fatigué l'étalon, car la moyenne des saillies ne dépassait guère le nombre 2 par poulinière; arrière donc encore tous ces raisonnements de physiologie à perte de vue qui sèment l'erreur dans l'esprit des éleveurs, leur font repousser toute autre saillie que la première du jour, au risque de ne l'obtenir qu'après la diminution ou la passation des chaleurs, circonstance bien autrement défavorable que le double ou le triple emploi de l'étalon dans un espace de temps assez court. Les écrivains qui ont dépensé tant de fausse logique, en faisant tant de fausse science, eussent rendu de réels services à la production chevaline, s'ils eussent appelé l'attention des propriétaires sur les dispositions que la jument doit apporter au mâle, sur les diverses conditions qu'elle doit réunir pour mettre toutes les bonnes chances du côté de l'accouplement qu'on va lui imposer. En né leur parlant jamais que du mâle on les a rendus méfiants, on les a détournés d'une voie qu'il eût été utile de leur voir pratiquer et suivre.

(1) Et ceci n'est vraiment pas un tour de force bien prodigieux; ce n'est réellement que l'état normal dans un établissement bien tenu. « De 66 juments qui se trouvaient en 1783 à Marbach, premier haras de Wirtemberg, dit Hartmann, il y en avait 57 qui avaient retenu, et qui, au printemps suivant, mirent bas le même nombre de poulains, dont on ne perdit que 3 morts-nés. »

Cette pensée nous remet en mémoire ce qui se passe encore de nos jours dans plusieurs petites communes du Bas-Rhin qui ont appartenu autrefois au duché de Deux-Ponts dont l'industrie chevaline a été fort avancée. L'écuyer du grand-duc, parcourant les campagnes et passant en revue, pour ainsi dire, toutes les écuries des cultivateurs, prenant note exacte du nombre et du mérite des poulinières entretenues, désignait les étalons à leur donner à l'époque de la monte prochaine. Dans les écuries les plus nombreuses et habitées par des juments de choix, il s'arrêtait avec complaisance et se renseignait sur la famille. Tantôt il y avait un jeune gars, enfant de la maison, que son âge appellerait sous peu dans les rangs de la milice, tantôt c'était un maître valet utile, indispensable même à un cultivateur souffreteux ou bien à un vieillard fatigué, que le service militaire allait enlever; d'autres fois encore, c'était une veuve un peu gênée, ou des revers de fortune brusques et inattendus....... Dans ces diverses circonstances, un bienfait du prince préservait d'une ruine complète ou consolidait une situation mal affermie. Le représentant du grand-duc avait la manche longue, comme dit le paysan; on savait l'étendue de son crédit; il inspirait confiance, car déjà il avait été la providence de plusieurs. Eh bien! il faisait ses conditions. En retour d'un nombre de poulains proportionné à celui des mères et à l'importance de la faveur à accorder dans un temps donné, il promettait — ou l'exemption de la milice, — ou la remise d'une part considérable de l'impôt, — ou tous autres avantages quelconques. Ainsi placé en face de ses intérêts, le producteur de poulains — s'ingéniait à trouver les moyens d'assurer le plus grand nombre possible de fécondations pour ses juments; il consultait particulièrement le grand-duc, suivait avec ponctualité ses conseils et arrivait presque toujours au but. Ces conseils, d'ailleurs, étaient simples: ne pas excéder de fatigue la jument, — vide ou pleine; la tenir proprement à l'écurie; la nourrir, dans tous les temps, de

manière à l'avoir toujours dans un état de chair satisfaisant
également éloigné de la maigreur et de l'obésité ; observer
avec soin l'époque des chaleurs, en étudier la forme chez
chaque jument en particulier afin de ne la livrer qu'oppor-
tunément à l'étalon ; enfin revenir de la station au pas et
laisser la bête saillie — paisible — dans son écurie — jusqu'au lendemain.

Telles étaient les prescriptions faciles du grand écuyer.
Elles ont passé par imitation dans la pratique générale et
sont devenues des habitudes qui contrastent étrangement
avec celles des villages voisins. Mais les résultats sont bien
différents. Les poulains naissent nombreux dans les premières communes, rares dans les secondes, bien que les unes
et les autres emploient les étalons des mêmes stations.

Cette digression ne doit pas nous faire perdre de vue la
règle que nous avions à poser relativement à la répétition
plus ou moins rapprochée du saut dans un jour ; c'est qu'il
n'y a aucune préférence à accorder au premier sur le dernier et réciproquement. L'étalon peut accomplir l'acte générateur toutes les fois qu'il se montre dispos ; mais il ne
l'accomplira avec fruit qu'autant que la femelle, de son côté,
apportera à l'œuvre toutes les conditions favorables à la conception.

Les belles théories de nos savants avaient eu pour effet
de faire réglementer très-minutieusement le service de la
monte. On avait introduit dans cette affaire une régularité
dont la nature ne s'accommode qu'à demi ; la vie se trouvait
soumise aux lois de l'habitude et s'exerçait mécaniquement
si l'on peut dire, en dehors d'un certain imprévu nécessaire, en dehors d'excitations extérieures (nouvelles parce
qu'elles sont inattendues), que nous tenons pour indispensables dans l'accomplissement large et complet des fonctions
génératrices et des actes matériels à l'aide desquels elles
sont exercées. Tout avait donc été réglé comme un papier
de musique, on écrivait là-dessus toujours le même air, et

la ritournelle obtenait toujours le même insuccès,—le moins
de fécondations possible. On était arrivé à ce résultat d'en-
rayer les qualités prolifiques au sein des organes qui les
préparent, qui les élaborent, qui les perfectionnent, et de
réduire les étalons au minimum d'utilité qu'ils puissent
avoir, aux plus minces services qu'ils puissent rendre.

En l'exercice de pareilles fonctions, il ne faut donc pas
plus de régularité chez le mâle que chez la femelle. Le premier peut toujours être prêt, et c'est son métier de l'être
toujours; mais il remplira fort mal cette condition, répétons-le, si on lui fait des habitudes contraires. La vie extérieure et toutes ses excitations lui sont utiles, indispensables;
le casernement et la prison lui nuisent. Sous l'influence
d'une bonne hygiène, permettez-lui tout ce qu'il peut accomplir, et les choses n'en iront que mieux : une, deux,
trois ou quatre saillies aujourd'hui, si on lui amène une,
deux, trois, quatre juments bien préparées, autant demain
si les circonstances le veulent ainsi, et puis le repos que les
circonstances elles-mêmes déterminent. Il en est de même
dans l'accomplissement des travaux de toutes sortes. Le cheval de charrette a besoin, de temps à autre, de donner de vigoureux coups de collier; il y suffit parce que des intervalles
d'un travail moins violent lui permettront de reprendre haleine et de se préparer pour de nouveaux efforts.

M. Huzard fils a dit la chose avant nous : « Je partage
complétement, a-t-il écrit, cette manière de penser que, si
plusieurs juments bien en chaleur étaient amenées à l'étalon le même jour, on pourrait, sans inconvénient pour celui-ci et pour profiter des bonnes dispositions des femelles,
faire saillir l'étalon plusieurs fois dans la journée, trois ou
quatre fois par exemple; il suffirait ensuite de le laisser reposer un temps suffisant pour réparer ses pertes. »

Un mot encore sur la nécessité de sortir l'étalon des conditions d'une existence trop renfermée ou monotone. Les
excitations extérieures sont un aliment indispensable qu'on

ne refuse pas impunément au cheval livré à la serte. Ses facultés prolifiques en sont atteintes, elles se développent moins ; les juments reviennent plus souvent à la station, et le nombre des saillies se multiplie sans que la proportion des fécondations augmente ; heureux, au contraire, lorsqu'elle n'est pas réduite.

L'expérience est fille de l'observation. Étudiant le rapport entre les naissances et les saillies dans les différentes stations d'une même circonscription, nous avons toujours reconnu que le chiffre proportionnel des naissances le moins élevé était précisément celui de la station la mieux tenue et la mieux surveillée, celle où le service était fait avec le plus de régularité, sans écart possible dans le régime, celle du dépôt même enfin. Le fait était piquant, il méritait d'être approfondi. Nous ne lui avons pas trouvé d'autres causes que la trop grande régularité du service et le manque absolu d'excitation extérieure, malgré les bons soins et les promenades renouvelées et prolongées dans l'intérieur même de l'établissement. Et ces causes étaient si réelles, que, déplacés, envoyés en monte au dehors, les mêmes étalons, qui produisaient peu ou moins lorsqu'ils demeuraient au dépôt, devenaient tout aussi prolifiques que les autres et donnaient une égale proportion de produits. Nous avons constaté ce fait à Strasbourg, Angers, Cluny, au Pin et au dépôt du bois de Boulogne. Nous le croyons général, et nous en tirons cette conclusion : l'existence monotone, la vie trop régulière, le manque d'excitation extérieure affaiblissent les facultés prolifiques ou tout au moins mettent obstacle à leur entier développement, à tout leur effet utile. Mais ce résultat n'est que temporaire : *sublatá causá tollitur effectus*, comme disent les savants. La cessation de la cause qui le détermine le fait cesser et rend à la fonction son jeu large et complet, tout le ressort qu'elle est susceptible de prendre dans les conditions les plus favorables.

Un autre point doit être examiné. Combien de fois la

jument doit-elle recevoir le mâle? On a bien cherché à réduire, autant que possible, le maximum des juments à livrer à l'étalon ; on a vu dans le rapprochement ou la multiplicité de l'acte copulateur accompli par le mâle une cause d'infécondité. Pour remédier au dommage que cette répétition trop fréquente du saut prépare, à ce que l'on suppose, on en assure les mauvais effets en demandant pour la poulinière des saillies plus nombreuses. On aggraverait ainsi l'état d'épuisement de l'étalon, et on multiplierait encore les non-réussites. C'est tout au moins une étrange contradiction que celle-ci, puisqu'elle fait rechercher, même au delà des besoins, des mâles chaque jour moins prolifiques et moins capables.

Il y a ici, en effet, des pratiques très-vicieuses : on commence à les réformer ; mais la marche du progrès est lente quand il doit sortir des masses, quand les volontés du grand nombre sont tout à la fois contraires et divergentes.

« La répétition des saillies trop fréquente, dit M. Huzard fils, est inutile pour la reproduction, puisqu'il suffit souvent d'une seule fécondation. . . . . Dans les haras privés, on a l'habitude de faire couvrir les juments trois fois, à deux ou trois jours d'intervalle ; c'est une assez bonne méthode. Quand la jument a bien reçu l'étalon et a été saillie tranquillement, sans se défendre, il y a lieu d'espérer qu'elle a retenu. Il est bon cependant de la représenter quelques jours après à l'étalon, et de la laisser saillir, si elle paraît le désirer ; mais il faut la retirer, si elle fait la moindre difficulté, et la regarder comme pleine. C'est un entêtement bien mal entendu, de la part du propriétaire, de vouloir absolument user de la faculté qu'on leur accorde dans les haras, d'exiger trois sauts pour chaque jument. Cette saillie forcée détruit souvent l'effet de la première ou de la seconde, et est certainement une des causes les plus fréquentes de la non-plénitude des juments couvertes par les étalons de l'État. »

M. Magne, professeur à l'école d'Alfort, établit et enseigne cette règle : « Pour rendre la saillie féconde, il faut faire couvrir les juments au moins deux fois de suite ; car plusieurs copulations effectuées dans la même matinée sont plus sûrement fécondes que si elles ont lieu à plusieurs jours d'intervalle. Dans tous les cas, il ne peut pas y avoir d'inconvénient à faire saillir une jument deux fois de suite. »

Voici la question posée : Pour être fécondée, combien de fois la femelle doit-elle recevoir le mâle, et comment doit-on procéder pour ne la livrer à celui-ci qu'avec chance de succès ?

Souvent, un seul accouplement amène le résultat cherché, — la conception. Ces cas ne sont pas rares dans les localités où les poulinières ne vivent en quelque sorte que pour la reproduction, et ajoutent aux traits caractéristiques de la race celui d'une fécondité très-développée. La jument normande des riches vallées du Calvados ou de la Manche, la poulinière de race boulonnaise ou percheronne, la jument des marais de l'Ouest en Vendée et en Saintonge montrent, en général, cette aptitude au temps le plus favorable du développement naturel des chaleurs, c'est-à-dire du 20 avril au 10 juin ; avec quelque attention, l'éleveur reconnaît aisément le jour où la poulinière est le plus complétement disposée, celui où elle peut être accouplée avec le plus de probabilité de réussite. Il saisit d'ordinaire ce moment, afin d'éviter des courses inutiles et des pertes de temps onéreuses. Pour la poulinière qui a mis bas, d'ailleurs, l'époque a été parfaitement déterminée par l'expérience, du septième au neuvième jour après la naissance du poulain. Très-ordinairement, dans ces conditions, une seule saillie, bien faite, suffit à la fécondation. Mais tous les accouplements ne sauraient s'effectuer dans des conditions aussi favorables : d'un côté, l'étalon plus ou moins disposé, opérant avec plus ou moins d'adresse et plus ou moins complétement, peut n'avoir pas donné à l'acte tout ce qu'il réclame pour être fructueux; d'autre part, la jument mal préparée ou *trop chaude*, tourmentée par l'éloignement de son nourrisson, agitée par toute autre chose, peut ne pas apporter à l'opération tout le concours, toute la coopération nécessaire. Dans l'un et l'autre cas, l'accouplement est comme nul et non avenu; il devra être renouvelé. Dans quelles conditions sera-t-il répété avec le plus d'avantage? On a voulu établir des règles, on les a faites plus ou moins rigides et absolues. C'est un tort. Chacun a donné la sienne, ou vague ou précise; il en résulte une confusion dont la théorie n'offre point d'exemple, lorsqu'elle assied ses conseils ou ses prescriptions sur le terrain solide et bien exploré d'une pratique éclairée. M. Huzard fils est resté dans les généralités du sujet, évitant ainsi de tomber dans l'inconvénient d'ériger en préceptes de simples recommandations. M. Magne n'a pas su éviter l'écueil; il enseigne purement et simplement l'impossible. Nous qui avons lu tout ce qui a été écrit sur la matière, nous qui avons observé et analysé la pratique de la monte dans presque toutes les parties de la France, nous nous demandons à quelles sources le professeur d'Alfort a puisé pour accumuler en trois lignes ces trois énormités:

— *Il faut* faire couvrir les juments *au moins* deux fois de suite.

— Plusieurs copulations *dans la même matinée* assurent plus la fécondation que celles qui ont lieu à plusieurs jours d'intervalle.

— Il ne peut pas y avoir d'inconvénient à faire saillir une jument deux fois de suite.

Est-il nécessaire de réfuter de pareilles propositions? Il faut espérer que les élèves de M. Magne les auront oubliées aussitôt qu'apprises, et que le contact des faits de chaque jour aura facilement raison d'une théorie aussi étrange.

L'expérience des haras se compose d'une pratique qui s'exerce sur une immense surface; elle mérite donc quelque

créance. Eh bien, elle n'a rien pu déterminer de fixe ou
d'absolu dans cette question de la répétition du saut à intervalles plus ou moins longs. La saillie double, — coup sur
coup, — ne peut être une pratique usuelle. On y a recours
très-exceptionnellement, dans des cas désespérés, quand aucun autre moyen n'a été fructueux. C'est un remède empi-
rique qui vient lorsque tous les autres ont échoué. Il réussit
parfois, mais non assez fréquemment pour que l'exception
ait pu être généralisée et convertie en règle d'une application utile. On a trouvé des inconvénients, au contraire, à
donner deux saillies de suite à une poulinière ; mais les inconvénients ne se comprennent bien qu'avec le temps. Il est
arrivé, en effet, que des juments, fécondes jusque-là, ont été
deux ou trois années à se remettre de la perturbation appor-
tée par un pareil abus de la copulation dans l'exercice régulier des fonctions propres aux organes de la génération
chez la femelle.

Voilà pour la première et la troisième proposition de M. le
professeur Magne.

La seconde, en dehors du point qui se rattache à celui que
nous venons de traiter, présente une nouvelle difficulté. Où
trouver les étalons nécessaires pour de pareilles exigences?
Que deviennent les recommandations faites de ménager les
étalons au point de ne leur permettre qu'une saillie par jour,
et exceptionnellement deux, — une le matin et l'autre le
soir? Il faudra donc plusieurs mâles pour une seule femelle,
et, dans ce cas, à quelle mobilité ne seront pas exposés les
appareillements et les croisements?

Maintenant où sont les faits qui déposent en faveur de la
copulation multiple dans la même matinée? où — ceux
qu'on laisse entrevoir comme témoignant à l'encontre des
saillies faites à plusieurs jours d'intervalle? M. Magne serait
bien embarrassé de les produire.

Nous ne le sommes pas médiocrement nous-même pour
fixer d'une manière quelque peu certaine l'intervalle qu'il

convient de laisser entre une saillie et une autre, répulsion maintenue, cela va de soi, pour les sauts répétés coup sur coup, puisque nous nous sommes expliqué à cet égard. La nature n'a pas encore livré tous ses secrets, et peut-être serons-nous longtemps encore avant de rien savoir de bien positif à ce sujet.

Cependant la pratique peut admettre comme n'ayant pas d'inconvénients, appréciables jusqu'ici, sur le fait même de la fécondation, la double saillie répétée à douze heures d'intervalle, soit une saillie le matin et une autre le soir ; soit l'inverse, et par conséquent la première saillie effectuée le soir et la seconde le lendemain matin. Nous préférons ce dernier mode pour les juments qui sont chez elles et que l'étalon vient trouver ; nous ferions plus volontiers le contraire pour celles qu'on amène de loin à la station. Les premières n'éprouvent aucun changement dans leurs habitudes ; la saillie du soir peut être considérée comme préparatoire en quelque sorte, et comme aidant à compléter le travail intérieur qui s'opère au sein des organes de la femelle pour la rendre apte à la conception ; la saillie du matin les trouve ensuite en parfaite disposition et fécondes. Les juments étrangères qui, après l'accouplement, auront à supporter les fatigues et les excitations d'une course plus ou moins éloignée ne nous paraissent pas devoir être remises en voyage avant le repos et le calme donnés par une nuit passée dans une écurie bien close.

Mais cette manière de procéder n'est pas usuelle. Le plus ordinairement, la poulinière saillie une première fois n'est rendue, ou tout au moins ramenée à l'étalon, qu'après un intervalle de plusieurs jours. La durée de celui-ci est très-variable ; les pratiques locales diffèrent, à ce sujet, de cinq à neuf jours. Les règlements de l'administration des haras, sans être bien absolus dans l'application, admettent comme principe l'intervalle de neuf jours. C'est peut-être un peu long au commencement de la monte, surtout lorsqu'on l'ouvre dès le mois de janvier. La basse température des premiers mois de l'année influe tout à la fois sur l'intensité et la durée des chaleurs. Celles-ci sont alors moins développées, ou plutôt apparaissent d'une manière moins marquée et moins prolongée. On n'en saisit guère les signes qu'au moment de leur plus haut paroxysme; on n'a point de temps à perdre, car on a moins de latitude : c'est le cas de rapprocher les jours auxquels la jument doit être ramenée au cheval.

Quand la température s'élève beaucoup, les chaleurs de la femelle prennent promptement une très-grande intensité. L'excitation normale dépasse souvent alors le degré physiologique convenable, et devient une irritation presque maladive qu'il faut combattre ou mieux prévenir, car elle est destructive de l'aptitude à la conception. Dans ce cas encore, le délai de neuf jours doit être raccourci. La copulation opportune, en effet, calme l'excitation normale et l'empêche de passer à cet état excessif qui réclame des soins d'hygiène particuliers, et quelquefois même un traitement plus actif.

En dehors de ces deux cas, lesquels peuvent faire une obligation de répéter le saut du cinquième au septième jour, nous pensons que le délai ordinaire pourrait être fixé du septième au neuvième jour. Nous ne chercherons pas à expliquer le pourquoi, nous nous bornerons à dire que notre conseil est fondé sur l'expérience de tout le monde, soigneusement vérifiée par nous, qui avons toujours donné une attention soutenue à la surveillance du service de la monte, dont le succès était, en définitive, la tâche la plus importante des haras.

L'abaissement et l'élévation de la température exercent donc une influence directe très-marquée sur l'intensité et la durée des signes extérieurs apparents des chaleurs de la jument, comme ils rendent l'étalon plus ou moins prompt et ardent à accomplir le saut. Cette action physique, ayant son retentissement dans la vie intérieure, force à modifier, à rapprocher les époques de retour à la station, au risque de voir s'éteindre ou s'exalter les chaleurs avant que la fécondation n'ait eu lieu, et de perdre ainsi une année de produits.

Jusqu'ici nous n'avons parlé que des chaleurs naturelles, de celles qui se déclarent vers le milieu du printemps, sans que des soins d'aucune espèce en hâtent le développement et l'apparition. Ces soins, d'ailleurs, n'offrent rien de particulier ; ils consistent tout simplement dans une alimentation riche, substantielle, tonique ou même un peu excitante. Il ne s'agit pas de pousser à la graisse, mais à l'énergie vitale, à l'activité de toutes les fonctions. Sous l'influence d'un tel régime, il est facile d'avancer l'époque des chaleurs de la femelle, comme on les retarde ou les modère sous les effets d'une hygiène moins puissante. Mais il y a, le plus souvent, avantage à faire naître de bonne heure les désirs, afin d'obtenir des fécondations précoces. Ce sujet reviendra plus loin.

Autrefois on administrait des substances plus ou moins irritantes pour arriver à ce résultat. Mieux avisé aujourd'hui, on ne demande guère l'effet qu'on se propose qu'à un bon régime. Le poivre, le gingembre, le fenugrec, le chènevis, la graine de lin et quelques autres ingrédients analogues, vantés tour à tour, sont à peu près complétement abandonnés ; on n'en fait pas plus usage, à notre époque, pour l'étalon que pour la femelle. C'est particulièrement le mâle qu'on soumettait, dans le passé, aux effets des aphrodisiaques, sous le prétexte de lui donner plus d'ardeur et de vivacité extérieures, dans la pensée aussi d'élever et d'étendre les vertus prolifiques.

Mais, tandis qu'on agissait de la sorte sur l'étalon pour le préparer à mieux remplir son office, on exerçait sur la femelle, à l'issue même de l'accouplement, des pratiques ridicules, absurdes ou cruelles, en vue d'assurer la plénitude. Chaque sexe avait ainsi sa part, le mâle avant, — la femelle après la copulation. Il y a bien encore ici quelques préjugés, mais ils vont s'affaiblissant, et nous ne voulons pas nous y arrêter davantage. Ceux pour qui nous écrivons n'ont pas à s'en dépouiller ; ils travaillent, au contraire, à les arracher de l'esprit de la multitude. Notre concours ne leur serait, sous ce rapport, d'aucune utilité.

Il n'en est pas de même de l'exaltation des chaleurs, qu'on s'applique rarement à calmer, ce qui est bien autrement intéressant que l'emploi des aphrodisiaques, car elle est, avons-nous déjà dit, une cause certaine de non-fécondation, de perte, par conséquent, pour l'éleveur. La saignée est souvent nécessaire dans ce cas, mais alors l'animal, — mâle ou femelle, — tombe dans le domaine du vétérinaire, à qui nous renvoyons.

« Ce sont les femelles les plus froides, enseigne M. Magne, avec les mâles les plus chauds, qui engendrent le plus. » Cette assertion nous semble un peu hasardée : nous ne la voyons pas entourée de faits nombreux et authentiques ; nous ne croyons pas devoir la placer au nombre des préceptes utiles. Ce n'est pas, d'ailleurs, des considérations de cet ordre qu'il faut consulter avant de s'arrêter au choix d'un étalon. Si l'on prenait à partie la moitié des recommandations accumulées dans leurs livres par les théoriciens amateurs, on ne ferait jamais un accouplement, par impossibilité de réunir le plus petit nombre des conditions imposées comme essentielles, indispensables.

Mais nous soupçonnons M. Magne de n'avoir produit sa proposition que pour avoir le prétexte de copier quelques lignes, pleines d'élégance, dans Buffon qui a écrit ce passage : « Si celles-là (les femelles) sont trop sensibles au plaisir de l'amour, l'acte par lequel on arrive à la génération n'est qu'une fleur sans fruit, un plaisir sans effet ; mais aussi, dans les femelles qui sont purement passives, c'est un fruit qui se produit sans fleur, car l'effet de cet acte est d'autant plus sûr qu'il est moins troublé dans les femelles par les convulsions du plaisir ; elles sont si marquées dans quelques-unes, et même si nuisibles à la conception dans quelques femelles, qu'on est obligé de leur jeter de l'eau sur la croupe ou même de les frapper rudement pour les calmer ; sans ce secours désagréable, elles ne deviendraient pas mères, ou du moins ne le deviendraient que tard, lorsque, dans un âge plus avancé, la grande ardeur du tempérament serait éteinte. »

Ces phrases sont brillantes et d'un style charmant ; nous en avons traduit la signification en termes moins fleuris, mais plus techniques et surtout plus pratiques ; elles nous conduisent néanmoins à examiner un point que nous n'avons pas encore abordé, — l'âge auquel peut être permis l'accouplement.

Il est hors de doute que les races chevalines de l'époque actuelle mûrissent plus vite que celles dont les auteurs ou les traditions nous ont transmis le souvenir. Cette précocité des races tient à une alimentation plus abondante et plus nutritive, à une éducation plus domestique ; elle résulte aussi de l'habitude qui se généralise de faire naître beaucoup plus tôt qu'autrefois. Les préceptes des anciens hippologues doivent être modifiés en conséquence. L'âge qu'ils ont fixé peut être avancé sans inconvénient pour les races, disons plus, puisqu'il y a plus dans notre conviction, il peut y avoir, il y a même avantage à l'avancer. Le jeune étalon peut et doit être essayé dès l'âge de quatre ans, il doit être en plein rapport à six ; on peut le mettre en service un an plus tôt quand il appartient à la grosse espèce. Nous n'établissons pas de différence pour la femelle, contrairement aux enseignements laissés par nos devanciers. Les mâles qu'on destine à la reproduction sont ordinairement entourés de meilleurs soins, élevés avec plus d'attention, plus substantiellement nourris que les femelles ; on les pousse davantage, et ils gagnent par là, en précocité, toute la différence que le sexe établit généralement entre le mâle et la femelle.

Nous voilà en désaccord avec les plus savants. Ceux-ci ont fait de la théorie ; nous avons, nous, fait de la pratique.

Qu'on choisisse suivant son inspiration. Dès qu'on aura mis la main à l'œuvre, on viendra à nous, si l'on a commencé par être avec les autres.

Les conseils donnés par Grognier sur ce point méritent d'être adoptés en partie : « On ne choisira pas, dit-il, pour les livrer sur-le-champ à la reproduction, les animaux dans lesquels se manifestent les premiers signes de la puberté. Cette révolution de l'âge a souvent lieu, dès la première année, chez des poulains et des pouliches qui, en domesticité, sont abondamment nourris et préservés de l'inclémence de l'air ; elle est, par l'effet de causes contraires, beaucoup plus retardée dans l'état de nature...

« C'est par une cupidité mal entendue, et au grand détriment de la beauté et de l'énergie des races, qu'on fait servir à la reproduction de trop jeunes sujets.

« On ne devrait y admettre que des étalons et des juments dont le développement physique serait complet. Cet état arrive plutôt dans les chevaux communs que dans les chevaux fins, dans ceux de trait que dans ceux de selle, et, ce qui est le contraire dans beaucoup d'autres espèces, au nord plutôt qu'au midi. »

A ceci nous n'avons rien à reprendre. Il n'en est pas de même de ce qui vient après. En effet, ce que le savant professeur ajoute force un peu les conclusions que comportent ces prémisses ; nous l'avons réfuté par avance.

« Ce n'est pas, en général, avant six ans qu'on doit admettre à la reproduction les chevaux de selle, ni ceux de trait avant quatre ans et demi.

« Encore conviendrait-il d'attendre une année de plus pour les uns comme pour les autres, si l'on avait à relever une belle race.

« Les femelles, plus précoces que les mâles, peuvent être mises en fonction une année plus tôt.

« L'admission d'étalons trop jeunes à se reproduire a le

double inconvénient de hâter leur ruine et de faire naître des poulains sans énergie. »

Nous sommes parfaitement de cet avis, mais le cheval de quatre ans, élevé comme nous l'avons dit, ne peut pas être mis au rang de ces reproducteurs débiles. Les bons principes, les saines idées perdent beaucoup à être exagérés ainsi. L'intérêt est plus fort que les meilleures théories du monde. Ceux qui ont appris à développer hâtivement les individus et à mûrir de bonne heure les sujets d'élite de manière à pouvoir les employer utilement, avec avantage, un, deux et trois ans plus tôt qu'autrefois, ont plus fait pour vulgariser les méthodes perfectionnées et avancer vers le progrès que ceux qui s'obstinent à demeurer dans le *statu quo*. Celui-ci ne satisfait ni la science ni la pratique. C'est à l'expérience à décider en pareil cas. Elle est avec nous, nous ne faisons que traduire ses leçons.

A priori, on ne peut pas déterminer, chez la femelle plus que chez le mâle, l'âge de la réforme. Les facultés prolifiques n'ont rien à faire, rien à voir dans la question ; celle-ci est tout entière et exclusivement du domaine de l'hérédité.

La faculté de conception est presque sans limites ; elle se prolonge, chez certaines poulinières, jusqu'à un âge très-avancé. Nous aurions de nombreux exemples à rapporter ; mais où en serait l'utilité? Les anciens avaient constaté le fait. S'il faut en croire Aristote et Pline, *les cavales poulinent jusques à quarante ans, et les mâles conservent la vertu prolifique jusqu'à trente-trois*. Nous n'allons pas si loin ; nous restons dans le vrai, dans le vrai de l'époque actuelle. Il ne nous donne pas des facultés aussi tardives, mais il les développe plus vite. Tout pesé, tout bien considéré, nous croyons même que, sous ce rapport, le présent n'a rien à envier au passé.

Ce paragraphe est déjà bien long ; cependant il n'offre encore qu'une étude incomplète du sujet. Il paraîtra certainement un peu décousu dans sa forme ; mais à cet égard

nous avons pris nos précautions. Le lecteur est prévenu.
Plus que jamais notre livre se présente sans prétention. Nous
écrivons au courant de la plume pour élucider des questions
obscures ou redresser des pratiques erronées ; nous posons
des jalons. Un jour, nous l'espérons bien, un autre s'en ai-
dera pour faire mieux.

Qu'on nous laisse donc la bride sur le cou ; qu'on nous
pardonne l'irrégularité de notre allure dans une course aussi
longue et aussi rapide. Plus qu'à un autre sans doute, puisque nous sommes le premier dans la carrière, un peu de
décousu peut être permis, non pas quant au fond, car il
doit toujours être exact et vrai, mais quant à la forme, celle-
ci pouvant varier sans que le sujet ait à en souffrir dans ses
parties essentielles.

Cela dit, nous ne craignons plus de passer sans transition
à des définitions et à des considérations qui tiennent de très-
près à ce qui précède et le complète.

La *fécondité* est particulièrement la faculté de produire,
d'engendrer.

Le mot *infécondité* exprime seulement l'idée d'une fécondité non active.

L'*impuissance* est le défaut de pouvoir, l'incapacité pour
exercer l'acte copulateur.

La *stérilité* indique d'une manière absolue l'inaptitude du
mâle ou de la femelle à procréer, à féconder ou bien à être
fécondée, quoiqu'ils présentent l'un et l'autre toutes les
conditions apparentes nécessaires pour une copulation fécondante.

La fécondité est le propre de tous les êtres animés dont
les races primitives ont vécu à l'état d'indépendance. Chaque animal en porte en soi le principe, à moins qu'il ne soit
un être à part, un être hors la loi de nature, si l'on peut s'exprimer ainsi. Toutefois ce principe peut demeurer ignoré,
insaisissable, ne pas se développer suffisamment pour donner aux individus la qualité prolifique, la faculté de féconder

ou de concevoir; il peut être si obscur même, que les animaux refusent complétement de se livrer à l'acte de la copulation. Par contre, il peut se produire d'une manière si exagérée et désordonnée, qu'en raison de cela même il restera sans effet tant que durera son exaltation.

Nous venons de caractériser et l'impuissance et l'infécondité. La première rend impossible non-seulement la copulation, mais l'accouplement. L'autre, dont l'inactivité n'est que temporaire, enlève, détruit passagèrement la vertu de procréer, non l'aptitude à l'accomplissement du coït.

La faculté de produire des individus féconds est l'attribut le plus caractéristique des espèces; celles-ci même sont fondées sur le privilége permanent, exclusif de subsister par une suite indéfinie de générations. Les alliances fructueuses qui s'opèrent entre individus d'espèces différentes ne donnent le plus ordinairement que des extraits *stériles,* ou bien, si les bâtards qui en résultent ont pouvoir de se reproduire, ce n'est que pour un très-petit nombre de générations; après quoi, tout rentre dans l'ordre naturel.

L'accouplement entre individus féconds, dans les conditions favorables, donne lieu à la fécondation, ainsi que nous l'avons vu plus haut. Celle-ci est effectuée au moment même de l'acte génital, par le fait d'une *aura seminalis,* d'une incroyable subtilité et dont la liqueur spermatique n'est, dit-on, que le grossier véhicule. La conception s'opère ensuite; elle a pour résultat la production d'un ou de plusieurs embryons apparents quelques jours après la fécondation.

Un embryon est le rudiment d'un être animal, qui deviendra fœtus lorsque toutes ses parties constitutives seront assez développées pour être visibles.

Nous avons vu que les juments bien disposées à recevoir le mâle, sans être trop ardentes, conçoivent souvent à la première copulation. Chez les bêtes de travail, un exercice musculaire, assez fort pour occasionner la fatigue, semble préparer mieux la réussite de l'acte par le repos dans lequel il jettera forcément la poulinière à l'issue de l'accouplement. C'est à la suite d'une course rapide et violente, c'est toute haletante que l'Arabe conduit à l'étalon sa jument lorsqu'il l'a vue en amour. Elle est ensuite abandonnée à un repos complet qui dure autant que la nuit.

La jument qui a conçu une première fois devient plus apte à des conceptions ultérieures.

Après la copulation, rien n'indique que l'œuvre a été fructueuse. Cependant l'orgasme de l'appareil génital diminue, tombe assez promptement, et les désirs s'éteignent. Quelques jours suffisent à l'entière disparition des signes de la chaleur.

La femelle fécondée repousse ordinairement toute nouvelle approche du mâle. Certains étalons, mais ceci est très-rare, refusent aussi de s'unir avec la jument pleine. Dans le plus grand nombre des cas, les choses se passent différemment. Chez le mâle — l'ardeur, et chez la femelle — la docilité, l'emportent sur l'instinct. Il y a dans ce fait une cause fréquente de destruction pour le résultat d'un accouplement fructueux. En effet, la jument fécondée par une approche récente du mâle ne le reçoit pas à nouveau impunément. Il faut donc prêter une grande attention à la manière dont se comporte une jument ramenée à l'étalon après une saillie effectuée dans toutes les conditions favorables à la fécondation, et ne pas permettre au mâle de la saillir, si elle oppose une résistance qu'elle n'avait point montrée précédemment. Cette résistance, comme les signes de la chaleur, a des degrés : tantôt elle est vive et ne laisse aucun doute; d'autres fois elle est modérée; tantôt encore elle est si faible, qu'on ne sait réellement à quoi s'en tenir. C'est alors que le propriétaire a des exigences qu'il est difficile de ne point satisfaire, car on n'a rien de positif à leur opposer. L'état extérieur des organes sexuels peut fournir les plus utiles indications. S'ils sont plus près de la condition normale que de l'excitation due au développement des chaleurs, il y a lieu de croire que la fécondation est un fait accompli. Dans le doute, il est prudent d'ajourner la femelle et de la soumettre, à court intervalle, à un ou plusieurs essais ultérieurs.

Certaines juments pleines de deux à trois mois, surtout parmi celles qui ont été fécondées dès l'ouverture de la monte, reviennent en feu lorsque la température s'élève et que la végétation donne aux plantes toute leur richesse nutritive. Ce ne sont là que de fausses chaleurs. Lorsqu'elles sont franches, une nouvelle saillie, faite sans brutalité de la part du mâle, ne détruit pas toujours le produit de la conception; mais c'est l'exception. Le plus ordinairement, il y a avortement. Il ne faut donc se prêter à un nouvel accouplement qu'après avoir cherché à reconnaître que la plénitude n'existe pas.

Les cas de superfétation sont fort rares chez la jument.

L'infécondité, ou la non-fécondation, est un accident beaucoup trop fréquent, ainsi que nous l'avons déjà dit. Elle reconnaît plusieurs causes dont il faut s'attacher à prévenir les effets, puisqu'ils sont la source de nombreux mécomptes et de pertes réelles. Résumons ces causes.

L'accouplement prématuré, qui vient trop tôt, c'est-à-dire avant que les organes de la femelle n'aient contracté, sous l'influence d'une excitation physiologique suffisante, toute l'aptitude nécessaire pour la conception;

L'accouplement tardif, qui a lieu après la cessation des chaleurs de la femelle;

L'accouplement qui s'effectue sous l'influence d'une irritation génitale trop intense, d'un éréthisme, d'une tension extrêmes des tissus, état assez ordinaire chez les sujets à tempérament pléthorique, trop abondamment et trop richement nourris;

L'union de la femelle au mâle, lorsque les organes de la génération, chez la première, sont le siége d'une surexcitation spéciale, anormale, d'intensité et de durée variables, mais sujette à retour, état commun chez les juments épuisées par la fatigue, échauffées de longue main et soumises à une mauvaise hygiène;

La répétition intempestive de l'acte copulateur après un accouplement fructueux;

L'excès d'embonpoint, lors même qu'il ne va pas jusqu'à l'obésité;

Les effets de l'acclimatation chez les sujets nouvellement importés;

L'état maladif des organes de la génération pouvant provoquer la manifestation, au dehors, de phénomènes simulant la chaleur, sans que les organes contractent l'aptitude à la fécondation.

Sous l'empire de ces diverses causes, les facultés prolifiques, la fécondité, ne se développent pas en suffisance, demeurent suspendues ou temporairement détruites. Le remède à chacune d'elles s'indique de lui-même et se trouve en quelque sorte dans les plus simples attentions et dans les soins d'une hygiène peu exigeante.

L'impuissance paraît tenir à un état organique ou bien à des circonstances physiques fort difficiles à apprécier chez la femelle. Pour le mâle, la chose est plus aisée, car il ne se met point en état, il n'entre pas en érection, ou du moins celle-ci est si faible, que l'acte de la copulation est tout à fait impossible. Les femelles impuissantes ne ressentent aucun désir et ne recherchent point le mâle.

L'impuissance émane, on peut le croire, de ce que le cervelet, n'éprouvant pas la modification nécessaire au développement de l'instinct de propagation, ne transmet pas l'influence stimulante aux organes chargés du phènomène de l'érection; elle peut tenir encore à ce que ces organes ont perdu la faculté de ressentir la stimulation spéciale qui émane du cervelet. L'impuissance est quelquefois congéniale. C'est le cas le plus rare; elle est plus souvent acquise.

Elle reconnaît alors pour causes

Trop de précocité dans l'emploi des facultés prolifiques,

et l'abus qu'on en fait sous l'influence d'une hygiène non réparatrice et pauvre ; — l'usage non interrompu, excessif et longtemps prolongé de certaines substances excitantes, administrées en vue d'exalter l'ardeur, les forces génitales ; — le priapisme, ou des érections permanentes occasionnées par de violentes irritations dues elles-mêmes à de trop fréquentes copulations ; — l'âge trop avancé des sujets.

L'impuissance, naturelle ou accidentelle, durable ou momentanée, relative ou absolue, est rare dans l'espèce du cheval ; nous l'avons cependant quelquefois rencontrée. Un bon régime prévient ou guérit toujours celle qui n'est point innée.

La stérilité est occasionnée par des défauts connus et accidentels, ou par des vices cachés et naturels, ayant leur siége dans les organes de la génération. Ces vices et ces défauts ont une telle gravité, qu'ils excluent jusqu'au principe de la fécondité. C'est l'inaptitude complète, absolue, l'absence permanente de la faculté génératrice perdue sans retour ou qui ne s'exercera jamais ; c'est, quand elle est innée, une sorte de monstruosité.

La stérilité n'exclut ni les penchants amoureux ni la possibilité de l'accouplement dans les individus qui en sont frappés ; elle est naturelle aux espèces hybrides. Le mulet de l'âne et de la jument en offre un exemple bien remarquable : il se livre à tout l'emportement de son caractère, au point de devenir dangereux, lorsque la chaleur vivifiante du printemps exalte la violence de ses désirs ; mais cette ardeur pour la copulation se dépense sans résultat.

Presque toutes les causes de l'infécondité, plusieurs de celles qui déterminent l'impuissance frappent également de stérilité les individus sur l'organisation desquels elles exercent une influence plus profonde et plus durable. Il en est d'autres encore, telles qu'une incontinence trop sévère, l'absence, l'imperfection ou l'altération morbide incurable de l'un des organes de la génération, l'empêchement ou quel-

que irrégularité de l'émission de la liqueur fécondante.
Dans ce cas, les désirs naissent, se développent, et la copulation s'effectue dans toutes les circonstances apparentes
qui produisent la fécondation. Parmi les juments qui ont
vieilli dans les services des villes, et que l'on met ensuite à
la reproduction, beaucoup restent stériles, qu'elles acceptent
ou refusent le mâle; c'est très-certainement un effet dû à
une continence trop prolongée.

« Les personnes qui attendent que les juments aient sept,
huit ou dix ans, pour les faire saillir, dit Lafont-Pouloti,
sous espoir que les productions deviennent plus fortes, plus
accomplies que si elles venaient de mères plus jeunes, se
trompent. Les juments de cet âge retiennent difficilement,
surtout si elles ont été nourries au sec et si leur jeunesse a
été employée à des travaux pénibles. » Nous voilà bien sur
la route de la stérilité que nous venons de constater chez
des femelles plus avancées dans l'état d'infécondité décrit
par Lafont-Pouloti.

II.

Dans le langage de l'éleveur, on attache la même signification aux mots — monte, — saillie, — accouplement, —
copulation; on les emploie indistinctement pour désigner
— et le temps où les sexes se recherchent et s'approchent
pour s'accoupler, — et l'acte lui-même. Il y aurait bien là
quelque chose à reprendre, car la synonymie n'est pas très-
rigoureuse; mais la confusion ne donne lieu à aucun inconvénient. On peut laisser la langue à son incorrection quand
elle ne nuit pas à l'intelligence des idées qu'elle entend exprimer.

Cependant les mots *monte* et *accouplement* offrent, dans
leur acception propre, des différences réelles. Le premier
indique seulement, et d'une manière assez peu heureuse
même, l'action par laquelle le mâle se dresse sur ses mem-

bres postérieurs pour couvrir la femelle de son corps et pour effectuer la copulation.

La monte précède l'accouplement ; au mâle seul appartient la possibilité d'opérer la monte.

La saillie montre simplement l'action impétueuse du mâle dans sa conjonction avec la femelle qu'il a *montée* ou *sautée*. Dans l'idée que ces deux mots donnent de la chose, abstraction est faite de la part que la femelle y prend.

Accouplement signifie à la lettre — la jonction du mâle et de la femelle pour la génération, et c'est là seulement ce qu'il faut entendre par ce mot.

La copulation est la fin, l'objet de l'accouplement. L'accomplissement de cet acte amène toujours et promptement la cessation de la jonction des deux individus qui s'étaient unis. Après la copulation, on dit que la femelle a été couverte, ou saillie, ou servie.

En l'état d'aptitude à concevoir, la jument est conduite à l'étalon, et l'accouplement a lieu avec le concours et sous la direction de l'homme. Les procédés en usage ôtent beaucoup de liberté aux animaux, et ne sont pas, pour ces derniers, exempts de tous accidents : il y a donc des soins et des précautions à prendre pour les éviter. C'est surtout avec les jeunes étalons qui sont à leur première année de service, et les femelles qui n'ont pas encore été mères, qu'il faut avoir beaucoup d'adresse, d'intelligence et de force au besoin.

Les premiers sont, pour l'ordinaire, longtemps à accomplir l'acte de la copulation. Les sensations qu'ils éprouvent, peu distinctes encore, ne leur indiquent pas de suite les moyens de parvenir au but qu'ils doivent atteindre. Ils brûlent de désirs, mais ils s'épuisent en vains efforts pour contracter l'union qui va éveiller en eux toute la fougue de leurs sens.

Voyez l'étalon dans ses premières approches : tous ses muscles frémissent ; ses yeux étincellent, ses naseaux s'ouvrent et se ferment avec rapidité. Il s'élance à chaque instant sur la poulinière, en quelque état qu'il se trouve, et jette des hennissements d'impatience et d'amour. Cette agitation convulsive, ce spasme clonique de tous les agents musculaires font bientôt ruisseler la sueur de toutes les parties du corps. Celle-ci s'amasse en écume blanchâtre au poitrail et à la face interne des cuisses, et ce travail violent, cette tension extrême de tous les ressorts de l'économie se prolongent quelquefois au delà d'une heure ou deux, sans que le vœu de la nature ait été rempli ; quelquefois même on est forcé de rentrer le jeune cheval à l'écurie, afin de mettre un terme à ses souffrances.

C'est alors qu'un palefrenier intelligent et expérimenté est utile pour abréger la scène de désordre, pour profiter avec adresse et promptitude de la moindre occasion qui se présente, d'aider l'ignorant et de le diriger de façon à lui faire accomplir l'acte de la copulation. Toute saccade du caveçon doit être évitée avec soin; mieux vaut se servir d'un simple bridon, comme on le fait dans les haras nationaux. On donne de la longe à l'animal chaque fois qu'il se dresse ou se jette de côté de manière à ce qu'il se sente alors beaucoup plus libre qu'il ne l'est en réalité. Les jarrets fatiguent beaucoup dans ces mouvements brusques et violents ; il ne faut pas ajouter à ces épreuves déjà si rudes par une résistance intempestive de nature à accroître les efforts inutiles du mâle. Un accident grave peut encore résulter de l'opposition qu'on ferait à celui-ci en tirant sur le caveçon ou le bridon au moment où il s'enlève et se dresse; un plus violent effort porterait le corps en arrière, et l'animal serait renversé. La chute pourrait être fatale et devenir mortelle. C'est à l'habileté du palefrenier à prévenir ces accidents; il doit maintenir l'animal tout en se prêtant aux mouvements les plus désordonnés, ménager les forces, c'est-à-dire en renfermer la dépense en de justes limites.

Mais tous les jeunes chevaux ne se montrent ni aussi maladroits, ni aussi irritables. La plupart, au contraire, parviennent, après quelques hésitations et quelques tâtonnements, à remplir l'objet des désirs qui les excitent; ils acquièrent en peu de temps l'expérience qui leur apprend à user et à ne pas abuser de leurs facultés.

Les juments impressionnables, celles qui ne sont pas encore disposées à recevoir le mâle et à qui on les présente pour la première fois, éprouvent souvent, au contact de l'étalon, une agitation telle, qu'on ne parvient pas toujours à la maîtriser et qu'il y a nécessité d'ajourner l'accouplement. En effet, elles se défendent à outrance, cherchent à se dépêtrer des liens dont on les a garrottées, lancent des ruades à tout rompre, et se livrent à des mouvements désordonnés capables de les entraîner à des chutes et d'occasionner des accidents fâcheux.

C'est une faute que d'insister, que de contraindre une jument à accepter l'étalon, quand elle le refuse d'une manière aussi opiniâtre; il y a de quoi la rendre difficile pour le reste de sa vie. « Alors elle ne deviendra jamais amoureuse, dit Winter, mais plutôt ennemie des étalons et ne concevra pas, et même cette aversion luy demeure comme naturelle; et quoiqu'avec le temps l'envie la prenne à se soumettre, c'est pourtant avec danger qu'elle ne se revange un jour contre l'étalon, puisqu'il conserve quelqu'impression du premier assaut violent qu'il luy a fait auparavant. »

Un enseignement ressort de ce qui précède, mais on n'est pas toujours à même de le suivre ; le voici pourtant. Il y aurait convenance à donner au jeune étalon qui n'a pas encore fait ses premières armes, qu'on va soumettre au premier essai de ses forces, une poulinière tranquille, bien disposée et bien éprouvée ; convenance à présenter à la jeune jument qui n'a point encore été saillie et qui se montre chatouilleuse ou difficile, un mâle doux, paisible et pourtant assez ardent, assez prompt pour ne la tourmenter ni l'impatienter par une trop longue attente.

Dans l'accouplement, ce qui fatigue le plus l'étalon, c'est

l'action — de monter la jument, — de la descendre, — de se dresser sur les jarrets, — de faire des pointes ; c'est la progression droite qu'il effectue en s'élevant du devant et en portant tout le poids du corps sur le bipède postérieur. Il en est dont les jarrets sont si nerveux, dont les reins ont une telle élasticité, qu'ils restent un temps assez long dans la position debout prise à la vue de la femelle, position si exagérée parfois, que la moindre saccade, le moindre tiraillement sur les barres peuvent amener la chute en arrière. On applaudit le plus souvent à cette marque de vigueur, mais on comprend qu'elle éprouve et fatigue fortement les articulations des membres pelviens, qu'elle provoque en peu de temps surtout la ruine des jarrets, le ressort le plus puissant de ce mode de progression.

Il faut accoutumer l'étalon à venir sagement à la femelle. On y parvient non en le contraignant, non en employant la force, mais en jouant en quelque sorte avec lui. Il s'y fait assez vite et en prend prétexte, qu'on nous pardonne le mot, pour s'annoncer amoureusement, pour faire de la coquetterie à distance, se préparer et se montrer dans son beau quand il passe devant la jument. On le ramène alors par derrière, et, suivant les habitudes qu'il a prises ou les goûts qu'il a montrés, le tenir plus ou moins éloigné ou lui laisser caresser les parties qu'il préfère. Ces préliminaires ont l'avantage d'achever la préparation nécessaire, et de laisser à la femelle le temps de se remettre, si elle est très-impressionnable.

Quand il est bien en état, on permet à l'étalon d'agir. Il se place, s'enlève et s'accouple. On surveille la marche du pénis, on le dirige avec précaution, si besoin est, et, lorsque l'introduction a eu lieu, on soutient l'animal au coude avec la paume de la main, ou à la fesse avec l'épaule. Le palefrenier qui mène l'étalon se tient à sa gauche, manœuvre avec douceur, mais sans lenteur ni précipitation ; il n'emploie de force qu'autant que les circonstances en exigent, et surveille encore plus qu'il n'agit. Il est bon de laisser oublier à l'éta-

lon qu'il n'est pas seul, de le laisser s'isoler aussi complètement que possible, de faire régner le silence autour du couple, d'éviter enfin toute cause extérieure qui interromprait
l'acte en appelant l'attention des conjoints. Cette recommen-
dation n'a rien de puéril. L'accouplement entre le cheval
et la jument attire trop les curieux, les plaisants et les lous-
tics de l'endroit, et se passe rarement avec le recueillement
que ces animaux y mettent en l'état de liberté et d'indépendance. On ne sait pas assez que le bruit, l'agitation nuisent
beaucoup au résultat qu'on se propose, et que la non-fécondation, souvent, ne tient pas à autre chose qu'au manque de
calme et à la distraction. Le cheval commun est moins déli-
cat et moins susceptible; mais le cheval de sang est plus im-
pressionnable. Il en est qui ont de la pudeur, nous écrivons
le mot sans crainte de provoquer le rire parmi ceux qui observent et savent, il en est qui ont de la pudeur; ils n'accomplissent la copulation qu'avec une excessive répugnance,
quand le bruit les trouble, en la présence de spectateurs qui
parlent et s'agitent. Lorsque rien ne les gêne, au contraire,
quand le silence se fait autour d'eux, on les voit se compor-
ter vaillamment, et accomplir l'œuvre après des agaceries et
des caresses qui mettent la poulinière en confiance, qui la
disposent à s'unir au mâle moralement et physiquement.

On fait alors des remarques que l'observateur le plus expérimenté ne trouverait point à noter quand l'accouplement
s'effectue au milieu du bruit, des préoccupations et des dis-
tractions de toute sorte. La copulation est moins précipitée,
elle se prolonge davantage; les animaux se complaisent dans
leur union et en savourent le plaisir.

Ce n'est plus, chez le cheval, ce fier regard, ces yeux qui
étincellent, ces ronflements particuliers qui ont, sans doute,
pour la jument qui attend, une signification précise, ces di-
latations vives et brusques des narines; ce n'est plus l'impatience du désir; non, tout est changé. Les membres antérieurs étreignent, embrassent amoureusement le corps de la

jument, la tête se penche vers l'encolure, le regard se perd, toutes les sensations se retirent de la vie extérieure et se reportent sur les jouissances intimes attachées par la nature à l'accomplissement des fonctions génératrices.

C'est alors que la liqueur spermatique s'échappe, que l'éjaculation la dépose dans les organes de la femelle ; on reconnaît d'une manière certaine qu'elle s'opère au mouvement de balancier que la queue de l'étalon exécute, en s'éloignant et se rapprochant du corps, alternativement et plusieurs fois, avec une grande régularité. Il n'y a point à s'y tromper, l'acte n'est pas complet, l'éjaculation n'a pas eu lieu tant que ces mouvements d'élévation et d'abaissement de la queue, toujours très-marqués, n'en ont pas indiqué le terme. Toutes les parties du corps éprouvent immédiatement un relâchement subit, un affaissement qui contrastent singulièrement avec le ton et la vigueur d'il y a seulement un instant, avec l'activité musculaire à laquelle succèdent la pesanteur et la paresse, circonstance qui oblige d'aider l'animal à *descendre* la femelle, en forçant cette dernière à avancer d'un ou deux pas. L'étalon se laisse glisser encore plus qu'il ne se retire, et, à la place de ces bonds puissants qui le faisaient si ardent et si impétueux avant l'accouplement, il n'y a plus qu'abattement et calme, désir de rentrer paisiblement à l'écurie.

Il y a mille nuances, nous avons esquissé les traits de celle qui peint le mieux le fait s'accomplissant dans les conditions les plus favorables.

Mais la femelle, aussi, laisse voir la part qu'elle prend à l'acte de la copulation. Nous la supposons bien préparée, indifférente aux liens dont on l'a empêtrée par prudence. Au premier hennissement du mâle, elle répond d'une manière provoquante ; elle cherche à le voir, et son regard ne manque pas d'expression ; elle le suit des yeux quand il tourne à distance et parcourt le cercle dont elle est le centre ; elle appelle ses caresses, elle demeure paisible pour les mieux

IV.   23

recevoir; la brutalité du mâle, car tous ne procèdent pas
avec une extrême gentillesse, ne suffit pas à la rebuter; elle
supporte même les plus mauvais traitements, coups de poing,
bousculades et morsures; elle attend que le sultan qu'on lui
a choisi se fasse bon prince et accepte ses faveurs. Alors elle
se montre heureuse, et l'expression de sa physionomie ne
saurait être décrite; mais elle se contient pour ne pas laisser tout voir; il semble qu'elle prenne un masque, qu'elle
veuille couvrir d'un voile de modestie les transports dont elle
est agitée. Nous retrouvons ici les traces de pudeur dont
nous avons déjà parlé, car la poulinière ne livre pas toutes
ses sensations à l'observateur. Les femelles des autres espèces
domestiques se découvrent davantage, sans éprouver plus de
réelles jouissances. L'ânesse, par exemple, montre une
grande ardeur, et s'abandonne sans réserve à la fougue de
son tempérament; elle relève les lèvres et remue continuellement les mâchoires; elle offre alors un aspect vraiment hideux. La jument, au contraire, prend une sorte de beauté
dont les traits fugitifs s'effacent immédiatement après l'œuvre, quand les aides, en la débarrassant des cordes dont on
l'a entourée, lui rappellent qu'elle est sous le joug. Il lui
faudrait maintenant du repos et du calme, un coin d'écurie
un peu sombre. On ne paraît pas se douter de cette exigence
dans la pratique, et l'on multiplie d'ordinaire, par le défaut
de soins accordés aux juments qui viennent d'être saillies,
toutes les chances, déjà si nombreuses, de la non-fécondation.

Plus que nous, peut-être, les anciens entouraient l'accouplement des précautions et des attentions nécessaires à sa
réussite. Tout au moins le croirait-on quand on se reporte
aux recommandations qu'ils ont laissées sur ce point. Bourgelat demandait qu'on « choisît, pour le lieu de la saillie, un
endroit *garni de verdure*, éloigné d'environ 100 pas de l'é-
curie, et dont le terrain fût uni, sec et solide, afin que le
cheval et la cavale, fermes dans leur action, pussent opérer
fructueusement. »

M. Magne conseille, avec raison, de *choisir un lieu soli-
taire*. « On voit des chevaux, dit-il, qui ne veulent pas saillir
la jument qui leur est offerte, s'ils en aperçoivent une autre.
On ne doit admettre même que les gens nécessaires pour
tenir ou diriger les animaux, afin d'éviter, autant que possible, tout ce qui pourrait distraire l'étalon et le faire descendre avant qu'il ait rempli sa fonction. »

Rien de mieux. Cette fois nous sommes d'accord avec l'honorable professeur, mais il n'aurait pas dû ajouter que l'étalon doit être conduit à la jument par deux hommes. C'est
par trop multiplier *les gens nécessaires*; un homme suffit.
Un autre doit tenir la poulinière : deux en tout, et c'est
assez, pourvu qu'ils soient intelligents et *exercités*, comme
dit Winter.

L'aide à qui l'on confie le soin de maintenir la jument
doit le faire avec plus d'habileté que de force. Il peut, dans
le cas où la poulinière s'inquiète et s'agite, dans le cas où
l'approche du mâle l'effraye, éviter beaucoup de peine et de
fatigue à l'étalon. Par une manœuvre vive, prompte, bien
entendue, il oppose la tête aux hanches, empêche la femelle
de s'écarter et de prendre une position difficile; il la replace
toujours de manière à rendre plus aisée la tâche imposée à
l'étalon.

En effet, toutes les juments, il s'en faut, n'apportent pas à
l'accomplissement de l'acte la docilité, les bonnes dispositions décrites un peu plus haut. Il en est de très-difficiles
qui se gendarment, bien qu'elles désirent le mâle, qui le
fuient en dépit des chaleurs dont elles sont animées, et qui
se défendent avec vigueur, *comme des enragées qui font le
diable à quatre*, suivant une autre expression de Winter. Il
y a donc à intervenir avec adresse, à user d'intelligence et
de savoir-faire pour surmonter des difficultés physiques qui
contrarient le vœu intime et les désirs intérieurs.

Puisque nous remettons la jument aux mains d'un aide,
nous condamnons le procédé qui consiste à attacher la femelle

entre deux piliers disposés *ad hoc*. Il y a dans ce mode un manque de liberté qui irrite encore les bêtes très-impressionnables ; les chutes et leurs suites sont alors à redouter.

Nous ne décrirons pas les divers modes en usage pour garrotter, assujettir et contraindre la jument. Le plus simple de tout est le meilleur. Il doit permettre de faire, en un tour de main, tous les préparatifs nécessaires et laisser à la femelle le plus de liberté possible, tout en mettant l'étalon à l'abri des mauvais coups. Tel est le but à atteindre.

Jusqu'à présent nous n'avons pas trouvé de procédé préférable à celui-ci :

Garnir chacun des paturons de derrière d'un entravon convenablement rembourré ; croiser une fois seulement sous le ventre les cordes des entravons pour les conduire jusqu'à la hauteur du coude ; entourer cette partie du membre antérieur, puis en relever les extrémités derrière les épaules, et les réunir en un simple nœud coulant, peu serré du côté gauche du garrot. En cas de chute, l'homme qui tient la jument par la tête tire sur l'un des bouts de corde qui pendent, et la jument est désentravée.

Ce qui fait la supériorité de ce moyen, c'est que la jument qui cherche à se défendre comprend aussitôt qu'elle doit renoncer à toute tentative de résistance. En effet, le moindre effort pour ruer, se jeter de côté ou reculer entraîne violemment les membres antérieurs sous le centre de gravité et menace la bête d'une chute sur le nez ; l'instinct lui apprend à l'éviter.

L'étalon ne court aucun risque, ou du moins il n'est pas autant exposé que dans tout autre procédé.

La queue doit être enveloppée, à sa naissance, par une bande de cuir d'une largeur de 20 centimètres environ ; le palefrenier chargé de diriger l'étalon la détourne quand celui-ci, monté sur la jument, est prêt à s'accoupler.

Les difficultés que présentent les juments irritables ou chatouilleuses déterminent quelquefois à recourir à un moyen de contrainte dont le succès, sans être bien assuré, peut être tenté en désespoir de cause. Nous voulons parler du serre-nez. La douleur provoquée par l'étreinte de cette partie, riche en houppes nerveuses, absorbe toute l'attention de la femelle, qui devient ordinairement calme, et souffre, sans plus remuer, le contact du mâle dont elle redoutait tant l'approche avant l'application de cet instrument de torture; que si, néanmoins, la résistance continuait, il faudrait céder et ne pas chercher à la contraindre davantage, afin de ne pas tomber dans l'inconvénient signalé plus haut. On la rendrait sans doute plus difficile encore pour les saillies à venir, et l'on ne saurait jamais à quoi s'en tenir sur le fait de la fécondation.

Il faut, d'ailleurs, être attentif à desserrer le tord-nez aussitôt que l'étalon est introduit. La sensation de plaisir doit dominer alors, et le serre-nez n'a plus aucune utilité, il pourrait nuire. Quand l'instrument est enlevé, la femelle entre en rapport avec le mâle et prend à l'accouplement toute la part qui lui revient, à moins qu'elle n'y soit pas encore convenablement préparée.

Il nous reste à parler du boute-en-train ou agaceur, et de l'étalon d'essai.

Le boute-en-train a pour objet de provoquer les désirs chez le mâle; les chaleurs, chez la femelle.

La jument boute-en-train n'est guère employée que dans un cas. Certains étalons adoptent une robe, un manteau; les femelles qui le portent ont seules le privilége d'exciter ses appétits et le monopole de ses tendresses. Pour elles, ils sont pleins d'ardeur; ils restent indifférents et froids devant les autres. On ne dit pas si ces dernières sont sensibles à cet affront; mais un goût aussi exclusif nuit nécessairement à la pleine utilisation de l'étalon. Ceux qui sont atteints par cette bizarrerie n'ont pas le même caprice. Il en est qui dédaignent la brune pour la blonde; chez d'autres, c'est le sens inverse. Quand une fois on a surpris leur goût, on fait en sorte, à l'heure du service de la monte, d'avoir sous la main une jument de la couleur aimée ; on la présente à l'étalon à qui elle fait naître d'ardents désirs. Quand il est prêt, on lui sert non la grise, ou la baie, ou la noire qu'il croyait posséder, mais l'autre qu'il eût méprisée sans ce stratagème, et l'accouplement s'effectue.

L'emploi du boute-en-train mâle est beaucoup plus fréquent. C'est ordinairement un cheval entier de médiocre valeur, ou bien un étalon de caractère peu irritable, qu'on met à portée des femelles pour provoquer hâtivement le travail intérieur à la suite duquel les chaleurs se manifestent, ou pour agacer, solliciter, exciter des juments tardives, faire en sorte que la saison favorable ne passe pas avant qu'elles n'aient été en amour, avant qu'elles aient pu être fécondées. Une demi-cohabitation est la meilleure manière d'utiliser la ressource de l'agaceur. On place le boute-en-train et la jument dans des boxes séparées, mais communiquant par un volet ouvert, et on les laisse ainsi causer pendant un ou deux jours. Quand l'agaceur sait son métier, il se fait toujours écouter. Elles sont bien rares les juments qui n'aiment point à se faire conter fleurette et qui résistent au beau langage d'un amoureux plus ou moins aimable et tendre ; la beauté n'y fait guère. La conversation commence souvent par les plus gros mots du vocabulaire, mais on s'humanise à la fin, car après tout on n'est pas de marbre. On en vient donc aux meilleurs termes, et l'impossibilité de se réunir pèse fort ; mais l'agaceur a tiré pour Bertrand les marrons du feu. Les charmes de la belle feront les délices d'un autre ; il lui en restera seulement l'eau à la bouche : d'ordinaire, il en est pour ses frais, procédé fort peu galant dans quelque position que ce soit.

L'étalon d'essai ne remplit pas des fonctions beaucoup plus agréables. Il a pour mission de flairer, de sentir, d'éprouver les juments et de faire distinguer celles qui peuvent être saillies de celles qui ne sont point encore disposées ou qui déjà ont été fécondées dans un précédent accouplement. Ils approchent toutes les femelles, font mine de les caresser et reçoivent de celles-ci toutes les rebuffades imaginables, de celles-là des provocations qui n'aboutiront que pour d'autres. Dans ces deux cas, la position est tranchée et le supplice ne dure pas longtemps, puisqu'on sait tout de suite à quoi s'en tenir. Il n'en est plus de même dans les cas douteux. L'épreuve alors doit être poussée plus avant. Le malheureux doit agir comme si c'était pour son compte et y aller bon jeu bon argent sans en retirer plus de profit, car les faveurs, — si faveurs il doit y avoir, — ne seront pas pour lui.

C'est un animal bien précieux qu'un étalon d'essai capable et qui ne se rebute pas. Il faut, de temps en temps, lui abandonner une femelle, afin d'entretenir ses dispositions et prévenir une trop violente irritation dans les organes de la génération.

III.

Après tout ce qui précède, nous pourrions, à la rigueur, nous dispenser de consacrer un paragraphe spécial au régime des reproducteurs. Il nous reste, toutefois, à présenter des observations qu'on chercherait en vain dans les livres de nos devanciers et qui n'ont point encore trouvé place dans ce chapitre.

Commençons par emprunter à Huzard père un excellent résumé des prescriptions hygiéniques données par tous les hippologues.

« Beaucoup d'auteurs, dit-il, recommandent une foule de précautions avant et après la monte, soit pour les étalons, soit pour les juments, comme de les mettre à une nourriture plus échauffante pendant quelque temps, de leur donner même des drogues qu'on croit propres à exciter la chaleur dans la jument et la fécondité dans l'étalon; de les saigner, de les purger, de les mettre à l'usage des rafraî-

chissants, du son, des préparations d'antimoine, lorsque la
monte est terminée, sous le prétexte qu'ils sont échauffés et
qu'ils ont besoin d'être rafraîchis. Toutes ces mesures, toutes ces précautions, qui tendent, les unes, à forcer la nature,
les autres à l'épuiser encore davantage, sont mauvaises. Ne
doit-on pas dans ce cas, comme dans tous, suivre la marche
de la nature, au lieu de la contrarier ?

« Il suffit donc, avant et pendant la monte, d'augmenter
un peu la nourriture de l'étalon pour la fortifier et réparer
ses pertes, et de la lui donner meilleure et mieux choisie.
C'est ainsi, par exemple, qu'on peut ajouter quelques poignées de froment ou de pois, ou de lentilles, ou de féveroles,
ou d'autres graines légumineuses à sa ration accoutumée. Le
chènevis, le fenugrec connu sous le nom de sennegrain,
et les autres graines échauffantes, sont inutiles et quelquefois
nuisibles. »

Tel est donc le dernier mot,—le régime et les soins ordinaires, ou peu s'en faut. Nous sommes parfaitement de cet
avis pour toutes les poulinières et pour les étalons qui vivent
de la vie commune à tous les animaux de l'espèce ; mais il
faut quelque chose de plus, ou même un régime à part, pour
ceux que l'on consacre exclusivement à l'étalonnage. Cette
spécialité d'emploi veut aussi des soins particuliers.

Il est évident que l'étalon rouleur, par exemple, auquel
on demande un service très-pénible, auquel on impose des
pertes toujours renouvelées, et qui saillit jusqu'à deux cents
femelles dans les six premiers mois de l'année, ne peut se
contenter d'une ration ordinaire ; il doit être fortement soutenu, et sa nourriture se composer non-seulement d'aliments
bien choisis, mais aussi d'aliments abondants et très-sub-
stantiels. A cette condition seule il supportera les exigences
du métier, lequel consiste à se rendre de ferme en ferme, à
couvrir et à féconder le plus grand nombre possible de poulinières. La ration ne reconnaît pour ces étalons aucune
fixation ; on leur donne tout ce qu'ils peuvent consommer, et

ils parviennent réellement à consommer beaucoup. L'exercice, la marche aident à dépenser une quantité de nourriture qui, dans toute autre circonstance, ne produirait pas
les mêmes effets. Elle engraisserait alors ou provoquerait
des pléthores mortelles. Ces accidents et l'obésité sont, au
contraire, fort rares chez les étalons nomades. La vie errante
leur est salutaire ; elle n'a rien de monotone : la variété
qu'elle jette dans l'existence des rouleurs est profitable au
jeu régulier de toutes les fonctions de l'économie, favorable
à l'étendue des facultés prolifiques. D'autre part, la saillie à
demeure, sans déplacement et sans les mille inconvénients
que celui-ci occasionne, est plus fructueuse pour les juments
servies chez elles. Le *roulage* donc est en soi un excellent
système, l'expérience nous l'avait démontré dans les premiers essais que nous en avions faits avec les étalons nationaux dans les provinces où il est une habitude locale, et
nous nous proposions de la généraliser autant que possible.

En France, l'épithète de rouleur attachée à un étalon
est prise en mauvaise part, en raison de la détestable qualité
de ceux que la Belgique nous envoie. De grands efforts ont
été tentés en vue de faire revivre les anciens règlements coer-
citifs sur la matière. On avait raison de poursuivre les étalons défectueux et nuisibles, mais la nature et le mérite d'un
reproducteur n'ont rien de commun avec le système adopté
pour l'offrir et le faire accepter aux possesseurs de juments.

L'hygiène de l'étalon rouleur est donc fort simple : —
aliments choisis parmi les meilleurs et les plus nutritifs sans
autre limite, sur la quantité, que celle de l'appétit même. A
cela nous ajouterons un pansage souvent répété, et qui
tienne suffisamment actives les fonctions de la peau ; enfin,
comme recommandation spéciale, de remplir à l'allure du
pas seulement toutes les courses nécessitées pour aller trouver les femelles.

Mais tous les étalons ne vivent pas de cette vie nomade ou
de la vie commune. Il en est qui sont entretenus dans des

établissements spéciaux, monastères d'un nouveau genre où l'hygiène, abondante et riche, forcément régulière, manque d'excitation extérieure et présente des inconvénients qu'il importe d'éviter. Parmi ces étalons, beaucoup, le plus grand nombre même, ne trouvent pas l'emploi de leurs forces. La promenade est leur seul passe-temps, et on peut la croire insuffisante. Elle ne parvient pas à dépenser la portion de nourriture qui doit s'en aller par l'exercice ou le travail, dans l'intérêt de la conservation de l'énergie musculaire et de toutes les qualités inhérentes aux bonnes races. Il y a là un écueil. Des promenades quotidiennes prolongées, à des allures progressivement développées et vives, des pansages répétés et vigoureux, une certaine variété dans la nature et le mode d'administration des aliments combattent, autant que faire se peut, les dispositions à l'excès d'embonpoint et les inconvénients d'une existence enfermée. On y a réussi en grande partie, puisque la proportion des naissances s'accroît d'année en année et tend à s'élever à un niveau fort satisfaisant.

Toutefois, et depuis quelques années, nous étions parvenu à faire atteler tous les carrossiers, qui trouvaient dans l'action de tirer un exercice un peu plus laborieux que celui résultant pour eux d'une simple promenade sous l'homme, et nous étions convaincu des bons effets dus à ce travail léger.

Restent maintenant les étalons de pur sang. Ceux-ci aiment un régime à part, une manière de vivre que l'expérience a consacrée en Angleterre sur une très-grande échelle, et qui réussit parfaitement aussi chez nous quand elle peut être adoptée. Elle a quelques exigences de bâtiment et d'espace, mais elle en a moins en personnel et en soins de tous les instants.

Elle donne à chaque étalon une box spacieuse et plus ou moins isolée, mais toujours ouverte sur une cour ou paddock, qui reste à la libre disposition de l'habitant, lequel en use à son gré; quelquefois même le paddock aboutit à une

portion de prairie entourée de murs. C'est encore la condition la plus heureuse et la plus confortable. Les étalons les
plus précieux de l'Angleterre ont presque tous une semblable habitation et de pareilles dépendances. On les y tient à
un régime en quelque sorte plus rafraîchissant que tonique;
ils reçoivent à peu près la même nourriture que les juments.
On leur donne souvent des maschs chaudes; ils mangent
plus qu'en France des carottes; et en fourrages, on alterne
le foin de prairie naturelle avec le produit des luzernières
et le trèfle. La ration d'avoine n'est pas exorbitante, mais
elle ne manque jamais. En été, on substitue à une partie des
fourrages secs des aliments herbacés donnés en mélange
avec les premiers.

Pendant les gros temps et la nuit, on fait rentrer l'étalon
dans sa box; hors cela, il est parfaitement libre. Cet état de
liberté ne demande pas les soins de la main que réclame indis-
pensablement l'existence sédentaire; il exige, au contraire,
qu'on n'excite pas la sécrétion cutanée, qu'on ne réveille
pas incessamment les fonctions de la peau. Pour protéger
les organes intérieurs, celle-ci ne doit pas être trop sensible
aux influences extérieures qui auraient un grand retentissement au sein de l'organisme. Dans l'autre manière de vivre, l'enveloppe du corps a besoin d'être toujours stimulée,
irritée. Le frottement avec la brosse, le bouchon, le torchon
de toile ou de laine, les massages ne constituent pas des
soins inutiles et de luxe; ils appellent à la périphérie une
action organique qu'il ne faut pas se laisser fixer dans la vie
intérieure. En l'état libre, le corps perdrait trop; la peau est
alors une enveloppe réellement protectrice qui ne laisse
échapper que le moins possible. En l'état de reclusion, les
fonctions languissent, le corps ne dépense pas, ne perd pas
assez; il y a nécessité d'agir efficacement sur la peau, qui,
toujours excitée, appelle à elle, pour le rejeter, une partie
du superflu. Et cela est si vrai, que le défaut de pansage est
nuisible à l'étalon qui vit en stalle; qu'il faut se hâter d'y

soumettre le cheval qu'on retire de l'état de liberté, de même qu'il faut s'en abstenir à l'égard de celui qu'on fait passer de l'écurie commune au régime de la box. Nous avons souvent expérimenté ce fait sur des points très-différents du territoire et sur un grand nombre de chevaux. L'expérience n'a jamais démenti l'observation ; elle l'a confirmée, au contraire, par un fait parallèle assez remarquable. Ainsi les animaux, — étalons, ou juments, ou produits, — qui vivent en box et en paddock, se trouvent beaucoup mieux, en tout temps, en toutes saisons, de l'exposition du nord que de l'exposition du midi. En été, la chose s'explique parfaitement : il n'en est pas de même pour les mois rigoureux de l'année; on serait bien plus porté à penser que l'exposition du midi devrait offrir quelques avantages, et tenté de la réserver pour les animaux plus délicats. Il n'en est rien cependant; ceux qu'on loge au nord sont constamment en santé et en présentent extérieurement, à un degré plus marqué, toutes les apparences. Les autres ne s'hivernent pas aussi complétement; la température plus douce y met obstacle, et les alternatives de soleil chaud et d'ombre agissent défavorablement sur leur santé. Chez les bêtes ainsi tenues au midi, la robe n'est jamais aussi brillante en hiver que celles qui ont l'exposition opposée. Le poil est moins lisse, quand il n'est pas piqué; la peau est moins nette et moins souple; les fonctions digestives, enfin, s'accomplissent évidemment sous une influence moins régulière et moins favorable. Il en résulte qu'à l'entrée de la mauvaise saison nous avions la précaution, au haras de Pompadour comme à celui du Pin, de placer les poulinières vides et les animaux les plus forts dans les boxes du midi, et de réserver les écuries du nord pour les bêtes pleines et les poulains souffreteux. Ici, bien entendu, le pansage était complétement abandonné; on se bornait à soigner les pieds avec beaucoup d'attention, à enlever tout ce qui aurait pu souiller la peau et à passer la brosse en chiendent sur les crins. Le grand moyen de propreté consistait à épousseter légèrement le corps avec une queue de cheval, afin de le débarrasser des débris de fourrages, de la plus *grosse* poussière, qu'on nous permette ce mot. Du reste, aucun frottement qui aurait eu pour objet d'ouvrir les pores de la peau ou d'activer les fonctions de cet organe.

Les étalons en boxes étaient soumis au même régime, et, chose remarquable, leur poil était souvent plus fin et plus lustré que la robe des chevaux pansés à fond et constamment tenus sous de chaudes couvertes.

Quant au mode d'alimentation, nous adoptons volontiers les pratiques anglaises pour les étalons qu'on peut laisser en liberté. L'expérience les recommande comme bonnes et suffisantes. Nous aimons à en constater les effets, comme nous avons toujours aimé à en suivre rigoureusement les leçons. C'est un faible que nous avouons sans honte et sans regret. Nous avons, dans la pratique d'un art ou l'application des principes d'une science, les mêmes idées qu'en politique; nous ne sommes pas plus royaliste que le roi, et nous ne nous faisons pas plus savant que la nature. Nous nous en tenons volontiers à ce que celle-ci a bien voulu révéler par l'expérience et l'observation à celui-ci, à celui-là, et finalement à tous.

Mais le régime anglais ne saurait être appliqué sans modification à l'entretien des étalons qui vivent en stalle et dont l'existence est plus renfermée qu'extérieure. On peut, toutefois, lui prendre son principe, qui est celui-ci : rapprocher autant que possible le mâle des conditions dans lesquelles sont tenues les femelles qu'il est appelé à féconder, abstraction faite, bien entendu, d'une hygiène répréhensible.

Dans ce précepte on trouvera toujours un guide sûr. En général, on s'en écarte un peu trop dans les haras de l'État. Pour trop bien faire, pour avoir des étalons trop bien tenus, on *uniformise* trop la règle, les conditions d'hygiène; on ne vient pas assez vers la jument, qui, elle, de son côté, n'est point assez rapprochée de la vie un peu somptueuse faite à l'étalon. De là une grande distance physiologique entre des animaux qui doivent être unis au moral comme au physique. Cette différence se traduit, en fait, par un grand nombre de non-fécondations.

Sans nuire en rien au régime bien ordonné de l'étalon, on peut cependant le mitiger de manière à ce qu'il soit moins éloigné de la façon de vivre des juments en général. Au lieu d'être exclusivement sec et tonique, au lieu de n'admettre que le foin, la paille et l'avoine, il est facile d'en varier un peu la composition, soit en mêlant des fourrages herbacés aux fourrages secs dans la saison du vert, soit en donnant des maschs pendant les chaleurs de l'été, ou même avant l'époque du vert. Nous parlons encore après expérimentation complète. Le vert, stratifié soit avec la paille, soit avec le foin, constitue une excellente nourriture pour tous les âges. Les idées qu'on s'était faites sur les résultats débilitants d'un pareil régime n'ont absolument rien de fondé. L'avoine est bien digérée par les animaux soumis à un demi-vert et suffit à maintenir une grande énergie, un grand fond de vigueur. Loin de diminuer même, ainsi qu'on nous l'avait enseigné autrefois, les forces augmentent et le pouvoir prolifique s'élève. Nous aurions des faits bien curieux à rapporter à ce sujet : ils feraient longueur dans un chapitre déjà trop long peut-être.

Cependant nous extrairons d'un livre qui n'est point assez répandu parmi les éleveurs, peut-être aussi parmi ceux qui ont mission de les diriger, — nous voulons parler du *Traité des haras* de M. Demoussy, — quelques passages relatifs à la bonne hygiène de l'étalon et de la jument. Ils renferment des observations de pratique très-judicieuses.

« Pendant tout le cours de la monte, dit cet ancien officier des haras, et surtout lorsque la température de l'atmosphère est élevée, il faut donner chaque jour, à midi, aux étalons de tout âge une ration de provende, c'est-à-dire un mélange à partie égale de farine d'orge et d'avoine que l'on humecte avec une suffisante quantité d'eau. Cette méthode offre l'avantage de prévenir les maladies inflammatoires, qui sont si communes dans cette saison, et qui reconnaissent pour causes l'action combinée de la chaleur sans cesse croissante de l'air ambiant, et l'érection vitale plus énergique de toutes les parties de l'organisme. »

Aux farineux, conseillés par M. Demoussy, nous substituons, comme très-préférable, le grain lui-même préparé en masch chaude avec du son. Suivant l'époque de la saison, cette masch est donnée froide ou tiède; mais elle doit toujours être faite à l'eau bouillante. Les farines poussent trop à la graisse ; or celle-ci nuit au développement des facultés prolifiques en détournant toutes les forces digestives à son profit.

M. Demoussy continue ainsi : « Une observation que j'ai recueillie et qui a été confirmée par l'expérience de tous les palefreniers intelligents disséminés dans les diverses stations de monte, c'est que l'emploi de la farine d'orge ou du son de froment mêlé à l'avoine et donné chaque jour, à midi, rend les étalons plus prolifiques que l'usage exclusif de l'avoine. En 1818 et 1819, on supprima la provende, remplacée par l'avoine pure. Les résultats de la monte de ces deux années furent bien moins satisfaisants que ceux des années précédentes. On revint à la provende et on obtint un plus grand nombre de productions. »

L'avoine en grain sec, administrée à haute dose et d'une manière continue, donne beaucoup de ton et d'énergie à la fibre; elle monte les forces physiques à un diapason très-élevé; à la longue, elle tend tous les ressorts et jette les organes dans un éréthisme violent qui assèche les tissus et gêne les filtrations. Les poulinières nourries tout différemment, plus ou moins relâchées par le régime du vert, forment contraste et ne sont pas mieux disposées pour une conception certaine.

La provende était un progrès sur le régime à l'avoine pure ; la masch est un nouveau progrès sur la provende.

« Les Espagnols, ajoute M. Demoussy, disposent leurs étalons à la monte en leur faisant manger, pendant une vingtaine de jours, de l'orge en vert. Cette méthode est rationnelle, surtout dans la Péninsule. Les matières muqueuses et sucrées de l'Orge, unies à une eau abondante de végétation, fournissent une grande quantité de substances alibiles à l'organisation, et cette nutrition plus active ne provoque aucune irritation, parce qu'il y a absence de tout principe stimulant. »

Nous avons déjà fait connaître notre sentiment sur l'alimentation herbacée ; nous ne la voulons qu'à l'état de régime mixte.

Plus loin, M. Demoussy dit encore : « Le régime alimentaire des étalons du gouvernement est augmenté avant l'ouverture de la monte : ils reçoivent une plus forte ration d'avoine. La quantité de foin n'est pas accrue, parce qu'il est d'observation constante que sa profusion exerce la plus funeste impression sur la poitrine, qu'elle dispose éminemment à la pousse en déterminant la dilatation variqueuse et anévrismatique de ses vaisseaux. Cette augmentation de fourrage est encore plus à redouter pendant le cours de la monte, parce que l'amplitude des vaisseaux pulmonaires est favorisée par l'acte de la copulation, qui retient le sang dans cette cavité splanchnique. »

Nous n'acceptons cette dernière remarque que sous bénéfice d'inventaire. L'expérience prouve que le service de la monte, même actif, n'accroît pas toujours les symptômes qui annoncent l'existence de la pousse. Loin de là, au contraire, le flanc de beaucoup d'étalons poussifs se calme pendant la saison de l'accouplement, et son agitation maladive ne reparaît aussi violente qu'à la cessation du service. Il en est de même chez la poulinière, très-manifestement poussive à un moindre degré pendant la période de gestation et la durée de l'allaitement que pendant l'état de viduité. L'activité plus grande des organes générateurs est sans doute la cause déterminante de cette amélioration marquée dans l'état de la poitrine des étalons et des poulinières pleines ou nourrices.

M. Demoussy poursuit ainsi : « Quelques propriétaires mêlent du froment, des féveroles, du chènevis à l'avoine qu'ils donnent à leurs étalons. Ce mélange est plus nuisible qu'avantageux. Il y en a qui arrosent l'avoine avec du vin, de l'eau-de-vie qui tient du poivre en dissolution. Cette pratique ne saurait être trop condamnée. Tout ce qui exalte le tempérament de l'étalon, tout ce qui exerce une impression sur les organes générateurs, loin de favoriser la fécondation, s'oppose à son accomplissement ; un régime sain et substantiel est le meilleur aphrodisiaque que l'on puisse employer. Suivons les voies que la nature nous indique et ne nous écartons pas des lois qu'elle nous a tracées.

« Le vert donné aux étalons, lorsqu'ils peuvent le prendre en liberté, en errant dans la prairie, est quelquefois le meilleur régime à prescrire aux chevaux dont les facultés prolifiques ont peu d'activité. Elles sont presque toujours enchaînées par une irritation chronique, ou une trop grande tension des tissus. Le département de la Vendée nous en fournit plusieurs exemples remarquables. Ses marais desséchés ont été convertis en prairies fécondes, divisées par compartiments et séparées par des canaux dans lesquels coulent les eaux surabondantes auxquelles on a ménagé de larges issues.

« Quelques étalons du dépôt de Saint-Maixent, que leur âge ou leurs infirmités ont retenus dans ce département, et un grand nombre d'étalons particuliers, restent constamment dans leurs pâturages pendant le cours de la monte : ils n'en sont tirés que pour servir les juments qu'on amène à leurs stations; et, dès qu'ils ont accompli l'acte de la copulation, ils sont reconduits dans leur enclos. On a observé qu'ils étaient, en général, plus féconds que ceux dont la nourriture était exclusivement basée sur le foin et l'avoine.

« Je n'en suis point surpris : leurs aliments sont préparés par la main libérale de la nature qui les a appropriés à leur constitution, tandis que le grain et le fourrage que nous leur donnons produisent sur le tube digestif, et successivement sur tous les organes, une impression trop stimulante qui est encore accrue par les chaleurs du printemps et par l'exaltation de leurs désirs. Cette stimulation trop active nuit à leur fécondité, surtout quand ils sont doués d'une grande irritabilité.

« Avant l'organisation de nos haras, on préparait dans quelques établissements les étalons à la monte par la saignée et par les boissons nitrées et réfrigérantes. Cette méthode absurde, qui tendait à dépouiller l'économie de ses matériaux réparateurs, a été abandonnée avec raison. Ces moyens ne doivent être prescrits que dans les cas où un organe va devenir le siége d'une irritation dont les prodromes commencent à s'annoncer. »

La même question, celle du régime, préoccupe aussi M. Demoussy, en ce qui concerne les poulinières. Écoutons-le encore sur ce point :

« La fécondité des juments dépend beaucoup du genre de nourriture qui leur est accordée; celles qui sont nourries au sec ont beaucoup moins d'aptitude à concevoir que les poulinières qui divaguent toute l'année dans les pâturages. Plus les animaux sont rapprochés de leur état primitif, plus la nature exerce d'empire sur leurs organes. Il y a beaucoup de juments que la première copulation suffit pour rendre fécondes, et c'est toujours celles qui sont confinées dans les domaines.

« Quand on veut rendre mère une jument qui paraît frappée de stérilité, il faut changer son régime et substituer

aux fourrages secs et à l'avoine la nourriture verte qu'elle
prend elle-même dans les herbages. Cette mutation d'aliments lui est extrêmement avantageuse. Les herbes qu'elle
consomme fournissent un véhicule abondant à son sang
chargé de fibrine; ses humeurs épaissies se délayent, l'éréthisme, la tension des solides diminuent, et le doux exercice qu'elle prend pour choisir les plantes qui lui conviennent le mieux favorise la circulation, qui reprend peu à
peu son rhythme normal; ses organes générateurs, qui éprouvent, comme tous les autres, une amélioration sensible dans
leurs fonctions, sont mieux disposés pour opérer l'œuvre de
la fécondation. »

Toutes ces observations convergent vers le même point,
à savoir que l'expérience repousse les idées qui ont cours, —
on ne sait pourquoi, — sur la nécessité d'une nourriture
échauffante, propre à exciter, à stimuler énergiquement la
vie chez l'étalon. C'est un préjugé qui n'aurait son grain
de justice que relativement à des animaux affaiblis, dégradés, de mauvaise souche et tels qu'on ne doit en admettre
à aucun degré de l'échelle. Tous les hippologues dont les
livres peuvent se trouver aux mains des producteurs de poulains font ressortir avec force les inconvénients du régime
excitant, tous recommandent une nourriture saine et douce.
Pourquoi donc cette persistance dans la routine?...

Nous aurions bien encore quelques points à examiner,
mais ils sont secondaires et n'offrent, d'ailleurs, aucune difficulté spéciale. Il nous paraît inutile de répéter ce que d'autres ont dit et bien dit avant nous, lorsque aucune observation nouvelle ne s'est produite.

IV.

Nous abordons un sujet fort obscur, — la conception : —
sur ce point la nature a gardé son secret; nous passerons
rapidement pour revenir à la pratique, aux attentions que

réclame la poulinière en état de plénitude. Il faut, en effet, mener à bien le produit de la conception ; après quoi, il reste encore à assurer la réussite du poulain dont on a favorisé la naissance.

A l'irritation physiologique toute particulière qui détermine les signes extérieurs désignés par ce mot — *chaleurs*, et après une copulation fructueuse, succède un état nouveau, sous l'empire duquel s'opère la conception. C'est le travail intérieur et caché, le travail intime qui met en jeu les éléments d'organisation d'un nouvel être, et par suite duquel celui-ci reçoit le principe de la vie.

La femelle qui a conçu est en gestation, en état de plénitude ; elle porte, développe et nourrit dans ses flancs le produit de la copulation féconde.

La première attention qu'elle réclame après l'accouplement et à défaut de laquelle celui-ci demeure souvent sans résultat utile, c'est en quelque sorte une attention négative. Immédiatement après l'accouplement, elle voudrait être éloignée du lieu de la monte, conduite avec douceur dans un endroit paisible, déposée dans un coin où elle pût être tout à elle et rien qu'à elle. Si on l'observe alors, on la trouve calme et enfermée ; elle n'a plus besoin de rien donner, si l'on peut dire, à la vie extérieure à laquelle elle s'abandonnait si complétement avant d'avoir été saillie ; elle justifie enfin cet aphorisme qui exprime mal pourtant le fait qu'il a voulu traduire : *Omne animal post coitum triste.*

Ces quelques mots disent assez que nous sommes opposé à toutes ces pratiques ridicules ou grotesques, si généralement suivies encore, qui consistent, au moment où l'étalon la quitte, à frapper la jument, à la faire trotter ou tourner, à la brusquer de quelque manière, à lui jeter de l'eau froide sur la tête ou sur la croupe, à lui faire cent autres violences absurdes dont le seul effet peut être de nuire à la fécondation, en déterminant des contractions musculaires expul-

sives de la matrice. On reste confondu, quand on y réflé-
chit, de la nature grossière et du nombre des préjugés qui
ont existé ou existent encore sur le fait, si naturel pourtant, de l'union des sexes en vue de la multiplication des
espèces domestiques. Cette ignorance est d'autant plus in-
explicable chez l'homme, qu'il pourrait savoir par lui-même
comment les choses peuvent et doivent se passer. En aucune matière, sans doute, il n'a jamais été plus fort en contradiction avec le plus gros bon sens, avec ses faits et gestes
de tous les jours, lui dont la tendance le porte incessamment à se comparer aux animaux qui l'entourent, ce qu'il
fait à tout instant et en dépit de cette triviale précaution oratoire : — *C'est sans comparaison et sauf votre res-
pect.* . . . . . .

Les esprits les plus élevés n'ont pas toujours été à l'abri
de ces erreurs. Buffon approuvait les procédés contre lesquels nous nous élevons ; il les croyait utiles pour calmer les
convulsions qui subsistent après l'accouplement dans les organes de la femelle, et qui peuvent occasionner le rejet de
la liqueur séminale déposée par le mâle. C'est pénétrer bien
avant dans le fait intime de la fécondation pour le rattacher
à une idée bien superficielle, à une erreur qu'il faut abandonner au vulgaire. On n'aime pas, en général, lorsque
l'étalon se retire, à voir s'échapper du membre et de la vulve
une certaine quantité de sperme. On croit alors que l'accouplement restera infructueux, que l'union n'a pas été assez
prolongée, que la copulation ne s'est pas effectuée d'une
manière complète. Et ce n'est pas un doute que l'on a, mais
une créance, une idée, qu'en savez-vous? — Le sperme!
Mais quel rôle joue donc en ceci la liqueur spermatique ?
Elle n'est qu'un grossier véhicule, vous le dites ; par elle-
même donc, elle n'est rien, et sa perte est insignifiante quand
le principe vivifiant qu'elle porte s'en est échappé avec toute
la subtilité qui est en quelque sorte son essence. — Les convulsions déterminées dans les organes de la femelle par

l'accouplement! Mais pourquoi les calmer? qui vous a dit qu'elles fussent nuisibles au résultat proposé? Existent-elles seulement? Si elles existent, c'est qu'elles sont nécessaires; mais nous ne croyons pas que le travail intérieur qui suit l'acte de la copulation atteigne cette violence, mérite ce nom. Il est tout différent sans doute, et l'expérience prouve qu'il faut soustraire la femelle à tout ce qui pourrait le contrarier, le troubler, l'arrêter. Ne mettons pas nos idées à la place des vues de la nature : celles-ci, pleines de sagesse, se réalisent toujours sous l'influence de lois immuables; les autres, fruit d'une imagination mal assise, prennent trop souvent leur source dans un esprit de système dont la base n'a aucun appui sur la vérité.

Cela fait que nous laissons volontiers à d'autres le soin d'expliquer la formation du germe, sa conversion en embryon et en fœtus, celui d'étudier physiologiquement la marche de la gestation, de relater les accidents et les anomalies qui accompagnent cet état quand la nature a des caprices et se livre à quelques-uns de ces écarts par lesquels elle semble se jouer de nos combinaisons les plus exactes en apparence. Nous resterons sur un terrain plus modeste, et nous nous occuperons seulement de ce sur quoi l'homme peut, en intervenant, exercer une influence quelconque, mais plus appréciable.

Immédiatement après l'acte de la copulation, aucun signe n'annonce que la femelle a été fécondée, qu'elle a conçu. On peut le présumer sans doute, mais la présomption n'est pas la certitude. Cependant la diminution des désirs, la cessation graduée des chaleurs, le refus de recevoir le mâle, tels sont les premiers indices de la conception.

Maintenant, si rien ne vient détruire ce résultat, de nombreux et importants changements vont s'opérer dans l'économie. Quelques mois sont nécessaires pour les rendre apparents, car leur marche est lente; mais ils se décèlent à la fin, et la preuve de l'existence du fœtus se fait.

Ainsi, la matrice, qui, dans son état de vacuité, était renfermée dans les limites du bassin, agrandit peu à peu ses dimensions. Dès qu'elle est devenue un centre actif de vitalité et d'organisation, elle pèse sur la vessie, soulève le rectum, refoule la masse intestinale, envahit la cavité abdominale et dilate ses parois, pousse l'estomac à gauche, s'appuie sur le foie et gêne, chaque jour davantage, le diaphragme dans la liberté de ses mouvements.

Si tous ces changements s'opéraient tout à coup, il en résulterait certainement une grande perturbation dans les fonctions ordinaires de la vie ; mais ils s'effectuent par degrés ; alors chaque organe s'accommode à la situation nouvelle, et tous se prêtent sans souffrance à cette expansion qui semblerait devoir gêner extrêmement leur action. Celle-ci donc est tenue de s'exercer d'une manière plus concentrée, si l'on peut dire, jusqu'au moment marqué pour la délivrance. Elle reprend alors son rhythme ordinaire, et en peu de temps tout rentre dans les conditions normales.

A ces phénomènes locaux de la gestation il faut en ajouter un autre — plus général, — la liberté moindre de la respiration, qui se raccourcit à mesure que l'évolution du fœtus restreint les mouvements du diaphragme.

Ces divers signes sont peu appréciables avant le sixième mois de la grossesse ; mais si lents qu'ils soient à se manifester jusqu'à l'évidence, ils ne peuvent s'établir néanmoins sans que la femelle présente, dans sa manière d'être accoutumée, des changements notables. Ainsi elle perd de sa vivacité, elle n'a plus la même aptitude à des courses rapides ; elle devient paresseuse, elle a un penchant marqué à l'inaction. L'instinct lui apprend à ménager ses forces, à se conduire de façon à ne pas compromettre l'existence du nouvel individu qui se développe en elle et ne peut vivre que par elle.

Bientôt la nutrition prend plus d'activité, et l'embonpoint augmente manifestement ; le ventre grossit, il s'avale ; les flancs se creusent légèrement; les muscles de la croupe s'affaissent; les hanches et la base de la queue paraissent, au contraire, plus saillantes; toute l'arrière-main acquiert plus d'ampleur. Le caractère aussi se modifie, devient plus docile, plus obéissant.

Faibles d'abord, ces signes se prononcent d'autant plus que la gestation avance davantage vers son terme. Vers le sixième mois seulement ils prennent, dans leur ensemble, un caractère de certitude complète, bientôt confirmé, d'ailleurs, par un témoignage irrécusable, — le mouvement du fœtus qui accuse ainsi lui-même son existence.

On est toujours très-désireux d'être fixé sur l'état de plénitude ou de viduité d'une jument. On l'observe de près à l'époque où il est possible de s'en assurer. Le fait importe à connaître, en effet, puisque la jument pleine doit être mieux traitée, plus ménagée que celle dont la fécondité a été trompée.

Grognier a parfaitement indiqué les moyens d'exploration à l'aide desquels l'éleveur peut enfin sortir de toute incertitude relativement à la grossesse de ses poulinières. Nous copions :

« 1° La jument étant couchée du côté gauche, la matrice est rejetée du côté droit par la masse intestinale, surtout après le repas. Le fœtus se rapproche alors des parois abdominales, il est gêné; il se meut, et ses mouvements sont sensibles à la vue. La jument serait debout, que pendant son repas, ou peu de temps après l'avoir pris, le même refoulement de la matrice à droite a lieu, et le fœtus gêné se meut.

« 2° Ces mouvements sont plus apparents, lorsque la jument boit tout d'une haleine une grande quantité d'eau froide, parce qu'alors à l'amplitude subite de l'estomac se joint un abaissement de température qui, fatiguant le fœtus, excite ses mouvements, et c'est du côté droit qu'ils se font apercevoir plus sensiblement.

« 3° On saisit, par le tact, les mouvements du fœtus, en portant la main sous le ventre entre les mamelles et l'ombilic, la promenant à droite et à gauche, appuyant surtout sur la ligne médiane, où le plus souvent ces mouvements se manifestent. On renouvelle plusieurs fois cette pression.»

Nous nous abstenons de mentionner plusieurs autres procédés peu usuels et plus ou moins dangereux. Ils ne sont point à la portée de l'éleveur; nous en réprouvons l'application. Pour s'assurer de la fécondation d'une poulinière, il ne faut pas courir le risque de détruire en elle l'œuvre de la conception. Il serait inutile d'acquérir la preuve de son état de plénitude pour en provoquer prématurément la fin.

La durée de la gestation n'est pas, chez la jument plus que chez les femelles des autres espèces, renfermée dans des limites très-rigoureuses; elle est, en moyenne, de onze mois et quelques jours, lesquels s'étendent, pour l'ordinaire, du 10e au 20e. D'après les idées reçues

Le terme le plus faible serait de 287 jours (9 mois 17 jours);
Le terme ordinaire   — de 330 — (11 mois);
Le terme le plus fort   — de 419 — (13 mois 29 jours).

Nous avons eu la pensée de vérifier ces fixations et d'étudier à nouveau la question. Malheureusement les circonstances ne nous ont pas permis de donner à notre travail la suite qu'il comporte; nos vérifications n'ont porté que sur les vingt-cinq naissances qui ont eu lieu, en 1842, au haras du Pin. Voici le dépouillement du tableau que nous en avions dressé au fur et à mesure de la naissance des produits. Les dates sont certaines, comme on sait. Dans un établissement semblable, les étalons n'habitent pas avec les poulinières; il n'y a ni erreur ni fraude possibles. Le nombre des jours a été compté à partir de la dernière saillie de la femelle.

Les 25 juments ont porté leurs produits, — ensemble, — pendant 8,590 jours; — moyenne, 343 jours 1/2.

Le terme le plus faible a été de 324 jours (10 mois 24 jours);
Le terme moyen   — de 343 — (11 mois 13 jours);
Le terme le plus fort   — de 367 — (12 mois 7 jours).

Par ce résultat, nous n'entendons pas infirmer les autres.
Nous n'avons observé que des poulinières de pur sang anglais, exclusivement livrées à la reproduction, et ne donnant aucun travail, ne faisant même aucun autre exercice que celui pris ad libitum dans la prairie pendant la saison de l'herbagement, ou dans le paddock pendant l'hivernage.

Cette circonstance est de nature à influer sur la durée de la gestation et, croyons-nous, à la prolonger. Aussi, à l'exception du délai le plus étendu, qui est moindre dans notre tableau, voyons-nous les deux autres termes plus courts dans les fixations répétées par les auteurs, d'après les recherches de Tessier.

Que si nous entrons plus avant dans les détails, nous trouvons, par exemple,

1° Que 16 produits sont nés dans les limites du moyen terme au plus fort,

Et 9 dans les limites du moyen terme au plus faible.

2° Que la moyenne pour chacune des deux catégories se fixe de la manière suivante :

16 produits sont nés au bout de 349 jours (11 mois 19 jours);
9   —   —   — de 333 — (11 mois 3 jours).

3° Que, parmi les 16 produits nés après le plus long terme, il y avait 9 mâles et 7 femelles,

Et, parmi les 9 autres nés dans le délai le plus court, il y avait 7 femelles et 2 mâles.

4° Que, mesurée le jour même de la naissance, la circonférence du thorax a présenté en développement :

Dans le groupe des 16 produits, une moyenne de 0.83 c.,
      — des 9 autres,   — de 0.82 —

Ces faits ne sont pas assez nombreux pour qu'il soit possible d'en tirer des conséquences sérieuses. Nous les produisons comme premières données ; ce n'est qu'un premier jalon. A de plus heureux maintenant à suivre la voie ouverte. Mais ces études sont très-minutieuses, elles veulent une grande fidélité, beaucoup d'exactitude et une attention suivie.

Au surplus, elles n'auront peut-être jamais sur la pratique une très-grande influence. Nous ne voyons pas comment empêcher le produit de naître plus tôt, comment faire en sorte qu'il naisse après une plus longue gestation, s'il y a avantage à ce que la vie utérine soit prolongée au delà du terme moyen. Grognier a dit : « On pourrait croire que le fœtus, concourant par ses efforts à sa propre naissance, vient au monde, quand il se sent instinctivement assez fort pour soutenir la vie indépendante. » Sans être absolue, cette proposition a certainement son grain de justice. Il y aurait cependant un point à élucider (mais le temps et des expériences bien faites sur un grand nombre de juments et de produits seraient nécessaires), savoir : les poulains qui naissent dans un délai moindre que le terme moyen sont-ils moins forts, plus difficiles à élever, moins bien venants, réussissent-ils plus malaisément que les autres ? On le dit pour ceux qui naissent dans la limite extrême, et nous croyons l'assertion fondée ; mais, en dehors de ces cas exceptionnels, les mêmes difficultés se présentent-elles ? Ici nous hésiterions à nous prononcer pour l'affirmative, car nous n'avons point observé que les produits nés tardivement, ou dans les limites du plus long terme, se montrassent évidemment plus énergiques et plus vivaces que les produits sortis dans le moyen terme. Toutefois ces observations sont complétement indépendantes du volume, du développement des jeunes animaux. Le développement utérin n'est pas toujours une garantie de succès pour l'avenir.

Beaucoup de produits, d'apparence grêle et mince en

naissant, se montrent très-vivaces et poussent avec une vigueur extrême; beaucoup d'autres forment contraste, et par la force qu'on leur suppose au moment où ils viennent de naître et par la lenteur avec laquelle ils se développent. Il y a certainement ici des raisons, des causes de variation tout à fait étrangères aux conditions de la vie utérine; il y a maintenant le mode d'action de toutes les influences extérieures qui pèsent sur le produit tout à la fois par la mère et par lui; il y a la main de l'homme, les soins journaliers, les effets d'une hygiène déterminée, les circonstances physiques et les antécédents héréditaires; il y a plus encore, il y a l'imprévu et l'inconnu.

Bien que la gestation modifie profondément toute la machine, elle n'en est pas moins une fonction naturelle, un état passager très-compatible avec la santé. Si l'on en croyait les physiologistes, il faudrait mettre toutes les femelles qui ont été fécondées dans des boîtes à coton. Leurs recommandations font contraste avec la pratique un peu trop sans façon et les négligences de toutes sortes du grand nombre. Le fait est que les espèces communes, les grosses races ne réclament vraiment pas des soins extraordinaires. Les femelles, dans ces catégories d'animaux, supportent à merveille la grossesse et en traversent presque toutes les phases sans attentions spéciales. Plus de nourriture, quelques ménagements dans le travail, éviter les fortes secousses, les percussions, les efforts violents, les heurts contre les objets extérieurs, un peu plus d'espace et de propreté dans l'écurie, la cessation de tout travail dans les quinze à vingt jours qui précèdent la délivrance, telles sont les seules précautions à avoir; elles suffisent, c'est tout simplement de l'hygiène bien entendue.

Il y a peu à faire également pour les poulinières qui n'ont pas d'autre destination, d'autre emploi que la reproduction. Pendant la plus grande partie de l'année, elles vivent au pâturage; au fort de l'hiver, on les rentre pour les nourrir en suffisance : elles ne veulent pas alors être tenues trop chaudement. L'existence abritée n'étant pour elles qu'une exception, une nécessité amenée par les gros temps, elles ne supporteraient pas sans inconvénients une écurie trop chaude et deviendraient trop sensibles aux influences extérieures dès qu'on les rendrait à la liberté, à la vie errante de la prairie.

Les juments dont l'existence se partage, celles que l'on met dehors et que l'on rentre alternativement une ou plusieurs fois par jour, selon les circonstances et les conditions de l'atmosphère, ont de plus grandes exigences et doivent être entourées de soins plus nombreux. Celles-ci, qu'on ne s'y trompe pas, sont et restent très-impressionnables, non-seulement parce qu'elles appartiennent d'ordinaire à des familles un peu délicates ou tout au moins de nature très-susceptible, mais surtout parce que l'existence qu'on leur a faite, toutes les habitudes de la vie entretiennent cette facilité à recevoir et à sentir toutes les impressions, bonnes ou défavorables. Il faut éviter l'excès en ceci comme en toutes choses, mais certaines familles de chevaux ne peuvent être traitées comme les autres ; il y a des situations qui obligent et contre lesquelles on ne saurait aller sans encombre, sans perdre certains avantages qu'il y a tout intérêt à conserver. Nécessité fait loi. Nul ne demanderait sans doute que l'on soumît au même régime, en France, un troupeau de juments arabes et une troupe de juments acclimatées.

C'est alors une hygiène un peu exceptionnelle et forcément plus soigneuse. La nourriture ne doit pas seulement être abondante, elle doit surtout être bien choisie, judicieusement administrée et variée, sinon dans la nature, du moins dans la préparation ; les condiments deviennent souvent alors nécessaires pour exciter convenablement les fonctions digestives un peu paresseuses dans la mauvaise saison, quand l'intempérie ne permet que de courtes sorties et peu d'exercice. L'usage du sel est alors très-efficace ; mais l'utérus est tellement irritable, qu'il faut être bien sûr de la pureté de cette substance. Nous avons cru pouvoir attribuer plusieurs avortements à l'action des matières étrangères qu'elle renferme souvent, et nous avions pris le parti d'en supprimer l'administration dès le commencement du sixième mois de la grossesse. Tout cela n'est encore que de l'hygiène. Les juments de pur sang doivent être ainsi traitées. Sans les tenir dans une atmosphère élevée, à l'écurie, il faut avoir soin qu'elles n'y aient pas froid. Le froid leur est particulièrement défavorable quand elles n'y ont pas été insensiblement accoutumées. Leur condition doit être un peu supérieure au simple embonpoint, à un état moyen. La jument de pur sang, et notamment celle qu'on entretient dans le midi avec des aliments plus toniques que substantiels, a même besoin d'être grasse, sous peine de n'en obtenir que des poulains maigres. Or ceux qui naissent pauvres se remettent très-difficilement en point, car le lait de la mère, par le même motif, n'a pas les qualités nutritives suffisantes pour réparer les pertes du passé et parer aux exigences du présent.

La ration doit donc varier, être toujours composée en raison des besoins de la poulinière. La seule mesure de ces besoins, c'est la condition actuelle, l'état d'embonpoint de chaque jour, sans égard à la quantité de nourriture. Le passé, sous ce rapport, n'est que d'un faible secours. La valeur nutritive des aliments est si différente d'une année à l'autre, qu'il n'y a point à tabler ni sur le volume ni sur le poids de la ration. La seule règle à suivre est celle que pose, répétons-le, la condition même de la jument.

Nous avions soumis toutes nos opérations au contrôle le plus sévère, quand nous dirigions les haras du Pin et de Pompadour. Ce contrôle ne répondait qu'à un désir personnel, au besoin que nous avions de nous rendre compte du plus mince détail ; en effet, il était en dehors de toutes les exigences administratives. Cette direction si courte (six ans dans les deux établissements), si elle avait eu seulement douze à quinze ans de durée, nous eût permis d'analyser des matériaux bien précieux pour la science. Mais une durée de quinze ans, qui donc l'a jamais eue dans les haras de l'État ?

Quoi qu'il en soit, voici le résumé de nos tableaux, en ce qui concerne l'alimentation, à l'écurie, des poulinières du Pin et de Pompadour pendant les années 1842, — 1843 — et 1844 ; nous ne l'offrons pas comme un type de rations à adopter, mais comme un fait. Ce fait, d'ailleurs, voudra être expliqué et commenté ; nous y rattacherons les principales observations qui s'y rapportent, pour le dépouiller de toute fausse interprétation et ne lui laisser, auprès des éleveurs praticiens, que la signification qu'il doit avoir.

Tableau résumant, en moyennes trimestrielles, la composition des rations journalières consommées par les poulinières du Pin et de Pompadour pendant les années 1842,—1843—et 1844.

		FOIN.	PAILLE.	AVOINE	ORGE.	SON.	CAROT.	VERT à l'écurie.
		Kilog.	Kilog.	Litres.	Litres.	Litres.	Kilog.	Kilog.
		Janvier. — Février. — Mars.						
Haras du Pin......	en 1842........	5.80	7.59	5.21	2.03	0.76	7.19	»
— de Pompadour	en 1843........	10.69	10.12	9.33	0.92	0.76	3.61	»
	en 1844........	6.84	6.58	7.20	1.41	0.97	1.30	»
		Avril. — Mai. — Juin.						
Le Pin............	en 1842........	2.27	6.71	4.82	1.72	0.73	»	5.16
Pompadour........	en 1843........	5.30	6.41	7.36	1.41	1.02	»	6.48
	en 1844........	5.75	6.50	7.73	0.92	1.15	»	5.36
		Juillet. — Août. — Septembre.						
Le Pin............	en 1842........	1.22	5.74	3.52	0.55	0.48	»	9.72
Pompadour........	en 1843........	5.17	6.23	7.25	1.37	1.00	»	2.67
	en 1844........	5.35	7.24	6.68	0.60	0.68	»	2.17
		Octobre. — Novembre. — Décembre.						
Le Pin............	en 1842........	5.34	7.05	5.11	1.12	0.84	7.90	»
Pompadour........	en 1843........	5.81	6.40	7.00	0.97	0.97	»	»
	en 1844........	8.21	6.30	6.63	0.47	0.70	2.18	»
		MOYENNE GÉNÉRALE POUR L'ANNÉE.						
Le Pin............	en 1842........	3.68	6.77	4.67	1.35	0.70	Mém.	Mém.
Pompadour........	en 1843........	6.74	7.29	7.74	1.17	0.94	Id.	Id.
	en 1844........	6.54	6.90	7.06	0.85	0.87	Id.	Id.

Il y a de telles variations entre ces fixations diverses, qu'il faut bien, dès le premier aperçu, reconnaître que le besoin est la seule mesure consultée et employée dans tous les temps. Les différences seraient beaucoup plus marquées encore, si, pour éviter d'offrir un tableau trop compliqué, nous avions donné les moyennes mensuelles. Celles-ci, nécessairement, eussent été plus près de la vérité, de même que celle pour l'année entière en est plus éloignée, quoiqu'elle résume exactement le fait dans son ensemble.

Commençons, par les détails, les explications que nous voulons donner sur ces rations diverses.

La ration la plus forte concorde toujours avec la fin de la gestation et le commencement de l'allaitement. On se rend compte de cette exigence, et d'autant mieux qu'il s'agit seulement de la nourriture donnée à l'écurie. Or, pendant les trois premiers mois de l'année, il n'y a rien à prendre dehors pour des poulinières de cet ordre. Il faut, d'ailleurs, ménager le sol même de la prairie à livrer en pacage et favoriser la pousse des herbes. Le pied du cheval est nuisible à la végétation. Il est une autre considération enfin, c'est que l'herbe trop jeune est aussi trop aqueuse ; elle ne fournirait qu'une alimentation débilitante, pauvre en substance nutritive à l'époque où la poulinière qui porte a le plus de besoin, où elle doit donner le plus au fœtus qui se perfectionne avant de naître.

Afin de rendre plus saillant le fait, nous avons additionné les chiffres de chaque ligne pour les cinq premières colonnes du tableau, laissant à dessein, en dehors du calcul, les quantités de racines et de vert, si éventuellement données ; nous trouvons les résultats suivants :

	Le Pin.	Pompadour (1843).	Pompadour (1844).
1er trimestre.	21.39 ;	51.82 ;	23.00.
2e —	16.25 ;	21.50 ;	22.05.
3e —	11.51 ;	21.02 ;	20.55.
4e —	19.46 ;	21.16 ;	22.31.
Totaux....	68.61.	95.50.	87.91.

Pour les mêmes motifs, la logique voulait que les rations du quatrième trimestre fussent plus fortes que pendant le semestre moyen. Les chiffres pour les trois derniers mois de l'année sont donc ceux qui se rapprochent le plus ou qui s'éloignent le moins des premiers. S'ils ne sont pas aussi élevés, c'est que, pendant le mois d'octobre, la prairie offre encore des ressources d'une certaine importance, particulièrement quand l'arrière-saison est favorable.

C'est pendant le second trimestre que s'ouvre le temps de l'herbagement, comme on dit en Normandie, — la saison du pacage, suivant l'expression usitée en Limousin et dans tout le midi de la France. Ces locutions ont une signification très-tranchée qui marque bien les différences de fertilité du sol et de richesse nutritive que présentent l'herbage et le pacage. Ces différences se retrouvent dans nos chiffres. En effet, la nourriture donnée à l'écurie est plus abondante à Pompadour, où sont des pacages, moins copieuse au Pin, où sont des herbages ; et ces différences s'observent tout aussi bien quand la ration est exclusivement composée d'aliments secs.

Maintenant, qu'on raisonne tant qu'on voudra sur la nature beaucoup plus tonique des nourritures récoltées en Limousin ou dans notre Midi, qu'on fasse de belles phrases et de magnifiques théories sur les propriétés aromatiques des foins, sur la qualité plus excitante des grains ; nous répondrons par ce fait brutal et têtu : on n'entretient sur des terres maigres donnant des produits pauvres, — en condition égale, — des animaux de moindre taille et de développement moindre, qu'avec des quantités de nourriture plus considérables. Donc les aliments récoltés ou consommés sur des terres grasses et fertiles nourrissent plus abondamment et plus généreusement, puisqu'ils entretiennent, — en condition égale, — des animaux plus corpulents, plus amples et plus grands avec des quantités moindres de nourriture. Ces idées sont tellement simples, qu'on est tout surpris d'être amené non-seulement à les émettre, mais à les prouver. Ce n'est pourtant pas un hors-d'œuvre, une passe d'armes inutile, et l'on rencontre encore aujourd'hui nombre de gens qui soutiennent l'opinion contraire. Ceux-ci ne sont pas tous parmi les éleveurs et les amateurs ; des officiers des haras ont cru la chose avec toute la bonne foi de l'ignorance. Nous en avons connu qui disaient ceci très-sérieusement (*risum teneatis, amici*) : le foin qu'on récolte en Angleterre est supérieur à l'avoine de France ; mais le foin que dépouillent nos prairies du Midi est meilleur au cheval que l'avoine du Nord, et l'avoine dite *pied-de-mouche*, que le moindre souffle emporte, donne plus de nerf et de feu que la meilleure avoine de Bretagne. C'est avec de pareilles erreurs pour boussole qu'on produit ces animaux chétifs et de nulle valeur au temps actuel, car ils ne trouvent ni débouché ni emploi dans les services de l'époque. Ils sont de la même école et de la même force, ceux qui ont la prétention d'élever les chevaux nécessaires à ce temps-ci parmi les bruyères et les joncs ou sur des pacages stériles. La sobriété n'est plus un moyen de succès : le cheval qui ne mange pas ne représente ni argent ni travail ; si peu qu'il coûte, il est onéreux, puisqu'il ne rend rien. Voyez le cheval de la Camargue ! Il revient de 20 à 25 fr. par an, et ruine son propriétaire, qui n'en veut plus et le remplace.

C'est en juillet, août et septembre que la poulinière reçoit le moins à la crèche, qu'elle trouve le plus, conséquemment, dans la prairie, elle et son nourrisson, car il est temps de faire remarquer, si cela avait échappé jusqu'ici, que les rations pesées et mesurées plus haut ont été données à des juments pleines, à des poulinières suitées et à des juments vides. Ces trois catégories sont, en effet, confondues dans nos chiffres ; nous ne les avions pas séparées, afin de ne pas trop compliquer l'étude.

Qu'on ne croie pas, du reste, que la jument non fécondée, celle qui reste en jachère, dépense et consomme moins que la poulinière nourrissant un fœtus. Chez les particuliers, il en est ainsi peut-être ; dans les haras de l'État, nous n'avons jamais fait cette économie mal entendue. Qu'on se reporte à notre principe : donner à une jument tout ce qui lui est nécessaire pour être constamment en bon état, abstraction faite de toutes autres considérations, et combiner les nourritures de manière qu'elles profitent le plus possible à l'économie, sans perdre de vue aucune des conditions de la vie qui entretiennent régulier le jeu de toutes les fonctions, c'est-à-dire la santé. Eh bien ! la jument vide est presque toujours, quoi qu'on fasse, sinon maigre et mal en point, du moins en condition moindre que celle qui porte. Elle se ménage moins, prend beaucoup plus d'exercice, dépense plus et perd davantage. On dirait qu'elle se dédommage pour le temps où la fécondité prochaine lui imposera la nécessité du calme, du repos, de l'inaction. Ceci est la règle générale ; elle souffre des exceptions : mais il faut se méfier beaucoup des bêtes qui tournent à la poularde pendant la viduité. Celles-ci doivent être tenues à un régime spécial qui leur fasse perdre l'excès d'embonpoint qu'elles ont pris et combattre victorieusement la disposition à l'obésité, l'une des causes de l'infécondité. Dans ce cas, c'est un traitement tout particulier ; dans la situation ordinaire, la poulinière vide doit être soignée et nourrie en prévision des produits qu'on se propose d'en obtenir. Le cultivateur intelligent n'abandonne pas à l'incurie les champs qu'il est forcé de laisser en jachère ; il leur applique un traitement convenable en prévision des récoltes qu'il leur demandera l'année suivante. Ainsi faut-il agir vis-à-vis de la poulinière qui n'a pas retenu et qui se repose.

Avant d'aller plus loin, établissons l'effectif des jumenteries du Pin et de Pompadour pendant les années 1842, — 1843 — et 1844, afin de bien placer le lecteur en face des faits réels.

En 1842, le nombre des rations s'est élevé à 14,194 ;

c'est près de 59 juments toujours présentes : il y a eu 29 naissances. Tant que le poulain vit sous la mère, les deux rations n'en font qu'une. On ne compte donc que les existences en juments.

Nombre des rations.			Naissances.
En 1843,	10,408	ou 28 juments 1/2;	21;
En 1844,	11,506	ou 51 — 1/2;	27.

Au total, pendant les trois années, 56,105 rations, soit un effectif permanent de 99 poulinières qui ont produit 77 poulains. Ceux-ci ont pu rester en moyenne 165 jours avec les mères, soit 12,705 jours en tout. Nos observations s'appuient donc sur une masse de faits déjà considérable.

La mise à l'herbe peut être comptée du 1er mai au 25 octobre, 175 jours environ. Nous n'avons aucune donnée, même approximative, sur la quantité de nourriture consommée sur pied. Après cela, les animaux ne demeurent pas dehors toute la journée ; on les rentre une ou deux fois, suivant la saison. La prairie n'est occupée qu'aux bonnes heures, afin d'éviter le froid du matin, les gros temps ou les plus fortes chaleurs du milieu du jour.

La paille, comprise dans la ration, est surtout dépensée en litière. La quantité en est considérable, parce que les boxes sont spacieuses et toujours garnies d'une couche épaisse. L'hiver, ce matelas protége contre le froid ; à la fin de la gestation, pendant la mise-bas et peu après, durant les quelques jours de malaise et de plus grande faiblesse du produit, il est utile à plusieurs titres.

Au moment de la mise à l'herbe, il est encore nécessaire pour absorber l'abondance des urines provoquée par une nourriture plus aqueuse. Pendant les grandes chaleurs enfin, il offre au poulain une couche moelleuse, sur laquelle il se repose, dans un sommeil paisible et calme, des fatigues de la matinée, et puise de nouvelles forces pour les ébats qui doivent suivre.

En hiver seulement, la poulinère cherche dans la paille,

ou les grains qui sont restés dans l'épi, ou les herbes de bonne qualité qui sont au pied ; elle mange encore volontiers dans la paille lorsque celle-ci est fraîche, quand elle a été récoltée en de bonnes conditions et récemment. Quoi qu'il en soit, il ne faut pas compter beaucoup sur cette denrée comme aliment.

Il n'en est plus ainsi du foin. La ration n'en est pas forte, relativement, au haras du Pin surtout, où il a une valeur nutritive supérieure. En Limousin, il est moins nourrissant, il en faut davantage, presque le double ; il y perd aussi beaucoup plus vite ses qualités, c'est-à-dire sa belle couleur verte et son arome. L'un et l'autre correspondent certainement à des propriétés intimes qui disparaissent avec ces caractères physiques. Alors on dit que le foin est vieux. Le vieux foin est moins appété par les animaux et nourrit moins ; ils le gaspillent et le dédaignent, tandis qu'ils consomment avec avidité la totalité de la ration composée de bon foin. L'expérience nous a appris qu'à Pompadour, malgré les soins de conservation les mieux entendus après une récolte heureuse, le foin était vieux au bout de l'an, et que la consommation du foin nouveau n'offrait aucun inconvénient. L'usage de ce dernier nous a paru réveiller d'une manière très-heureuse l'activité des organes digestifs ; il en fallait une moindre quantité pour déterminer les mêmes effets de nutrition.

Quand on peut donner, à l'écurie, un demi-vert de vesce, trèfle ou luzerne, on doit le stratifier douze heures à l'avance, le matin pour le soir, le soir pour le matin, soit avec du foin, soit avec de la paille, suivant qu'on y trouve économie ou avantage. Nous opérions le mélange avec le foin parce que nous le récoltions sur les propriétés de l'État ; le foin, amélioré par ce rapprochement prolongé, était mangé avec la même avidité que le fourrage frais. Le mélange du vert d'écurie est une excellente pratique ; il corrige les effets trop relâchants de l'herbe prise au pré lorsque la pluie l'a

couverte et imbibée d'eau; il a pour objet de maintenir le
régime dans des conditions plus égales, de prévenir l'expulsion du produit de la conception pendant les premiers mois
de la plénitude, et d'empêcher que pendant l'allaitement
les propriétés et les qualités nutritives du lait ne varient
brusquement, circonstance très-défavorable toujours à la
bonne venue des poulains.

La quantité d'avoine n'est pas exorbitante; mais, pour
bien apprécier la ration de grain donnée, il faut additionner
ensemble les quantités d'avoine, d'orge et de son. Voici les
chiffres réunis pour l'année entière :

Au Pin, en. . . . 1842, 6 lit. 72 cent.
A Pompadour, en. . 1843, 9 — 85 —
— en. . 1844, 8 — 78 —

Ceci est la partie substantielle de la ration; c'est la base
de l'alimentation. Les particules alibiles sont abondantes,
mais il faut que les organes de la nutrition puissent s'en emparer au profit de toute l'économie. Pour qu'il en soit ainsi,
la ration entière ne doit pas être administrée sous forme de
grain ni à l'état sec. De là vient qu'une partie est donnée en
farine dans l'eau dont on abreuve les juments, en hiver surtout, avant et après la mise-bas; une autre part, soit le 1/4
ou le 1/5 de l'avoine, est servie en masch chaude ou tiède,
suivant la saison.

Qu'est-ce que la masch? — Un mélange d'avoine et de
son dans la proportion de 1/3 de foin et 2/3 d'avoine,
non en poids bien entendu, mais en mesure de capacité, ce
qui est bien différent. On ajoute à ce mélange de 6 à 8 centilitres de graine de lin. Telle est la composition la plus simple et, suivant nous, la meilleure pour des poulinières et des
poulains de pur sang. L'avoine et la graine de lin sont déposées dans un vase en bois, — soit un seau d'écurie; —
on verse, par-dessus, de l'eau bouillante, on met ensuite le
son, puis on recouvre avec une vieille couverture en laine,
et on abandonne le tout, pendant quatre à cinq heures, dans

un coin abrité, de façon à ce que le refroidissement ne s'opère pas trop vite. La quantité d'eau doit être telle que, à l'état tiède, le mélange du son et du grain, fait avec soin au moment d'administrer la masch, l'absorbe en entier sans en laisser échapper. L'expérience apprend bientôt à mesurer juste cette quantité pour la masse de grain et de son employés.

La manière de préparer la masch est précisément ce qui constitue sa qualité, en dehors, bien entendu, de la qualité des substances dont elle se compose; mais il serait aisé, avec des denrées excellentes, de n'obtenir qu'une mauvaise nourriture. Voilà pourquoi nous indiquons si minutieusement et la composition et le mode de préparation.

L'eau employée doit être bouillante, sous peine d'être refroidie avant d'avoir pu dilater, gonfler le grain et crever ces petits sacs résistants dans lesquels est contenue la matière féculente, la farine. Quatre et cinq heures sont nécessaires à ce résultat. Le son, placé sur le grain, reçoit la vapeur d'eau, s'en pénètre et l'absorbe au point que les propriétés physiques en sont changées et que ses qualités nutritives en sont accrues.

On mêle bien le tout avant de donner l'aliment, et l'on obtient une masse humectée, imbibée plutôt que mouillée; l'eau est en état de combinaison, elle a perdu ses qualités propres.

Ainsi préparée, la masch est bien faite ; elle est du goût des animaux, qui l'ingèrent avec plaisir et sans en rien perdre. Elle constitue un aliment de facile digestion, et remplit ce double objet, — de nourrir abondamment parce qu'elle est riche en principes alibiles, — de ne pas fatiguer les organes digestifs, qui s'usent à s'exercer sur des quantités trop considérables de grains secs et durs, dont une partie échappe toujours à la dent et arrive sans aucune altération dans l'estomac pour traverser toute l'économie sans profit.

La plus forte ration à donner en masch ne doit pas dépasser 2 litres d'avoine et 1 litre de son. Le volume augmente nécessairement par la préparation.

Il y a beaucoup d'autres mélanges à faire, soit avec la féverole, le seigle, le froment ou l'orge ; nous nous bornons à indiquer celui que nous préférons pour les poulinières et les poulains de pur sang.

Une masch par jour est tout ce que les animaux peuvent en prendre régulièrement, d'une manière suivie, sans dégoût. Cette proportion suffit pour jeter une variété utile et agréable dans la nourriture de tous les jours. Une ration trop considérable en exagérerait les effets et finirait, d'ailleurs, par être repoussée, dédaignée. Comme des meilleures choses, il ne faut point abuser de celle-ci.

L'eau simplement chauffée et non bouillante ne pénètre assez ni le grain ni le son ; elle ne détruit pas assez fortement la densité du premier, elle ne développe pas assez les qualités nutritives du second. La masch alors est mal préparée et ne rend pas, à l'usage, les bons effets qu'on en attend ; elle est moins nutritive parce qu'elle cède moins aisément tous les principes de richesse alimentaire qui sont en elle.

La graine de lin, par ses qualités onctueuses, relie mieux le grain au son, elle en forme une masse moins sèche, plus agréable. Si on en forçait la dose, la masch serait trop grasse, elle plairait moins aux animaux, et la digestion en serait moins facile et moins complète.

Il ne faut jamais faire entrer de farine dans la composition des maschs. L'eau bouillante la saisit et lui donne les propriétés d'une pâte lourde, indigeste. L'eau moins chaude n'aurait pas le même inconvénient, mais elle ne porte pas avec elle assez de calorique pour pénétrer convenablement le grain et obtenir une combinaison avantageuse de l'eau et de la fécule. Il s'ensuit qu'on donne beaucoup d'eau *à l'eau* (nous demandons pardon pour l'expression) et qu'on l'introduit sans utilité dans l'économie avec un aliment dont la digestion sera plus ou moins pénible. L'eau bouillante, au contraire, agit, sur le son de froment comme sur la pellicule du grain d'avoine, en dissolvant en partie le principe tonique qu'ils contiennent pour le combiner avec les matières féculentes et mucilagineuses de l'amande, et faire du tout un aliment doux dont la bonne influence est tout à fait incontestable.

La carotte fournit une nourriture excellente pendant les mauvais mois de l'année; elle supplée, en quelque sorte et jusqu'à un certain point, la nourriture herbacée; elle jette un peu de variété dans l'alimentation d'hiver et combat avec succès les effets un peu irritants d'une nourriture exclusivement sèche. Elle rafraîchit sans débiliter et contribue à maintenir en bon état les organes digestifs. La ration peut en être fixée de 7 à 8 litres par jour, sans inconvénient, pour des animaux de pur sang. Nous n'avons jamais été à même d'en prolonger assez l'usage. La culture de cette racine, trop peu étendue à l'époque, ne fournissait que des ressources peu importantes. Cependant nous avons toujours reconnu qu'il y avait avantage à consommer cet aliment pendant sa fraîcheur ; alors seulement il est utile et produit de bons effets. La carotte, conservée jusqu'à la fin de l'hiver et le commencement du printemps, ne constitue plus, pour ainsi dire, qu'un aliment sans valeur; c'est du ligneux, et rien de plus : il peut lester les organes digestifs, mais il nourrit peu et mal.

Le vert printanier, donné à l'écurie, serait d'une immense ressource. Malheureusement, si précoce qu'il soit, il n'arrive jamais assez vite. Nous avons dit qu'il ne faut le donner qu'en mélange préparé deux fois par jour et assez longtemps à l'avance pour que l'excès de l'eau de végétation imprégnant le fourrage sec, —paille ou foin, —celui-ci et l'autre en fussent également améliorés. La ration peut en être beaucoup plus considérable que celle dont les fixations figurent au tableau. Les quantités exprimées indiquent seulement les limites dans lesquelles nous avons été forcé de nous restreindre, par insuffisance des récoltes. Les mêmes observations s'appliquent au vert d'automne, qu'on ne saurait trop prolonger. La difficulté, c'est d'en avoir tard qui soit en même temps de bonne qualité.

Le sel, enfin, est toujours entré dans la composition de nos rations pendant les cinq ou six premiers mois de la gestation ; nous le donnions à la dose d'une demi-once à 1 once, mêlé à la première avoine du matin, qui formait aussi le premier repas du jour. L'action du sel sur les organes, son influence sur la nutrition sont bien connues ; nous avons dit pourquoi nous en suspendions l'usage à moitié terme.

FIN DU QUATRIÈME ET DERNIER VOLUME DE LA
SECONDE PARTIE.

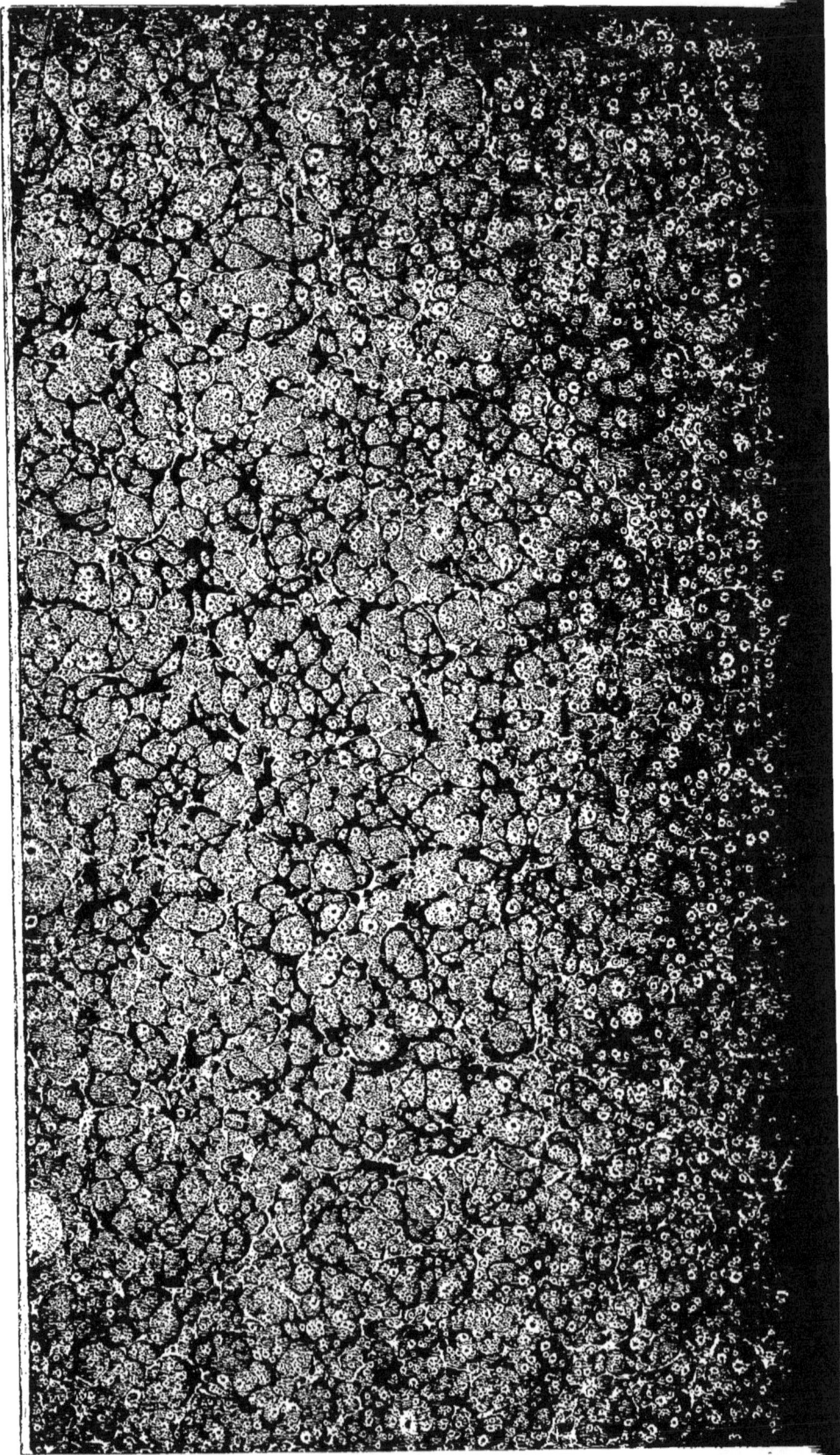

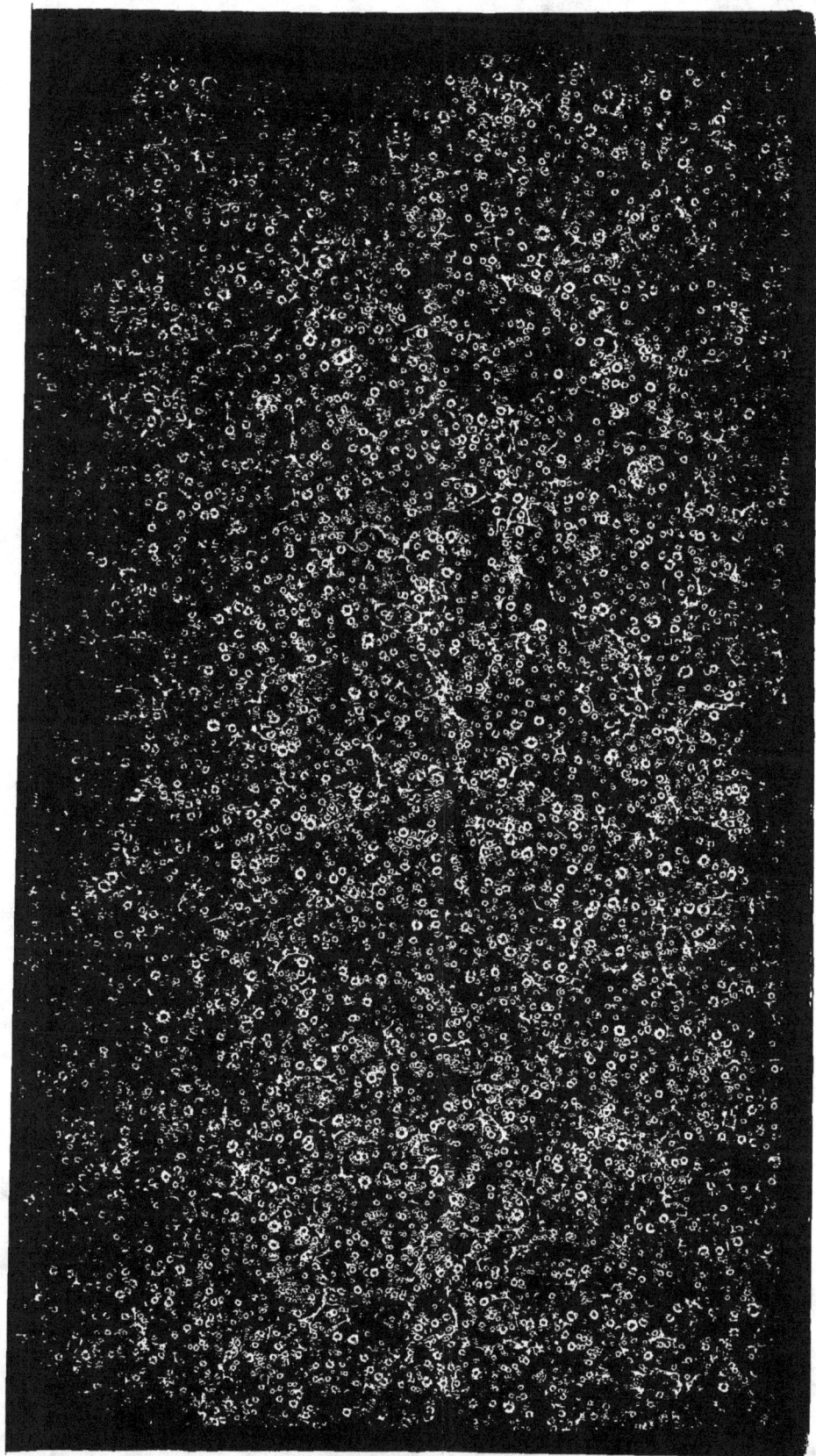